21世纪高职高专会计专业"十二五"规划教材

U0127536

会计信息系统
应用操作实务

主　编◎杨　华　员　明
副主编◎任纪霞　张小萍
　　　　黄　艳　韩　雯

天津大学出版社
TIANJIN UNIVERSITY PRESS

内容提要

本书从东风有限责任公司挑选会计软件入手,围绕会计主管王晴和她的同事在使用用友软件的过程中发生的一些事情展开对 U850 软件的教学,系统阐述了总账、UFO 报表、工资、固定资产、应收、应付、采购、销售、库存等子系统的业务操作。此外,以新会计人员王涛参加初级会计电算化考试为主线,介绍了用友通软件,并设计了一些考试模拟题目。本书在编写过程中,始终贯穿着仿真的工作情境,以求贴切地引入课程教学任务;在传授学生课业的同时,还能带给学生真实的工作感受。

本书既可作为高职高专院校相关专业教材,也可作为财会人员业务学习、岗位培训的参考书。

图书在版编目(CIP)数据

会计信息系统应用操作实务/杨华,员明主编.—
天津:天津大学出版社,2012.1
21 世纪高职高专会计专业"十二五"规划教材
ISBN 978-7-5618-4266-9

Ⅰ.①会… Ⅱ.①杨… ②员… Ⅲ.①会计信息—财
务管理系统—高等职业教育—教材 Ⅳ.①F232

中国版本图书馆 CIP 数据核字(2012)第 003772 号

出版发行	天津大学出版社
出 版 人	杨欢
地 址	天津市卫津路 92 号天津大学内(邮编:300072)
电 话	发行部:022-27403647 邮购部:022-27402742
网 址	www.tjup.com
印 刷	北京市通州京华印刷制版厂
经 销	全国各地新华书店
开 本	185mm×260mm
印 张	19
字 数	511 千
版 次	2012 年 1 月第 1 版
印 次	2012 年 1 月第 1 次
定 价	35.00 元

21世纪高职高专会计专业"十二五"规划教材

编审委员会

主任委员

许久霞　长春职业技术学院商贸学院副院长、教授
潘玉耕　烟台职业学院党委书记、研究员

副主任委员

郭　兰　保定职业技术学院教务处处长、教授
李小丽　西安欧亚学院金融与贸易学院金融教研室主任、副教授
陈春干　苏州高博软件技术职业学院国际商务系副主任、高级经济师
张述凯　山东工业职业学院工商管理系主任、副教授

委　员

（排名不分先后）

王　勇　淄博职业学院工商管理系主任、教授
朱彩云　黑龙江旅游职业技术学院旅游商贸系主任、教授
刘　兵　黑龙江农业职业技术学院教授
李晓红　石家庄铁路职业技术学院教授
安春梅　甘肃联合大学经济与管理学院院长、教授
王海岳　南通职业大学民营企业研究所所长、教授
李　君　大连艺术职业学院国际商务系主任、副教授
李保龙　山西煤炭职业技术学院财经系主任、副教授
郑晓青　吉林工业职业技术学院商学院院长、副教授
沈　莹　辽宁信息职业技术学院工商管理系副主任、副教授
卢　晞　海南经贸职业技术学院工商管理系主任、副教授
胡永和　忻州职业技术学院财经系主任、副教授
孙茂忠　烟台职业学院副教授
张开涛　山东华宇职业技术学院经济管理系主任、副教授
刘春霞　黑龙江旅游职业技术学院旅游商贸系教研室主任、副教授
程　奎　新疆机电职业学院副院长、副教授
何晓东　甘肃民族师范学院政法经济管理系主任、副教授

出版说明

我国的高等职业教育按照"以服务为宗旨、以就业为导向、以能力培养为主线"的高职教育理念，已经走出一条产学结合、有中国特色的高职教育发展之路。高等职业教育已成为我国培养高技能型人才的主要形式。高等职业教育的全面深化改革，急需高质量、彰显高职特色、真正实现高职人才培养目标的新型系列优秀教材。

天津大学出版社为适应社会对高技能型经济管理类人才的迫切需求，贯彻落实《国家中长期教育改革和发展规划纲要（2010—2020年）》的精神，按照教育部要求，组织一批知名专家学者编写了21世纪高职高专经济管理类"十二五"规划教材，覆盖财务会计、市场营销、电子商务、物流管理、连锁经营、财政金融、经济贸易、旅游管理、餐饮管理与服务等专业。

为确保高质量教材进课堂，天津大学出版社积极践行先进的高职教育理念，努力提升教材开发的科学性、针对性和实效性，重在对学生专业技能及职业素质的培养，提升学生的职场竞争力。本套教材有以下特点。

1. 定位准确，理念先进

根据高职教育培养目标准确进行教材定位，以学生为中心，体现"够用为度、注重实践"的原则，秉承围绕工作过程、以就业为导向、以能力本位为核心、注重校企合作的高职教材开发理念，以"突出实用性"作为本套教材的编写宗旨。

2. 内容实用，课证融合

以职业能力需求主导教材内容的选择，最大限度地创设职场环境，实现教学和专业工作的近距离对接；与时俱进，吸收专业领域的最新知识、技术和方法，注重学生的可持续发展；紧密结合国家职业资格考试和职业技能等级认定对知识、技能的要求，与学生顺利获得相应的专业等级技能证书有效衔接。

3. 体例新颖，形式活泼

以目标、任务、问题为驱动，以流程图、实际案例、实训及活动设计相结合的方式组织教材的编写，图文并茂、版式灵活，集实用性、科学性、易学性为一体。

4. 校企合作，打造精品

院校专业带头人及骨干教师基于对实际工作岗位的调研分析，与企业一线专家共同研编教材。重点支持品牌专业、特色专业以及国家示范院校教材的建设，争创精品教材。

本套教材适用于高职高专院校经济管理类相关专业。我们竭诚希望广大读者给予支持和指导，以使其日臻完善，共同为繁荣我国的高职教育事业尽绵薄之力。

天津大学出版社

如何将工作过程导入课程的学习，是近几年高职院校教师积极探索的一个创新性课题。作为一线教师，我们总结了多年的教学经验，按照课程的特点，寻求"工学结合"的切入点，展开了这次探索性教材编写工作。

本书从东风有限责任公司挑选会计软件入手，围绕会计主管王晴和她的同事在使用用友软件的过程中发生的一些事情展开教学，最后以新会计人员王涛参加初级会计电算化考试为主线，介绍了用友通软件，并设计了一些考试模拟题目。本书在编写过程中，始终贯穿着仿真的工作情境，以求贴切地引入课程教学任务；在传授学生课业的同时，还能带给学生真实的工作感受。

本书的主要特色如下。

一是突破了传统教材编写模式。本书围绕东风有限责任公司选购、使用用友 U850 软件的整个工作流程，以应用操作为主线，将学习内容划分成具体的任务，各个任务之间通过"会计主管王晴和会计人员李红、宋涛、张丽等人在使用软件时的困惑与交流"联系起来，变成一个综合的模块，构建了体现职业岗位能力的项目教学教材体系。

二是组合了仿真案例资料。本书所选用的会计核算资料均采集自最近某上市公司的真实的经济业务，目的是让学生在学习中接触、熟悉和使用真实的会计资料，增强感性认识，为今后从事会计工作奠定良好的基础。

三是搭配了初级会计电算化考试。结合学生在校期间需要考取会计电算化初级证书的需要，本书安排两个项目介绍了初级会计电算化考试的基本理论和实务操作。

本书由淄博职业学院杨华、乌鲁木齐职业大学员明担任主编，淄博职业学院任纪霞、江西理工大学张小萍、三门峡职业技术学院黄艳、淄博职业学院韩雯担任副主编。全书共 16 个项目，具体编写分工如下：项目 1 至项目 7 由杨华编写；项目 8 和项目 9 由员明编写；项目 10 至项目 12 由任纪霞编写；项目 13 和项目 14 由韩雯编写；项目 15 由黄艳编写；项目 16 由张小萍编写。本书最后由杨华总撰定稿。

由于编者水平有限，书中难免存在错误及不足之处，敬请广大师生和读者提出宝贵意见。

编　者

目 录

CONTENTS

CONTENTS

CONTENTS

模块 1
会计软件的选购

　　东风有限责任公司是一家工业企业，鉴于企业发展的需要，领导安排财务部门考察一款会计软件。会计主管王晴犯了愁，多亏有位刚毕业的大学生宋涛配合，他们共同查资料、咨询同类公司，终于选到一款称心如意的软件。

项目 1　会计信息系统概述

理论知识目标

1. 了解会计信息系统及其物理结构。
2. 明确会计信息系统与企业管理系统的关系。
3. 掌握会计信息系统开发的生命周期法、原型法和面向对象法。

实训技能目标

会挑选会计核算软件。

学习任务 1.1　会计信息系统的基本理论

任务引入

东风有限责任公司（以下简称东风公司）是一家工业企业，2009 年 12 月引进 2 名会计人员——宋涛和张丽，公司的会计主管王晴对他们进行了培训。第一次培训向他们介绍了公司会计工作的相关要求，并重点介绍了公司会计信息系统的相关内容。

1.1.1　会计信息系统的基本定义

1. 会计电算化的定义

会计电算化是一个在特定历史条件下形成的专有名词，其定义有狭义和广义之分。

（1）狭义的会计电算化是指以计算机为主体的当代电子信息技术在会计工作中的应用。

（2）广义的会计电算化是指与实现会计工作电算化有关的所有工作，包括会计电算化软件的开发和应用、会计电算化人才的培训、会计电算化的宏观规划、会计电算化的制度建设、会计电算化软件市场的培育与发展等。

按照科学发展观和唯物主义方法论，我们认为：会计电算化是将计算机技术、信息技术、网络技术等应用于会计工作，实现以电子计算机代替人工记账、算账、报账，以及部分替代人脑完成对会计信息的分析应用为目标的会计工作的总和。

会计电算化是随着会计和经济的发展而产生、发展起来的，最早起源于美国。20 世纪中叶，西方发达国家的工业经济得以迅速发展，生产规模不断扩大，手工会计已经不能适应生产发展的需要，电子计算机技术逐渐被应用到会计领域。1954 年，美国通用电气公司第一次利用计算机来计算公司职工的工资，开创了用电子数据处理会计的新起点。我国"会计电算化"一词是 1981 年 8 月财政部和中国会计学会在长春市召开的"财务、会计、成本应用电子计算机专题研讨会"上正式提出来的。

2. 会计信息系统的定义

会计信息系统是一个面向价值信息的信息系统，它从对企业中的价值运动进行反映和监督的角度提出信息需求，即利用信息技术对会计信息进行采集、存储和处理，完成会计核算任务，并提供进行会计管理、分析、决策使用的辅助信息。

会计信息系统是由会计数据、会计信息和人等要素组成的系统。

会计信息系统可以分解为会计核算处理子系统、会计信息分析子系统和会计决策支持子系统。会计核算处理子系统用来处理日常经济业务和生产中各种会计账簿、会计报表，它主要强调将会计的手工作业转变为自动化作业。它是会计信息系统的基本组成部分。会计信息分析子系统的工作是根据积累的会计数据，对会计信息进行综合、概括的分析，它强调会计信息的使用价值。会计决策支持子系统的主要工作是运用会计信息来为企业作出决策。这个子系统具有良好的人机对话的功能。以上三个子系统中，会计核算处理子系统的工作量最大，数据处理最规范；会计决策支持子系统处理的工作量最小，数据处理相对于前两个子系统而言最不规范。

从功能上看，会计信息系统可以分解为账务处理系统、供应销售管理系统、管理与决策系统。账务处理系统主要包括总账子系统、应收子系统、应付子系统、工资子系统、固定资产子系统、成本管理子系统、资金管理子系统和报表子系统。供应销售管理系统主要包括采购子系统、存货子系统和销售子系统。管理与决策系统主要有经营监控、报告分析和业绩评价等功能，它主要是利用现代计算机技术、通信技术和决策分析方法，通过建立数据库和决策模型向企业的决策者提供会计信息，帮助其进行科学决策。

3. 会计信息系统与会计电算化的关系

通过会计电算化工作可以得到相关的会计数据和会计信息。

会计数据是用于描述会计业务的数据，在会计实践中，通过各种渠道取得的原始会计资料都属于会计数据。会计信息是指按照一定的要求或需要，进行加工、计算、分类、汇总而形成的有用的会计数据，依靠会计信息可以反映和监督企业的生产经营活动，并作出财务决策。

系统是由一系列相互联系、相互作用的要素组成，为实现某一目标而形成的有机整体。信息和系统结合在一起就组成了信息系统。信息系统是指以计算机为基础，融合各种软件技术，以数据为处理对象，进行信息的收集、传输、存储和加工的结果，是一个人机结合的系统。信息系统主要有电子数据处理系统、管理信息系统、决策支持系统、专家系统、总裁信息系统、办公自动化信息系统及国际电子商贸系统等。会计信息系统属于管理信息系统中的一个分支。

会计人员通过各个环节的会计工作，对会计数据进行处理，得到会计信息，而会计信息系统则负责将各个环节的会计工作联结成一个有机的整体。

1.1.2　会计信息系统的物理结构

会计信息系统主要由硬件、软件、人员、规范和数据等几部分构成。

1. 硬件

硬件是指会计信息系统中涉及的相关硬件设备，包括计算机、打印机、扫描仪、绘图仪等。其中的计算机硬件结构包括单机结构、多机松散、联机结构、文件服务器结构、客户机（或服务器）结构等，微机局域网络加上远程通信设备是电算化会计信息系统较为理想的硬件结构。

2. 软件

软件是一些程序的集合，这些程序或用来支持计算机工作和扩大计算机功能，或专门用来解决某类具体问题，包括操作系统软件，如 Windows 等；会计软件，如商业化会计软件等；开发软件，如 Xbase 等。

3. 人员

人员指会计电算化的工作人员，包括系统开发员、系统分析员、系统设计员、系统管理员、系统操作员、系统维护员等。

4. 规范

规范指控制和保障会计电算化工作正常进行的各种规章和制度，包括会计电算化岗位职责、会计电算化内部控制制度、机房管理制度等。

5. 数据

数据即会计数据，指记录会计事实的符号，包括会计工作中涉及的各种原始资料、会计凭证、会计账簿、会计报表等。

学习任务 1.2　会计信息系统与企业管理系统

任务引入

东风公司的会计主管王晴为公司的会计人员做了一次培训，重点介绍了会计信息系统与企业管理系统的关系。

会计作为企业管理的一部分，同企业的管理结构是密不可分的。在一个管理有序的企业中，会计必然运作良好，能为企业内部、外部决策者提供可靠、相关的会计信息。一个企业如果没有一个有效的管理系统，会计信息必然会失真。

1.2.1　现代会计信息系统的特点

现代会计信息系统是以计算机网络为基础的，用系统思想分析、设计和建立的用于处理会计核算业务，提供财会信息，辅助财会分析、预测和计划制订，加强财务控制和财会决策的现代会计系统。

现代会计信息系统的主要特点如下。

1. 多元化

现代会计信息系统的多元化包括收集信息、处理信息和提供信息的多元化。在网络环境下，会计系统在内是一个与经营管理及各种业务活动紧密联系的内部网络子系统，通过与各子公司和分支机构等部门的信息接口转换、接收货币或非货币信息；对外则通过多级链接融入整个社会网络，实时反馈供应商、生产商、经销商和客户等相关机构的数字化信息。

2. 集成化

现代企业组织管理模式趋于扁平化、网络化，企业组织是一种以信息为基础的组织，这就要求企业信息高度集成，会计信息资源高度共享。网络技术实现了将企业整个生产经营活动的每一个信息元产生的信息，以数据形式便捷地纳入企业的会计信息系统之中。

3. 实时化

网络技术支撑之下的会计信息系统，实现了将会计核算从事后核算转变成实时核算、静态核算转变成动态核算，财务管理实现在线管理。会计实现了实时跟踪的功能，管理人员可以通过会计信息系统如会计频道来监测、协调和控制其经营活动。

1.2.2　企业管理系统的组成

企业管理系统一般由三个部分组成，一是企业战略目标与决策系统，二是企业组织结构与组织管理系统，三是企业文化与价值系统。按照麦肯锡企业管理系统的 7S 框架（包括结构、战略、体制与程序、人员与班子、技能、作风和共同价值）来分析，上述第一和第二部分主要是硬件要素，第三部分主要是软件要素。从控制角度看，在公司管理系统中，决策体制、管理组织体制、管理规程与制度以及会计、审计系统等构成了公司管理的自我调控机制，对企业管理行为形成了内在的和制度化的约束。

企业的信息网络是企业管理系统的组成部分和赖以有效运作的基础。企业的外部环境系统，包括政治、经济、社会文化、顾客、供应商、竞争对手、资本市场等因素，影响着企业管理系统。

1.2.3　会计信息系统与企业管理系统的关系

现代经济可以客观地表现为实体经济、货币经济和数字经济。现代企业中的管理信息网络很大程度上就是以数字形式表现出来的会计信息系统。会计是企业管理活动的一部分，它产生于企业管理系统中，以管理当局的名义向外披露会计信息，并对其可靠性、真实性负责。

企业的监控部门一方面要利用企业管理当局披露的会计信息对企业管理者进行约束和激励，另一方面它又有义务保证企业的会计系统和审计系统披露的会计信息的系统性、及时性和准确性。可见，企业内外监控机制的有效运作和作用的充分发挥，主要取决于企业的会计信息系统。如果没有可靠、相关的会计信息的支撑，企业相关部门的任何决策都可能盲目无效。因此，可以在企业管理层面上，将产生并保证真实可靠的会计信息的系统称为企业管理系统的自我调控机制。它从企业有效管理的角度在财务上对内部管理进行控制，主要强调管理行为与法规制度的一致性以及可靠财务信息的畅通。

以会计、审计系统为核心的企业管理系统的自我调控机制主要服务于对企业进行的有效管理，同时它也是公司治理的内部监督机制和外部监控机制运作的信息基础。会计信息系统的作用在于协调各方的利益，尤其是股东、债权人等组织外部相关者同组织内部管理者之间的利益冲突，使得在追求企业价值最大化时，也实现了个人利益最大化。因此会计信息系统最终是服务于两个目标：一是为企业内部管理者提供管理决策信息；二是帮助企业内外监控者对企业管理者进行监督激励和评价。

学习任务 1.3　会计信息系统的开发方法

任务引入

东风公司的会计主管王晴要配合相关部门为公司开发一套全新的会计信息系统，为此，她特意参加了一期学习班，学习了开发会计信息系统常用的几种方法。

1.3.1　生命周期法

1. 生命周期法的定义

生命周期法也称结构化系统开发方法，是目前国内外较流行的信息系统开发方法，在系统开发中得到了广泛的应用和推广，尤其在开发复杂的大型信息系统时，显示出无比的优越性。它也是迄今为止开发方法中应用最普遍、最成熟的一种方法。

2. 生命周期法的基本思路

生命周期法的基本思路是将软件工程学和系统工程的理论和方法引入信息系统的研制开发中，按照用户至上的原则，采用结构化、模块化自上向下对系统进行分析和设计。具体来说，它将整个信息系统开发过程划分为几个独立的阶段，包括系统分析、设计、测试、运行和维护等，这几个阶段构成信息系统的生命周期。

3. 生命周期法的优缺点

生命周期法有优点也有缺点。

生命周期法的突出优点是强调系统开发过程的整体性和全局性，强调在整体优化的前提下考虑具体的分析设计问题，即自上向下的观点。它从时间角度把软件开发和维护分解为若干阶段，每个阶段有各自相对独立的任务和目标，从而降低了系统开发的复杂性，提高了可操作性。另外，每个阶段都对该阶段的成果进行严格的审批，发现问题及时反馈和纠正，保证了软件质量，特别是提高了软件的可维护性。实践证明，生命周期法大大提高了软件开发的成功率。

生命周期法的缺点是开发周期较长，因为开发顺序是线性的，各个阶段的工作不能同时进行，前阶段所犯的错误必然带入后一阶段，而且前面犯的错误对后面工作的影响越大，更正错误所费的工作量就越大。而且，在功能经常要变化的情况下，生命周期法难以适应变化要求，不支持反复开发。

1.3.2　原型法（PM）

1. 原型法的定义

原型法是指在获取一组基本的需求定义后，利用高级软件工具通过可视化的开发环境，快速地建立一个目标系统的最初版本，并把它交给用户试用、补充和修改，再进行新的版本开发。反复进行这个过程，直到得出系统的"精确解"，即用户满意为止。

原型法是 20 世纪 80 年代随着计算机软件技术的发展，特别是在关系数据库系统（Relational Database System/RDBS）、第四代程序生成语言（4th Generation Language/4GL）和各种系统开发生成环境产生的基础上，提出的一种设计思想、工具、手段都全新的系统开发方法。它摒弃了那种一步步周密细致地调查分析，逐步整理出文字档案，最后才能让用户看到结果的烦琐做法。

2. 原型法的种类

原型法包括丢弃式原型法、演化式原型法和递增式原型法三种类型。

（1）丢弃式原型法通过原型的交流→修改→再交流来确定用户的真正需求和系统功能，其原型最终被丢弃。

（2）演化式原型法是为某个实现方案而设计的原型，按照基本需求开发出一个系统，让用户先使用，有问题再随时修改。

（3）递增式原型法是按照较准确的用户需求，产生完整的系统，然后不断地修改、完善，直到用户满意，最终完善的原型就是最终的系统。

3. 原型法的优缺点

原型法的优点是符合人们认识事物的规律，系统开发循序渐进，反复修改，确保较好的用户满意度；开发周期短，费用相对较少；由于有用户的直接参与，系统更加贴近实际；易学易用，减少用户的培训时间；应变能力强。

原型法的缺点是不适合大规模系统的开发；开发过程管理要求高，整个开发过程要经过"修改—评价—再修改"的多次反复；用户过早看到系统原型，误认为系统就是这个模样，易失去信心；开发人员易用原型取代系统分析；缺乏规范化的文档资料。

1.3.3　面向对象法（OO）

1. 面向对象法的定义

面向对象法（Object Oriented，OO）是对面向过程提出的，是区别于传统结构化的新方法、新思路。它认为客观世界由许多不同种类的对象构成，每一个对象都有自己的内部状态和内在运行规律，不同对象的相互联系和作用构成了完整的客观世界。

面向对象法认为，客观事物都是由对象组成的，对象是由属性和方法组成的，对象之间主要通过传递消息来实现联系，对象可以按其属性进行归类。对象是数据（属性）和操作（方法）的封装单位，数据反映了对象的状态，操作是在外界条件激发下使数据状态发生改变。这里激发的因素就是对象间的通信，称为消息。

面向对象法的目的就是要提高软件的可重用性、扩充性和可维护性，使软件系统向通用性方向发展。软件开发不能针对一个企业就只适用这个企业，而应该可以在其他企业重新使用。一旦企业目标或者生产方向发生变化，面向对象法使系统改变或者扩充更加方便。

2. 面向对象法的优缺点

面向对象法的优点是直接完成了从对对象客体的描述到软件结构的转换，缩短了开发周期，同时也利于软件的重用和维护。其缺点是开发方法需要一定的软件基础支持才可以应用，对分析设计人员要求较高。

面向对象法适用于处理过程明确、简单的系统或涉及面窄的小型系统。它不适合于大型、复杂的难以模拟的系统，存在大量运算、逻辑性强的处理系统；管理基础工作不完善、处理过程不规范的系统；大批量处理系统。

项目 2　商品化会计软件概述

理论知识目标

1. 了解国内外主要的商品化会计软件。
2. 熟悉选购商品化会计软件的方法。

实训技能目标

掌握用友 U850 软件的安装方法。

学习任务 2.1　商品化会计软件介绍

任务引入

东风公司打算实行会计电算化，想购买一款商品化会计软件，你能给它推荐一款合适的软件吗？

2.1.1　商品化会计软件的含义

商品化会计软件的出现以及它的广泛使用，极大地推动了我国企业的会计电算化普及进程，对我国会计的实务产生着重大而深远的影响。

一般来说，商品化会计软件是指由专门的软件公司研制的，经过国家或省、市级评审，具有较高质量和通用化、标准化水平的，在市场上公开出售的会计软件。

商品化会计软件可以配合计算机完成记账、算账、报账等会计核算以及部分财务管理工作。目前，我国的企业单位，特别是中小型企业，会计工作首先要选购商品化会计软件。

商品化会计软件主要有以下特点。

（1）通用性。其中又包括纵向通用性和横向通用性。纵向通用性指软件能适应一个单位会计工作不同时期变化的需求；横向通用性指软件能满足不同单位会计专业的不同需求。通用性是商品化会计软件的决定性因素之一。

（2）保密性。对商品化软件而言，商家不向用户提供源程序代码，只提供加密的软件。

（3）软件由厂家统一维护与更新。会计软件的维护与版本更新一般由会计软件的生产厂家或其指定的维护单位负责。目前我国的商品化会计软件生产厂家一般都实行终身维护，极少数厂家提供用户源程序代码，但不负责维护。

（4）与专用软件相比，易学性较弱。

（5）与专用软件相比，安全性、可靠性、稳定性、准确性较高。

2.1.2　国内主要商品会计软件公司

我国的会计软件业发展迅猛，目前已形成规模庞大的会计软件开发阵营，有 300 多家软件公司或财务会计软件专业开发公司，从事财务软件的设计、开发和销售。至今，财政部评审通过的商品化会计软件近 50 个，省级财政部门评审通过的商品化会计软件有 200 多个，社会上涌现出用友软件、安易软件、金蝶软件、新中大软件、金算盘软件等一批开发实力雄厚、技术力量强劲、产品质量合格、软件性能稳定的商品化会计软件公司。

1. 用友软件股份有限公司（http：//www. ufida. com. cn/）

用友软件股份有限公司（以下简称"用友"）成立于 1988 年，致力于用信息技术推动商业和社会进步，提供具有自主知识产权的企业管理/ERP 软件、行业解决方案、服务，是亚太地区最大的管理软件提供商，是中国最大的管理软件、ERP 软件、集团管理软件、财政管理软件、人力资源管理软件、财务管理软件、客户关系管理软件及小型企业管理软件提供商。目前，中国及亚太地区超过 80 万家企业与机构通过使用用友软件，实现降低成本、提高效率、持续创新、快速响应市场、控制风险、提升绩效的目的。

2. 北京安易时代科技有限公司（http：//www. anyi. com. cn/web/）

北京安易时代科技有限公司是 1992 年由中华人民共和国财政部批准成立并投资的专业管理软件公司，1997 年成为中国财务及企业管理软件前三强，2000 年创造性地提出了政府管理信息化理念 GRP（Government Resource Planning），并在此基础上推出了以公共财政管理软件为核心的多项政务管理软件产品和解决方案。2002 年，它成为中国电子政务百强企业与财政管理软件领导厂商。

3. 金蝶国际软件集团有限公司（http：//www. kingdee. com）

金蝶国际软件集团有限公司是中国软件产业领导厂商，亚太地区管理软件龙头企业，全球领先的中间件软件、在线管理及全程电子商务服务商。连续 6 年被 IDC 评为中国中小企业 ERP市场占有率第一名。金蝶目前有三种 ERP 产品，分别为面向中小型企业的 K/3 和 KIS，以及面向中大型企业的 EAS，涵盖企业财务管理、供应链管理、客户关系管理、人力资源管理、知识管理、商业智能等，并能实现企业间的商务协作和电子商务的应用集成。

4. 新中大软件股份有限公司（http：//www. newgrand. cn/wsp/）

新中大软件股份有限公司成立于 1993 年，是互联网时代工程建设、纺织服装、装备制造、政府理财等行业管理软件领导厂商，连续多年被评为国家规划布局内重点软件企业。最早从事项目管理专项研究，是国家劳动和社会保障部 CPMP（中国项目管理师）考试指定软件合作伙伴。在互联网经济大潮下，其"网络商店"解决方案帮助企业在当前由电子商务驱动的变革性市场环境下，建立面向互联网用户的电子商务（B2B、B2C）交易平台，实现企业从前台网络销售到后台物流和客户管理的一体化经营管理。

5. 金算盘软件有限公司（http：//www. eabax. com/）

金算盘软件有限公司创立于 1992 年 12 月，主要致力于通过互联网和移动通信网向用户提供集 ERP 功能和电子商务功能于一体的全程电子商务服务，主要由 eERP（扩展的、支持电子商务的 ERP 软件）、ePortal（客户进行网络营销和网上贸易的电子商务门户）、eTools（帮助客户实现内、外业务协同和网上贸易的工具和服务）三部分构成。

2.1.3　国外主要商品会计软件公司

国外会计软件公司主要有 SAP 公司、Oracle（甲骨文）公司等。

1. SAP 公司（http：//www. sap. com/china/index. epx）

SAP 公司成立于 1972 年，总部位于德国沃尔多夫市。SAP 是全球最大的企业管理和协同化商务解决方案供应商、全球第三大独立软件供应商，SAP 内含会计核算模块。目前，有 120 多个国家的 89 000 多家用户正在使用 SAP 软件，财富 500 强 80％以上的企业在使用 SAP 软件。SAP 公司在多家证交所上市，包括法兰克福和纽约证交所。1995 年 SAP 公司在北京成立 SAP 中国公司，并陆续建立了上海、广州、大连分公司。中国也有部分企业尤其合资企业使用 SAP，包括 IBM、德勤等。SAP 公司提供针对大型、中型到小型企业的各种解决方案，例如 SAP Business One（图 2-1）就适用于小型企业。

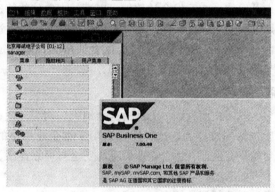

图 2-1　SAP Business One

2. Oracle 公司（http：//www. oracle. com/cn/index. html）

Oracle 公司是全球最大的信息管理软件及服务供应商，成立于 1977 年。Oracle 应用产品包括财务、供应链、制造、项目管理、人力资源和市场与销售等 150 多个模块，现已被全球 7 600 多家企业所采用，是全球第二大独立软件公司和最大的电子商务解决方案供应商。目前，Amazon 和 Dell 等全球 10 个最大的 Internet 电子商务网站、全球 10 个最大的 BtoB 网站中的 9 个、93％的上市网络公司、65 家"财富全球 100 强"企业均采用 Oracle 公司的电子商务解决方案。

学习任务 2.2　商品化会计软件的选择

了解到市场上存在这么多商品化会计软件，东风公司的会计主管王晴犯愁了，到底哪款软件适合自己使用呢？

2.2.1 配备会计软件的方式

配备会计软件是会计电算化的基础工作，选择会计软件的好坏对会计电算化的成败起着关键性的作用。配备会计软件主要有选择通用会计软件、定点开发、通用与定点开发会计软件相结合 3 种方式，各单位应根据实际需要和自身的技术力量选择配备会计软件的方式。

(1) 开展会计电算化初期应尽量选择通用会计软件。选择通用会计软件投资少、见效快，在软件开发或服务单位的协助下易于应用成功。选择通用会计软件应注意软件的合法性、安全性、正确性、可扩充性和满足审计要求等方面的问题，以及软件服务的便利。软件的功能应该满足本单位当前的实际需要，并考虑到今后工作发展的要求；应选择通过财政部或省、自治区、直辖市，以及通过财政部批准具有商品化会计软件评审权的计划单列市财政厅（局）评审的商品化会计软件，在本行业内也可选择国务院业务主管部门推广应用的会计软件。小型企事业单位和行政机关的会计业务相对比较简单，应以选择成本较低的微机通用会计软件为主。

(2) 定点开发会计软件包括本单位自行开发、委托其他单位开发和联合开发 3 种形式。大中型企事业单位会计业务一般都有其特殊需要，在取得一定会计电算化工作经验以后，也可根据实际工作需要选择定点开发的形式开发会计软件，以满足本单位的特殊需要。

(3) 会计电算化初期选择通用会计软件，会计电算化工作深入后，通用会计软件不能完全满足其特殊需要的单位，可根据实际工作需要适时配合通用会计软件定点开发配套的会计软件，选择通用会计软件与定点开发会计软件相结合的方式。

2.2.2 怎样选购商品化会计软件

商品化会计软件众多，对用户而言，一方面挑选余地大，购买方便；但另一方面由于商品化会计软件种类繁杂，比较甄别难度大，选择能够适用于本企业单位的会计软件又是不容易的。那么，怎样选购一套质量有保证、适合企业情况、安全与可靠性高、服务品质优良的会计软件呢？可以从以下几个方面考虑：

(1) 会计软件是否通过财政部门的评审；

(2) 会计软件是否符合本企业单位的需要；

(3) 会计软件是否安全可靠；

(4) 会计软件是否符合企业环境的要求；

(5) 会计软件公司的服务品质是否优良；

(6) 费用是否节省。

2.2.3 考查会计软件的措施和步骤

考查会计软件的措施和步骤大体如下：

(1) 查看会计软件公司的相关会计软件宣传广告，了解软件公司的信誉、会计软件的大体功能等；

(2) 查看会计软件公司提供的相关会计软件的具体资料，了解会计软件的模块、性能、价格等；

(3) 查看会计软件公司提供的操作手册、说明书等具体操作资料，了解会计软件的具体模块、操作流程、操作方法等；

(4) 实际操作，查看会计软件的功能、操作步骤、操作方法等；

(5) 输入会计数据，试用会计软件，考虑会计软件是否符合企业环境的要求；

(6) 洽谈费用，寻求满意价格；

(7) 对商品化会计软件全面综合，整体评价，比较衡量，做出选择。

学习任务 2.3 用友 U8 软件介绍及安装

任务引入

东风公司的会计主管王晴经过综合比较,选择了用友公司的 ERP—U850 软件,你对这款软件有所了解吗?这款软件又如何安装呢?

2.3.1 用友 U8 软件介绍

1. 总体特点

用友 ERP—U8,以精确管理为基础,以规范业务为先导,以改善经营为目标,提出"分步实施,应用为先"的实施策略,帮助企业"优化资源,提升管理"。用友 ERP—U8 为企业提供一套企业基础信息管理平台解决方案,满足各级管理者对不同信息的需求:为高层经营管理者提供决策信息,以衡量收益与风险的关系,制定企业长远发展战略;为中层管理人员提供详细的管理信息,以实现投入与产出的最优配比;为基层管理人员提供及时准确的成本费用信息,以实现预算管理、控制成本费用。

2. 总体结构

根据业务范围和应用对象的不同,用友 ERP—U8 划分为财务管理、供应链、生产制造、人力资源、决策支持、集团财务、企业门户、行业插件等系列产品,由 40 多个系统构成,各系统之间信息高度共享。

3. 运行次序

用友 ERP—U8 软件的各功能模块有机地结合为一体,从整体上满足了用户经营管理的要求。由于各模块间存在复杂的数据传递关系,所以无论是系统启用还是月末结账都需要遵循一定的次序。

(1) 系统启用次序。如果在同一月份启用所有的子系统,建议采用以下的启用顺序:

①先启用采购管理和销售管理,然后启用库存管理和存货核算;

②启用总账后,再启用应收款管理、应付款管理;

③启用总账后,就可以启用工资管理、固定资产管理,且不分顺序;

④最后启用成本管理。

(2) 月末结账次序。如果所有的子系统均已启用,月末结账时,应遵循以下顺序:

①工资管理、固定资产管理、采购管理、销售管理先进行月末结账,且不分先后顺序;

②然后进行库存管理、存货核算和应收款管理、应付款管理;

③除总账系统外的各个系统均月末结账后,成本管理才能进行月末结账;

④各个系统均月末结账后,总账系统才能结账。

2.3.2 用友 U850 软件的安装

1. 用友 U8 软件的运行环境

用友 ERP—U8 应用系统的运行环境包括以下几个方面。

(1) 硬件环境(最低配置)。

①客户端:内存 256MB 以上,CPU 频率 500MHz 以上,磁盘空间 2GB 以上。

②数据服务器：内存 1GB 以上，CPU 频率 1GHz 以上，磁盘空间 10GB 以上。

③发布服务器：内存 1GB 以上，CPU 频率 1GHz 以上，磁盘空间 10GB 以上。

（2）软件环境。

①操作系统：Windows 98、Windows NT4.0、Windows 2000、Windows XP，建议使用 Windows 2000、Windows XP。

②数据库：MS SQL2000、MSDE 2000。

③网络协议：TCP/IP。

2. 用友 U8 软件的系统安装

用友 U8 软件应用系统不分单机/网络版本，视具体的应用模式而定。如果是单机应用模式，只要把 U8 软件的光盘放入光驱内，运行其上的 Setup.exe 后即可使用，不需要额外配置；如果是 C/S 网络应用模式，需要用同一张光盘在服务器和客户端分别安装，然后在客户端进行配置才可使用。

用友 U8 软件安装步骤：必须先进行 SQL Server 2000 的安装或 MSDE 2000 的安装，然后才能安装用友 ERP—U8 管理软件；安装 MSDE 2000，打开光盘上的 MSDE 2000 文件夹，双击 setup.exe 文件图标，进行默认安装即可；安装后，重新启动计算机。

【任务布置】

会计主管王晴购买了用友 U850 软件之后，需要将软件安装到公司电脑上，请你帮助她完成这项任务。

【任务实施】

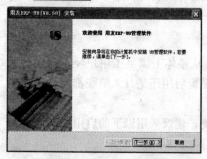

图 2-2　"安装"界面

（1）将用友 U850 软件光盘放入光驱中，系统自动进入安装界面（图 2-2）；如不能自动运行，则双击桌面上"我的电脑"图标→双击光盘盘符→选择"用友 U850 账务系统"→"Setup.exe"。

（2）单击"下一步"进入安装授权的"许可证协议"界面（图 2-3）。

（3）单击"是"按钮，接受协议内容，进入"客户信息"界面（图 2-4），输入用户名和公司名称，单击"下一步"按钮。

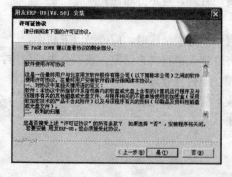

图 2-3　"许可证协议"界面

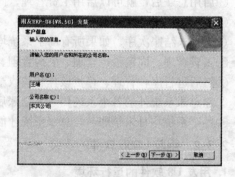

图 2-4　"客户信息"界面

（4）在"选择目的地位置"界面（图 2-5）中选择安装程序文件的文件夹（可以单击"浏览"按钮修改安装路径和文件夹），单击"下一步"按钮进入"安装类型"界面。

（5）系统提供了 5 种安装类型，含义如下：

①数据服务器：只安装数据库服务器相关文件，系统自动将系统服务功能安装在此机器上；

②完全：安装服务器和客户端所有文件；

③应用服务端：只安装应用服务端相关文件；

④应用客户端：只安装应用客户端相关文件；

⑤自定义：如果上述安装都不能满足用户要求，用户可自定义选择安装产品。

本书选择完全安装（图 2-6），单击"下一步"按钮。

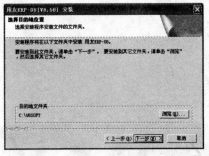
图 2-5　"选择目的地位置"界面

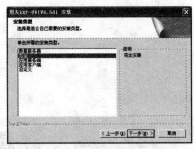
图 2-6　"安装类型"界面

（6）选择程序文件夹（图 2-7），单击"下一步"按钮。

（7）系统开始复制文件，单击"下一步"按钮（图 2-8）。

（8）无论选择哪一种安装类型，安装完成后，系统都会提示已安装成功，并提示是否需要立即重启计算机，建议选"是"，立即重启。

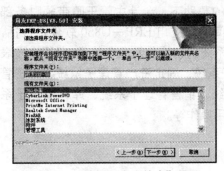
图 2-7　"选择程序文件夹"界面

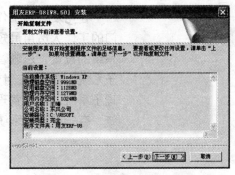
图 2-8　"开始复制文件"界面

【注意事项】

（1）检查磁盘空间，无论应用程序安装在哪个路径下，程序安装后总要占用操作系统所在盘符 200MB 空间；

（2）安装前建议关闭所有杀毒软件，否则有些文件无法写入。

学习任务 2.4　应用操作

用友 ERP—U8 软件安装

一、实验目的：熟练掌握用友 U850 软件的安装技能和技巧

二、实验内容：安装用友 U850

模块 2
会计软件的应用

在用友公司工作人员的帮助下，会计主管王晴带领财务部门的工作人员用最短的时间学习应用 ERP—U850 软件，包括：系统的设置；总账管理子系统的初始化及业务处理；UFO 报表子系统、应收/应付管理子系统、固定资产管理子系统、工资管理子系统、采购管理子系统、销售管理子系统、库存管理子系统、存货管理子系统的应用操作等。

项目3 系统管理

理论知识目标

1. 掌握系统管理的定义。
2. 掌握账套与年度账等相关定义。
3. 了解系统管理的内容。

实训技能目标

1. 掌握系统管理中设置操作员的方法。
2. 掌握建立账套和设置操作员权限的方法。
3. 熟悉账套引入、输出的方法。

学习任务 3.1 系统管理概述

任务引入

购入会计软件后，王晴招集会计人员学习系统管理的理论知识，以更好服务于会计工作。

3.1.1 系统管理的定义

系统管理是用友财务软件（ERP—U8）管理系统中一个非常特殊的组成部分。其主要功能是对该软件管理系统的各个产品进行统一的操作管理和数据维护，具体包括账套管理、年度账管理、操作员及权限的集中管理、系统数据及运行安全的管理等方面。

3.1.2 系统管理的相关定义

1. 账套与年度账

账套是指一组紧密相关的数据，一般是一个独立核算的企业在系统中建立一个账套。用友财务软件允许最多建立 999 个账套。不同的账套之间数据彼此独立，没有任何关系。

每个账套中一般存放着不同年度的会计数据，为方便管理，不同年度的会计数据存放在不同的数据表中，成为年度账。

2. 引入与输出

引入和输出即通常所指的数据的备份和恢复。

（1）引入账套功能主要指将系统外某账套数据引入本系统中。对于集团公司而言，可以将子公司的账套定期引入母公司系统中，对子公司的个别会计数据和母公司合并会计数据进行分析。

（2）输出账套功能主要针对会计数据备份的要求。既可以在硬盘上备份，也可以在软盘上备份。建议备份的地方与系统运行的地方分离，避免系统崩溃。

3. 系统管理员与账套主管

系统允许以两种身份注册进入系统管理：一种是以系统管理员的身份进入，另一种是以账套主管的身份进入。

（1）系统管理员负责整个系统的总体控制和数据维护工作，他可以管理该系统中所有的账套。以系统管理员的身份注册进入，可以进行账套的建立、引入和输出，设置操作员，指定账套主管，设置和修改操作员的密码及其权限等。

（2）账套主管负责所选账套的维护工作，主要包括对所选账套参数进行修改，对年度账进行管理（包括创建、清空、引入、输出以及各子系统的年末结转，所选账套的年度账数据的引入和输出），以及对该账套操作员权限进行设置。

3.1.3 系统管理的内容

系统管理的内容有如下几方面。

（1）账套管理。包括账套的建立、修改、引入和输出等。

（2）年度账管理。包括年度账的建立、清空、引入、输出和结转上年数据。

（3）操作员及其权限管理。包括设定系统各模块的操作员以及为操作员分配一定的权限。

（4）自动备份。系统管理允许设置自动备份计划，系统根据企业的设置定期进行自动备份处理，实现账套的自动备份。

（5）设立统一的安全机制。系统管理中可以监控并记录整个系统的运行过程，清除系统运行过程中的异常任务等。

学习任务 3.2　系统管理的具体应用操作

任 务 引 入

安装好用友 U850 软件后，会计主管王晴、出纳李红及其他会计人员宋涛、张丽一块儿研究如何注册账套，如何设置自己在系统中的权限。

任务布置

王晴要建立东风公司的一个账套。该任务的主要内容为：①登录系统管理；②添加操作员；③建立新账；④设置操作员权限；⑤数据管理。任务信息如下。

1. 工作人员

编号 001，姓名为王晴，口令为 1，所属部门为财务部。

编号 002，姓名为李红，口令为 2，所属部门为财务部。

编号 003，姓名为宋涛，口令为 3，所属部门为财务部。

编号 004，姓名为张丽，口令为 4，所属部门为财务部。

2. 基本信息

（1）账套信息：

账套号：001　账套名称：东风有限责任公司　启用会计期间：2010 年 1 月

（2）单位信息：

单位名称：东风有限责任公司　单位简称：东风公司

单位地址：山东省淄博市联通西路　法人代表：黄家辉　单位税号：100008888996323

（3）核算类型：

本币代码：RMB　本币名称：人民币　企业类型：工业企业

行业性质：新会计制度科目　账套主管：王晴　按行业性质预置科目

基础信息：客户分类，供应商分类

（4）分类编码方案：

会计科目级数：6 级　部门编码级次：＊　供应商分类编码级次：＊＊＊

客户分类编码级次：＊＊＊　会计科目级长：322222

<u>任务实施</u>——

1. 启用系统管理

（1）选择"开始"→"程序"→"用友 ERP—U8"→"系统服务"→"系统管理"命令
（图 3-1）。

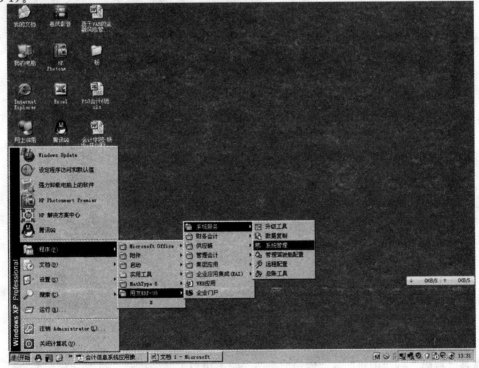

图 3-1　启动"系统管理"命令

（2）在"系统管理"窗口选择"系统"→"注册"命令，进入注册登录界面（图3-2）。

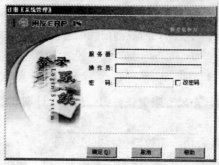

图3-2 注册登录界面

（3）在"注册'系统管理'"对话框中输入操作员 admin，第一次使用时密码为空。单击"确定"按钮完成操作（图3-3）。这样，就将"账套"和"权限"两个主菜单激活（图3-4）。

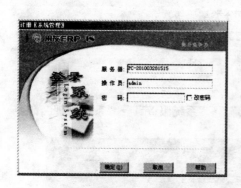

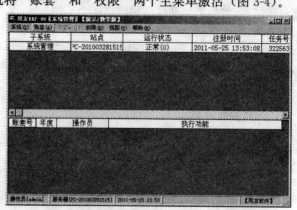

图3-3 输入操作员及密码　　　　　　**图3-4 激活的"账套"及"权限"界面**

（4）如果需要修改密码，则选中"改密码"复选框（图3-5）。

（5）在"设置操作员口令"对话框中输入新口令（图3-6），本任务将新口令设为1。

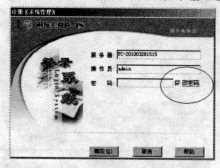

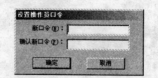

图3-5 修改 admin 密码　　　　　　**图3-6 设置新口令**

2. 添加操作员

选择"权限"→"用户"→"增加"命令，输入用户王晴的信息，单击"增加"按钮，依次将所有用户添加上去。增加完成后，单击"退出"按钮（图3-7至图3-9）。

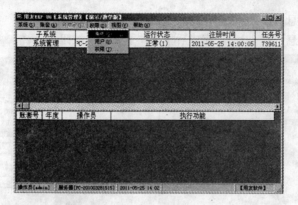

图 3-7 "用户"界面

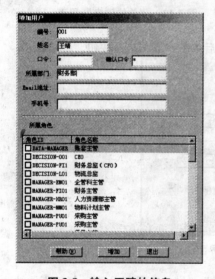

图 3-8 输入王晴的信息

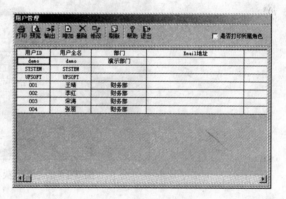

图 3-9 所有人员信息

3. 建立新账套

（1）选择"账套"→"建立"命令（图 3-10）。

图 3-10 选择"账套"→"建立"命令

（2）填写账套信息（图 3-11），完成后单击"下一步"按钮。

（3）填写单位信息（图 3-12），完成后单击"下一步"按钮。

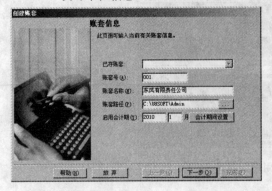

图 3-11　"账套信息"界面　　　　　　　　图 3-12　"单位信息"界面

（4）根据任务资料，填写核算类型（图 3-13），完成后单击"下一步"按钮。

图 3-13　"核算类型"界面

（5）填写基础信息（图 3-14），选中"客户是否分类""供应商是否分类"复选框，单击"完成"按钮。

（6）系统弹出提示"可以创建账套了么？"对话框（图 3-15），单击"是"按钮。

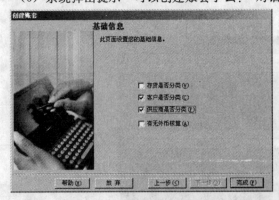

图 3-14　"基础信息"界面　　　　　　　　图 3-15　"创建账套"对话框

（7）按照任务要求修改分类编码方案（图 3-16），完成后单击"确认"按钮。

（8）修改数据精度定义（图 3-17），完成后单击"确认"按钮。

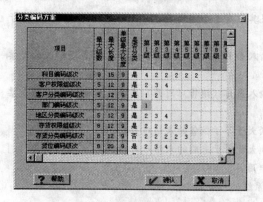

图 3-16　"分类编码方案"界面

图 3-17　"数据精度定义"界面

（9）系统弹出"创建账套"对话框（图 3-18），单击"是"按钮。

图 3-18　"创建账套"对话框

（10）在弹出的"系统启动"窗口中——启动各个子系统。

①有系统启用权限的系统管理员和账套主管，选中要启用系统的复选框（图3-19）；

②启用会计期间内输入启用的年、月数据；

③单击"确认"按钮保存此次的启用信息，并将当前操作员写入启用人。

图 3-19　"子系统"启动界面

　　　　　　　　　　系统启用的约束条件

（1）各系统的启用会计期间均必须大于等于账套的启用期间。

（2）采购计划必须与库存、采购集成使用，即未启用采购和库存，则采购计划不能单独启用。采购计划的启用月必须同时大于等于采购管理和库存管理的启用月。

（3）采购、销售、存货、库存4个模块，如果其中有1个模块后启，其启用期间必须大于等于其他模块最大的未结账月。

（4）应付先启，后启采购，必须应付系统未输入当月（采购启用月）发票，或者将输入的发票删除。

（5）应收先启，后启销售，必须应收系统未输入当月（销售启用月）发票，或者将输入的发票删除。

（6）销售先启，后启应收，应收的启用月必须大于等于销售的未结账月。

（7）采购先启，后启应付，应付的启用月必须大于等于采购的未结账月。

（8）网上银行的启用月必须大于等于总账的启用月。

（9）只有在相关系统启用后，才可启用Web系统的相关部分。

提 示：
只有系统管理员才有权限创建一个新账套。

知识扩展 ■ ■ ■

账套主管可以通过修改账套功能，查看某个账套的账套信息，也可以修改这些账套信息。

（1）用户以账套主管的身份注册，选择相应的账套，进入系统管理。

（2）选择"账套"→"修改"命令，则进入修改账套的功能。

（3）系统自动列示出注册进入时所选账套的账套信息、单位信息、核算信息、基础设置信息。账套主管用户可根据自己的实际情况，对允许起止日期修改的内容进行修改。

（4）可以对本年未启用的会计期间修改其起止日期。

（5）单击"完成"按钮，表示确认修改内容；如放弃修改，则单击"放弃"按钮。

提 示：
（1）在账套的使用中，只有没有业务数据的会计期间可以修改其起止日期。

（2）使用该会计期间的模块均需要根据修改后的会计期间来确认业务所在的正确期间。

（3）只有账套管理员才有权限修改相应的账套。

4. 设置操作员权限

随着用户对管理要求的不断提高，越来越多的信息都表明权限管理必须向更细、更深的方向发展。U850中可以实现以下3个层次的权限管理。

（1）功能级权限管理。该权限将提供划分更为细致的功能级权限管理功能，包括功能权限查看和分配。

（2）数据级权限管理。该权限可以通过两个方面进行权限控制，一个是字段级权限控制，另一个是记录级权限控制。

（3）数量级权限管理。该权限主要实现对具体处理的数量级划分，对于一些敏感数据可以进行集中控制。

①选择"权限"→"权限"命令，选择操作的用户和相应账套，单击"修改"按钮，选中所需权限，单击"确定"按钮，以分配所有用户权限。

a. 确定账套主管王晴的权限（图3-20）。

b. 确定出纳李红的权限（图3-21）。

c. 确定会计人员宋涛的权限（图3-22）。

d. 确定会计人员张丽的权限（图3-23）。

图 3-20　"操作员权限"界面　　　　　　　图 3-21　出纳李红的权限

图 3-22　会计人员宋涛的权限

图 3-23　会计人员张丽的权限

提　示:

(1) 已启用的用户权限不能进行修改、删除的操作。

(2) 如果设置为账套主管,则拥有所有功能操作权限。

5. 数据管理

(1) 输出数据。选择"账套"→"输出"命令,在"账套输出"对话框(图 3-24)中单击"确认"按钮等待系统备份数据,选择数据存放位置后单击"确认"按钮,完成后单击"确定"按钮。

(2) 引入数据。选择"账套"→"引入"命令(图 3-25),选择前次输出的数据并单击"打开"按钮,选择"是"按钮将数据引入到指定位置,选择"否"按钮引入到默认位置。

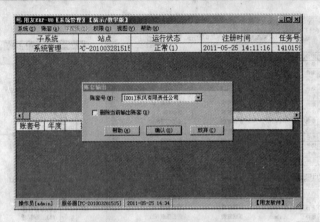

图 3-24 "数据输出"界面

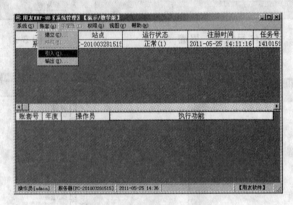

图 3-25 "数据引入"界面

学习任务 3.3 应用操作

3.3.1 应用操作 1

1. 实训目的

通过实训掌握系统管理的内容及操作方法。

2. 实训内容

（1）建立账套；（2）添加操作员及设置操作员权限。

3. 实训准备

（1）已正确安装用友 ERP—U8 财务软件。

（2）正确设置系统日期。

4. 实训资料

（1）建立账套。

账套号：班级号＋后两位学号（例如：1 班 34 号学生所建账套号应为 134）名称：南方公司

账套路径：默认

启用会计期：2011 年 1 月；会计期间设置采用系统默认设置

单位名称：济南市南方有限公司

单位简称：南方公司

单位地址：山东省济南市青年东路 1135 号

法人代表：李智勇

邮政编码：250000

联系电话与传真：0531－85993849

电子邮件：nanfang@163.com

税号：123456421012345

本币代码：RMB　本币名称：人民币

企业类型：工业

行业性质：新会计制度科目

账套主管：学生本人

按行业预置科目，存货、客户、供应商均分类核算；有外币业务。科目编码级次为 42222；客户及供应商分类编码级次为 223；其余分类编码及数据精度均采用系统默认值；启用总账系统，启用日期为 2011 年 1 月 1 日。

（2）添加操作员及设置操作员权限。设置南方公司账套用户信息，如表 3-1 所示。

表 3-1　用户信息表

编　号	用 户 名	所 属 角 色	口　令
001	学生本人	账套主管	1
002	张天祥	出纳	2
003	陈晨	应收会计	3
004	赵微	应付会计	4
005	成昆	总账会计	5

设置上述账套用户的功能及权限，如表 3-2 所示。

表 3-2　账套用户的功能及权限表

编　码	功能及权限
001	账套主管
002	具有总账系统凭证下的出纳签字权及出纳的所有权限
003	具有应收系统的所有权限及总账系统除设置、主管签字、审核凭证、记账、恢复记账前状态及出纳（包含出纳签字）以外的所有权限
004	具有应付系统的所有权限，总账系统除设置、主管签字、审核凭证、记账、恢复记账前状态及出纳（包含出纳签字）以外的所有权限
005	具有总账系统下除设置、主管签字、审核凭证、记账、恢复记账前状态及出纳（包含出纳签字）以外的所有权限

3.3.2　应用操作 2

1. 实训目的

通过实训掌握系统管理的内容及操作方法。

2. 实训内容

(1) 建立账套；(2) 添加操作员及设置操作员权限。

3. 实训准备

(1) 已正确安装用友 ERP—U8 财务软件。

(2) 正确设置系统日期。

4. 实训资料

(1) 单位概况。

北海商贸有限责任公司（简称北海公司）是一家以经营百货、服装、针纺织品为主的中小型商品流通企业。

(2) 账套资料。

账套号：002

账套名称：北海商贸有限责任公司 2011 年账

账套路径：D：\ UF850

启用会计期：2011 年 1 月

(3) 单位信息

单位名称：北海商贸有限责任公司

单位简称：BHSM

单位地址：菏泽市牡丹区

法人代表：张德广

邮政编码：250000

联系电话：0530－5908880

传　　真：0530－5718603

电子邮箱：bhsm@163.com

税　　号：41010528764101

本币代码：RMB

本币名称：人民币

企业类型：商品流通企业

行业性质：商品流通

主管会计：张进

(4) 工作岗位与人员分工权限（表 3-3）。

表 3-3　工作岗位与人员分工权限表

工作岗位	姓　名	工作权限
系统管理员	SYSTEM	系统管理
会计主管	张　进	总账、报表
制　单	王　英	总账制单
复　核	赵　乾	凭证复核
出　纳	黄海东	总账出纳

5. 设置信息

数据精度：2，保留小数点后两位

会计科目编码规则：4222

项目 4　总账管理子系统的初始化

理论知识目标

1. 了解总账管理子系统初始化的工作原理和操作方法。
2. 了解总账管理子系统与其他管理子系统的关系。
3. 掌握总账管理子系统的业务处理流程。

实训技能目标

1. 掌握总账管理子系统初始化中设置会计科目的方法。
2. 掌握输入期初余额及设置各种分类档案资料的方法。

学习任务 4.1　总账管理子系统概述

任务引入

　　经过一段时间的使用，会计主管王晴对用友 U850 软件已非常顺手，而会计人员宋涛刚出差归来，面对已经运行的总账管理子系统感到非常棘手，于是王晴主动为宋涛补课。

4.1.1　总账管理子系统核算的内容

　　总账管理子系统是整个会计核算系统的中枢，它综合、全面、概括地反映企业产供销的各个方面。其他各个核算系统的数据都必须传输到总账管理子系统，同时，还要把某些数据传送给其他子系统供其使用。它把其他各子系统有机地结合在一起，形成了一个完整的会计核算系统。

　　对于实际业务较简单、数据量较小的小型企业，只使用总账管理子系统，按照制单、审核、记账、查账、结账的业务流程进行即可。如果企业核算业务较复杂，建议使用总账系统提供的各种辅助核算进行管理，如项目专项核算、部门专项核算、个人专项核算、客户与供应商专项核算。如果企业的往来业务较频繁，则会有较多的往来客户、供应商，同时又希望系统提供发票处理等业务，可使用应收应付系统管理客户、供应商的往来业务。

1. 基本核算

（1）建账。

①自由定义科目代码长度、科目级次。

②可根据需要增删、修改会计科目或选用行业标准科目。

③提供中英文科目的输入与切换功能。

④若有外币核算，还需定义各外币及汇率。

⑤可输入开始使用总账管理子系统时各科目的期初余额。

⑥可定义凭证类别。

⑦若要进行辅助项管理，还需要定义各辅助项的目录。

⑧自由定义会计期间。

（2）凭证管理。

①提供资金赤字控制、支票控制、预算控制、外币折算误差控制以及查看最新余额等功能。

②提供快捷键自动计算借贷方差额。

③可随时调用常用凭证、常用摘要，自动生成红字冲销凭证，以及语音提示功能。

④提供出纳签字功能。

⑤提供对原始单据及明细账的联查功能。

⑥增加凭证及科目的自定义项定义及输入。

⑦可完成审核凭证及记账，并可随时查询及打印记账凭证、凭证汇总表。

⑧凭证填制权限可控制到科目。

⑨凭证审核权限可控制到操作员。

⑩灵活的凭证打印功能。

⑪标准凭证格式的引入和引出，可完成不同机器中总账管理子系统凭证的传递。

（3）标准账表。

①可随时提供如下标准账表，并可查询包含未记账凭证的最新数据。

a. 总账、余额表。

b. 序时账、明细账、多栏账，以及能够同时查询上级科目总账数据及末级科目明细数据的月份综合明细账。

c. 日记账、日报表。

②在查询各标准账表的同时，可同时查询到数量账、外币账。

③在查询时，可随时调整列宽，且可在退出查询时保存列宽。

④提供"我的账簿"功能，保存常用的查询条件，加快查询速度。

⑤任意设置多栏栏目，能够实现各种输出格式。

⑥提供总账明细账凭证和原始单据相互联查、溯源功能。

⑦明细账的查询权限可以控制到科目。

⑧提供栏目打印宽度、账页每页打印行数等参数的设置，以及明细账可按总账科目打印账本的功能。

（4）出纳管理。可完成银行/现金日记账，随时出最新资金日报表、余额调节表以及进行银行对账。

（5）数量核算。适用于要求对实物数量和金额同时核算业务。

（6）外币核算。

①可选择采用固定汇率方式或浮动汇率方式计算本币金额。

②可选用直接标价法或间接标价法折算本位币。

③月末可自动调整外币汇兑损益。

（7）月末处理。

①自动完成月末分摊、计提、对应转账、销售成本、汇兑损益、期间损益结转等业务。

②进行试算平衡、对账、结账，生成月末工作报告。

③灵活的自定义转账功能、各种取数公式可满足各类业务的转账工作。

2. 辅助管理

（1）个人借款管理。

①主要进行个人借款、还款管理工作，及时地控制个人借款，完成清欠工作。

②提供个人借款明细账、催款单、余额表、账龄分析报告及自动清理核销已清账等功能。

（2）部门核算。

①主要为了考核部门费用收支的发生情况，及时地反映控制部门费用的支出，对各部门的收支情况加以比较，便于进行部门考核。

②提供各级部门总账、明细账的查询，并对部门收入与费用进行部门收支分析等功能。

（3）项目管理。

①用于生产成本、在建工程等业务的核算，以项目为中心为使用者提供各项目的成本、费用、收入、往来等汇总与明细情况以及项目计划执行报告等，也可用于核算科研课题、专项工程、产成品成本、旅游团队、合同、订单等。

②提供项目总账、明细账及项目统计表的查询。

（4）往来管理。

①主要进行客户和供应商往来款项的发生、清欠管理工作，及时掌握往来款项的最新情况。

②提供往来款的总账、明细账、催款单、往来账清理、账龄分析报告等功能。

4.1.2 总账管理子系统与其他子系统的关系

总账管理子系统与其他子系统的关系为：

（1）与系统管理共享基础数据；

（2）应收款管理子系统向总账管理子系统传递凭证，在总账管理子系统中可查询、审核、记账；

（3）应付款管理子系统向总账管理子系统传递凭证，在总账管理子系统中可查询、审核、记账；

（4）工资管理子系统自动生成的凭证向总账管理子系统传递凭证，在总账管理子系统中可查询、审核、记账；

（5）固定资产管理子系统自动生成的凭证向总账管理子系统传递凭证，在总账管理子系统中可查询、审核、记账；

（6）成本管理子系统将各种成本引用结转，自动生成的凭证向总账管理子系统传递凭证，在总账管理子系统中可查询、审核、记账；

（7）存货管理子系统自动生成的凭证向总账管理子系统传递凭证，在总账管理子系统中可查询、审核、记账；

（8）总账管理子系统向 UFO 报表子系统提供相关数据，自动生成财务系统所需的各种报表；

（9）资金管理子系统生成的凭证要传递到总账管理子系统。

4.1.3 总账管理子系统的业务处理流程

（1）系统安装完毕后即可启动账务系统。

（2）从第4步建立会计科目开始到第8步设置凭证类别（即图4-1中虚线所括部分），是对账套进行的初始设置，即本项目所要讲述的内容。

（3）当会计科目、各辅助项目录、期初余额及凭证类别等已输入完毕，就可以使用计算机进行填制凭证、记账了。从第9步到第12步是每月进行的日常业务。这是项目五讲述的主要内容。

（4）从第13步到第15步是月末需进行的工作，包括月末转账、对账、结账，以及对会计档案进行备份等。这也是项目五讲述的主要内容。

总账管理子系统的业务流程如图4-1所示。

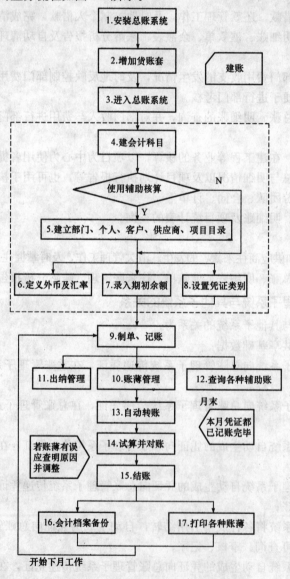

图 4-1　总账管理子系统的业务流程

4.1.4　总账管理子系统的登录

任务布置────

会计主管王晴为宋涛演示如何登录总账管理子系统。会计信息资料可查找项目三。

任务实施────

（1）选择"开始"→"程序"→"用友 ERP—U8"→"财务会计"→"总账"命令（图 4-2）。

（2）以账套主管王晴的名义登录，密码为 1（图 4-3）。

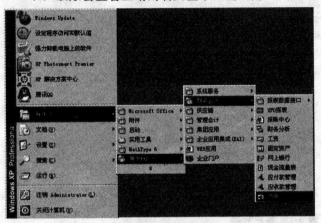

图 4-2　运行"总账"管理子系统　　　　图 4-3　账套主管王晴输入信息

（3）打开"总账"管理子系统窗口（图 4-4）。

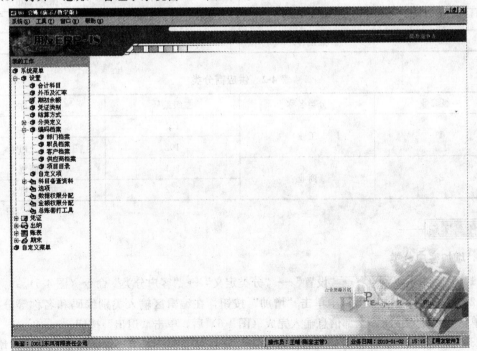

图 4-4　"总账"管理子系统界面

学习任务 4.2 总账管理子系统的初始化设置

任务引门 ➤

账套主管王晴登录系统后，对总账管理子系统进行初始化设置。系统初始化具体包括哪些内容？如何操作呢？我们一块儿看看王晴的做法是否正确。

总账初始化是账务处理的最基本工作。第一次使用通用财务软件时，应进行系统的初始化工作，也就是说，针对本单位的业务性质及会计核算与财务管理的具体要求进行具体设置。

总账初始化设置的内容包括设置分类定义、编码档案、会计科目、外币及汇率、输入期初余额、凭证类别、结算方式等。

4.2.1 分类定义

任务布置

王晴想对客户进行分类管理，建立客户分类体系，有关资料如表4-1、表4-2所示。

表4-1 客户分类

一级编号	分类名称	二级编号	公司名称
1	长期客户	101	长虹公司
		102	振兴公司
2	中期客户		
3	短期客户		

表4-2 供应商分类

一级编号	分类名称	二级编号	公司名称
1	工业	101	黄河公司
		102	长江公司
2	商业	201	利群商贸
		202	东泰百货

任务实施

1. 增加客户分类

（1）选择"系统菜单"→"设置"→"分类定义"→"客户分类"命令（图4-5）。

（2）在"客户分类"窗口中单击"增加"按钮，在编辑区输入类别编码和名称等分类信息，单击"保存"按钮。全部信息输入完成（图4-6）后，单击"退出"按钮。

（3）如果想放弃新增客户分类，可以单击"放弃"按钮；如果想继续增加，单击"增加"按钮即可。

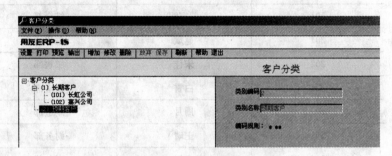

图 4-5　"分类定义"　　　　　　　　图 4-6　"客户分类"界面
　　　界面

提　示：

(1) 有下级分类编码的客户分类前会出现带框的十，双击该分类编码时，会出现或取消下级分类编码。

(2) 新增的客户分类的分类编码必须与"编码原则"中设定的编码级次结构相符。例如，编码级次结构为"＊　＊＊"，那么，"0001"是一个错误的客户分类编码。

(3) 客户分类必须逐级增加。除了一级客户分类之外，新增的客户分类的分类编码必须有上级分类编码。例如，编码级次结构为"＊　＊＊"，那么"101"这个编码只有在编码"1"已存在的前提下才是正确的。

(4) 客户分类编码必须唯一；客户分类名称可以是汉字或英文字母，不能为空。

2. 修改客户分类

将光标移到要修改的客户分类上，单击"修改"按钮，对需要修改的项目进行调整，修改完毕后单击"保存"按钮；如果想放弃修改则单击"放弃"按钮。

3. 删除客户分类

将光标移到要删除的客户分类上，单击"删除"按钮，即可删除当前分类。

提　示：

(1) 已经使用的客户分类不能删除。

(2) 非末级客户分类不能删除。

用同样的方法可对供应商进行分类，这里不再重复讲解。

4.2.2　编码档案

任务布置

王晴对部门、职员、客户、供应商的档案进行编码，有关资料如表 4-3 至表 4-6 所示。

表 4-3　部门档案

部门编码	部门名称	部门属性
1	综合部	管理部门
2	销售部	市场营销
3	供应部	采购供应
4	制造部	研发制造
5	财务部	账务核算

表4-4　职员档案

职员编号	职员名称	所属部门	职员属性
101	黄家辉	综合部	总经理
201	赵斌	销售部	部门经理
202	宋佳	销售部	经营人员
301	白雪	供应部	部门经理
401	周月	制造部	部门经理
501	王晴	财务部	会计主管
502	李红	财务部	出纳
503	宋涛	财务部	会计

表4-5　客户编码

客户编码	客户名称	二级编码	客户名称
1	长期客户	101	长虹公司
		102	振兴公司
2	中期客户		
3	短期客户		

表4-6　供应商编码

供应商编码	客户名称	二级编码	供应商名称
1	工业	101	黄河公司
		102	长江公司
2	商业	201	利群商贸
		202	东泰百货

任务实施

1. 部门档案

选择"系统菜单"→"设置"→"编码档案"→"部门档案"命令（图4-7）。

（1）新增部门档案。单击"增加"按钮，可增加一条部门记录。在"部门档案"窗口（图4-8）右侧输入部门编码、部门名称、负责人、部门属性、电话、地址、备注、信用额度、信用等级、信用天数信息即可。

（2）修改部门档案。在"部门档案"窗口左边则将光标定位到要修改的部门编号上，单击"修改"按钮。这时即处于修改状态，除部门编号不能修改其他信息均可修改。

（3）删除部门档案。单击左侧目录树中要删除的部门，背景显示蓝色表示选中，单击"删除"按钮即可删除此部门。注意，若部门被其他对象引用后就不能被删除。

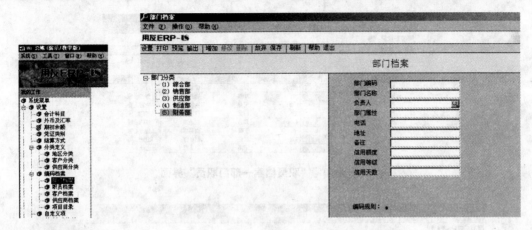

图 4-7　"编码档案"
　　　　界面

图 4-8　"部门档案"界面

2. 职员档案

选择"系统菜单"→"设置"→"编码档案"→"职员档案"命令。

（1）增加职员档案。在左侧部门目录中选择要增加人员的末级部门，单击功能键中的"增加"按钮，打开"增加职员档案"窗口（图 4-9），用户可根据自己企业的实际情况，在相应栏目中输入适当内容，其中带"＊"为必填项。

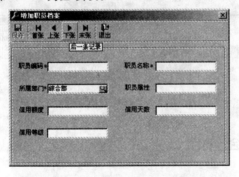

图 4-9　"增加职员档案"界面

（2）修改职员档案。将光标定位到要修改的职员上，单击"修改"按钮即可进入修改状态进行修改，注意修改后，职员编号必须保持唯一。

（3）使用定位功能快速查询职员信息。单击工具栏中的"定位"按钮，弹出"定位条件"对话框，选中"按职员编码定位"或"按职员名称定位"，输入要查询的职员编码或姓名，单击"确认"按钮后，系统立即显示符合条件的职员信息（图 4-10）。

采用同样的方法可进行其他档案的设置工作（图 4-11、图 4-12）。

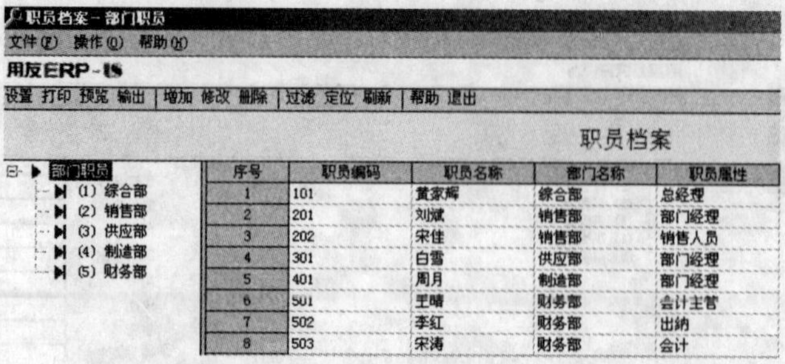

图 4-10 "职员档案—部门职员"界面

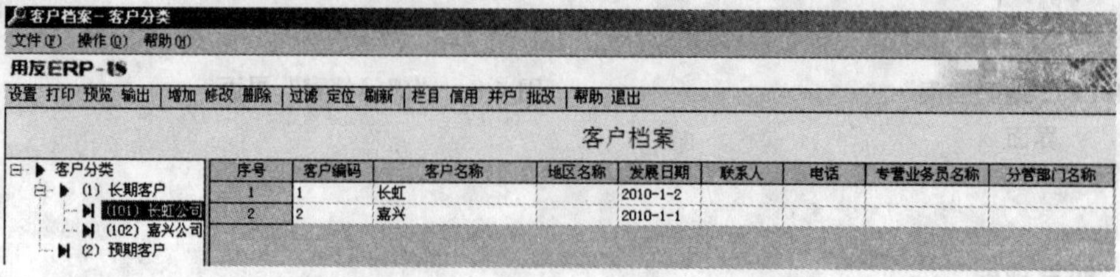

图 4-11 "客户分类"界面

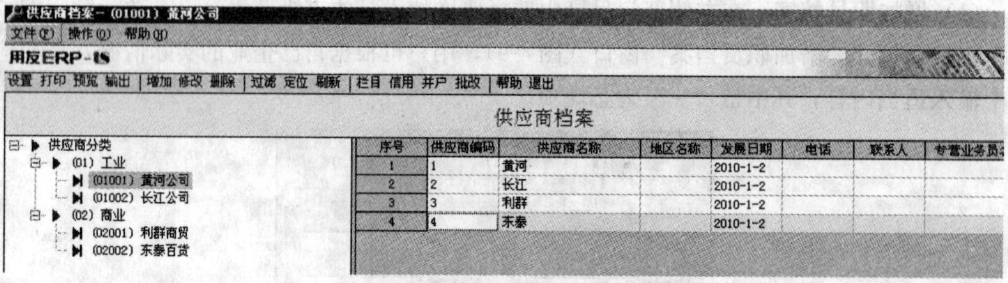

图 4-12 "供应商档案"界面

4.2.3 设立和管理会计科目

任务布置

账套主管王晴有权设立和管理会计科目（按行业性质预置科目），根据业务的需要请帮她增加、插入、修改会计科目。会计科目的资料如表 4-7 所示。

表 4-7 会计科目资料

代码	科目名称	科目选项	数量及单价	方向	期初余额
101	库存现金	日记账		借	1 000
102	银行存款			借	
10201	工行存款	日记账、银行账		借	210 000
113	应收账款	客户往来			
11301	长江公司				
11302	长虹公司			借	80 000

续表

代　码	科目名称	科目选项	数量及单价	方向	期初余额
11303	振兴公司				
114	坏账准备			贷	2 400
119	其他应收款				
11901	黄家辉			借	2 800
11902	宋佳				
121	材料采购				
12101	甲材料			借	700
12102	乙材料				
123	原材料			借	
12301	甲材料	数量核算：吨 账页格式：数量金额式	单价：3 000 数量：70	借	210 000
12302	乙材料	数量核算：吨 账页格式：数量金额式	单价：2 800 数量：30	借	84 000
137	库存商品			借	
13701	A商品	数量核算：件 账页格式：数量金额式	单价：400 数量：240	借	96 000
13702	B商品	数量核算：件 账页格式：数量金额式	单价：360 数量：200	借	72 000
161	固定资产			借	940 000
165	累计折旧			贷	250 000
201	短期借款			贷	80 000
202	应付票据			贷	
20201	宏伟公司			贷	43 290
203	应付账款				
20301	利群商贸	供应商往来		贷	80 000
20302	长江公司				
20303	黄河公司				
20304	东泰百货				
214	长期借款			贷	50 200
211	应付职工薪酬			贷	20 000
221	应交税费			贷	
22101	应交增值税				
2210101	进项税额			借	
2210102	已交税金			借	
2210105	销项税金			贷	

续表

代 码	科目名称	科目选项	数量及单价	方向	期初余额
2210107	进项税额转出				
22105	应交所得税			贷	8 240
301	实收资本			贷	1 030 000
313	盈余公积			贷	
31301	法定盈余公积			贷	120 000
31302	提取盈余公积			贷	
321	本年利润			贷	
322	利润分配			贷	
32207	未分配利润			贷	12 370
401	生产成本				
40103	A产品				
4010301	直接材料				
4010302	直接人工				
4010303	制造费用				
40104	A产品				
4010401	直接材料				
4010402	直接人工				
4010403	制造费用				

【任务实施】

1. 登录总账管理子系统

（1）王晴使用自己的密码登录总账管理子系统（图 4-13）。

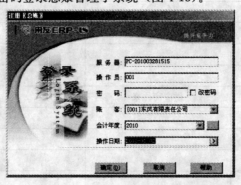

图 4-13　"注册【总账】"界面

（2）选择"系统信息"→"设置"→"会计科目"命令，在打开的"会计科目"对话框中单击"预置"按钮。

2. 修改会计科目

（1）在打开的"会计科目"窗口（图 4-14）中，将光标移到要修改的科目上，单击"修改"按钮或双击该科目，即可进入会计科目修改界面。

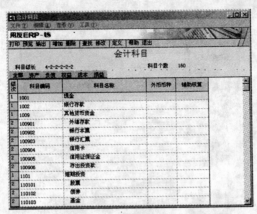

图 4-14　"会计科目"界面

(2) 单击"修改"按钮，进入修改状态，可以在此对需要修改的项目进行调整，修改完毕后，单击"确定"按钮；如果想放弃修改，单击"取消"按钮即可。在这里对"现金"科目进行修改（图 4-15）。

(3) 如果要继续修改，则单击 ◼◀▶◾ 按钮找到下一个需要修改的科目，单击"修改"按钮（图 4-16）重复上述步骤即可。

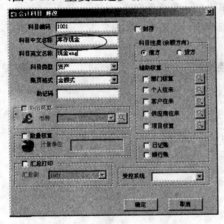

图 4-15　修改会计科目

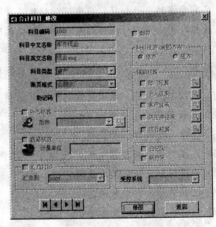

图 4-16　继续修改会计科目

(4) 按此方法，对其他会计科目进行修改。

提　示：

(1) 没有会计科目设置权的用户只能在此浏览科目的具体定义而不能进行修改。

(2) 已使用的科目可以增加下级，新增第一个下级科目为原上级科目的全部属性。

3. 增加会计科目

(1) 在"会计科目"窗口中单击"增加"按钮，打开"会计科目_新增"对话框，输入科目信息（图 4-17）。

(2) 输入完成后，单击"确定"按钮，即可保存刚才的输入信息；单击"取消"按钮，即可取消刚才的输入信息。

4. 删除会计科目

将光标移到要删除的科目上，单击"删除"按钮，即可删除当前会计科目。

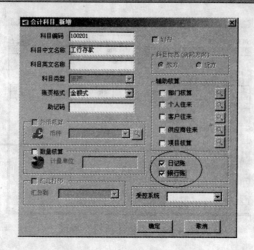

图 4-17 增加会计科目

提 示:

(1) 删除科目后不能自动恢复,但可通过增加功能来完成。

(2) 非末级科目不能删除。

(3) 已有数据的会计科目,应先将该科目及其下级科目余额清零后再删除。

(4) 被指定为现金银行科目的会计科目不能删除。如想删除,必须先取消指定。

知识扩展   **如何判断科目已使用?**   ■ ■ ■

(1) 已制单、记账或输入待核银行账期初值。

(2) 已输入科目期初余额。

(3) 已输入辅助账期初余额。

(4) 已在凭证类别设置中使用。

(5) 已在转账凭证定义中使用。

(6) 已在多栏定义中使用。

(7) 已在常用摘要定义中使用。

(8) 已在支票登记簿中使用。

(9) 已有授控系统。

4.2.4 设置外币及汇率

任务布置

东风公司存在外汇业务,对美元的固定汇率为 6.532 7 元,对日元的固定汇率为 12.732 7 元。请你帮王晴设置一下。

任务实施

(1) 选择"系统菜单"→"设置"→"外币及汇率"命令。

(2) 单击"增加"按钮,输入外币币符、币名、汇率小数位等信息,完成后单击"确认"按钮。

(3) 单击"美元"按钮,在"记账汇率"下输入设定的汇率(图 4-18),完成后单击"确认"按钮。

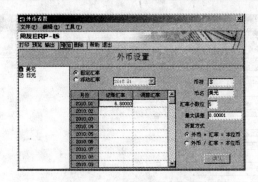

图 4-18　"外币设置"窗口

提　示：

（1）使用固定汇率的单位，在填制每月的凭证前，应预先输入该月的记账汇率，否则将会出现汇率为零的错误。

（2）使用浮动汇率的单位，在填制当天的凭证前，应预先输入当天的记账汇率。

（3）"外币 * 汇率＝本位币"的折算方式是指直接汇率。

（4）"外币/汇率＝本位币"的折算方式是指间接汇率。

（5）制单时使用固定汇率还是浮动汇率，需在总账管理子系统选项"凭证"选项卡中设置。

4.2.5　录入期初余额

任务布置

王晴需要根据表 4-7 中的资料，一一输入各个会计账户的余额。

任务实施

无论往来核算在总账还是在应收应付系统，有往来辅助核算的科目都要按明细输入数据。

1. 期初余额输入

如果是第一次使用账务处理系统，必须使用此功能输入账户余额。如果系统中已有上年数据，在使用"结转上年余额"后，上年各账户余额将自动结转到本年。具体操作如下。

（1）新用户操作方法。如果是年中建账，如 9 月开始使用账务系统，建账月份为 9 月，可以输入 9 月初的期初余额以及 1—9 月的借、贷方累计发生额，系统自动计算年初余额；若是年初建账，可以直接输入年初余额（图 4-19）。

（2）老用户操作方法。将光标移到需要输入数据的余额栏，直接输入数据即可。

如果是年中启用，还可以输入年初至建账月份的借、贷方累计发生额。

输入所有余额后，单击"试算"按钮，可查看期初余额试算平衡表，检查余额是否平衡，也可单击"对账"按钮，检查总账、明细账、辅助账的期初余额是否一致（图 4-20）。

2. 期初余额对账

（1）在"期初余额录入"窗口中单击"对账"按钮。

（2）单击"开始"按钮可对当前期初余额进行对账，核对方法为总账上下级、明细账与总账之间对账，总账与辅助账之间对账。

（3）如果对账后发现有错误，可单击"显示对账错误"按钮（图 4-21），系统将把对账中发现的问题列出来。

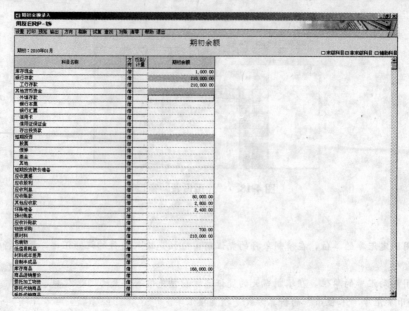

图 4-19　期初余额录入

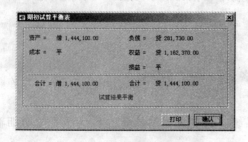

图 4-20　期初试算平衡

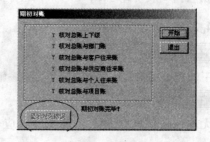

图 4-21　期初对账

提 示：

（1）若期初余额试算不平衡，那么将不能记账，但可以填制凭证。

（2）若已经使用本系统记过账，则不能再输入、修改期初余额，也不能执行"结转上年余额"的功能。

3. 调整科目的余额方向

每个科目的余额方向由科目性质确定，占用类科目余额方向为借，来源类科目余额方向为贷。在"期初余额录入"窗口中选中科目，单击"方向"按钮可修改科目的余额方向（即科目性质）。

只能调整一级科目的余额方向，且该科目及其下级科目尚未输入期初余额。当一级科目方向调整后，其下级科目也随一级科目相应调整方向。

4.2.6　设置凭证类别

如果是第一次进行凭证类别设置，可以按以下几种常用分类方式进行定义。

（1）记账凭证。

（2）收款、付款、转账凭证。

（3）现金、银行、转账凭证。

（4）现金收款、现金付款、银行收款、银行付款、转账凭证。

任务布置

为了便于管理或登账方便，王晴对记账凭证进行分类编制。相关资料如表4-8所示。

表4-8 凭证类型设置

凭证类型	限制类型	限制科目
收款凭证	借方必有	101 10201
付款凭证	贷方必有	101 10201
转账凭证	凭证必无	101 10201

任务实施

（1）进入总账，选择"系统菜单"→"设置"→"凭证类别"命令，打开"凭证类别设置"对话框，选中"收款凭证 付款凭证 转账凭证"单选按钮（图4-22），单击"确定"按钮。

（2）在"凭证类别"窗口中双击"限制类型"选择相对选项（"借方必有""贷方必有"或"凭证必无"），双击"限制科目"将其设置成符合相应要求（图4-23）。

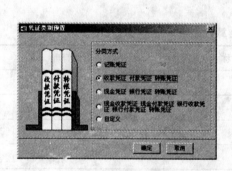

图4-22 凭证类别预置

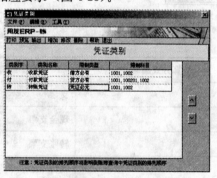

图4-23 "凭证类别"界面

（3）单击"退出"按钮退出。

（4）将光标移到要删除的凭证类别上，单击"删除"按钮即可删除当前凭证类别。

提 示：

已经使用的凭证类别不能删除，如选中了已使用的凭证类别，系统会在"凭证类别"窗口中显示"已使用"的红字标志。

知识扩展 如何设置限制类型与限制科目？ ■ ■ ■

某些类别的凭证在制单时对科目有一定限制，有以下5种限制类型可供选择。

（1）借方必有：制单时，此类凭证借方至少有一个限制科目有发生。

（2）贷方必有：制单时，此类凭证贷方至少有一个限制科目有发生。

（3）凭证必有：制单时，此类凭证无论借方还是贷方至少有一个限制科目有发生。

（4）凭证必无：制单时，此类凭证无论借方还是贷方不可有一个限制科目有发生。

（5）无限制：制单时，此类凭证可使用所有合法的科目限制科目由用户输入，可以是任意级次的科目，科目之间用逗号分隔，数量不限，也可参照输入，但不能重复输入。

【注意事项】

(1) 已使用的凭证类别不能删除，也不能修改类别字。

(2) 若选有科目限制（即"限制类型"不是"无限制"），则至少要输入一个限制科目。若限制类型选"无限制"，则不能输入限制科目。

(3) 若限制科目为非末级科目，则在制单时，其所有下级科目都将受到同样的限制。例如：若分类如上所设，且 101 科目下有 10101、10102 两个下级科目，那么，在填制转账凭证时，将不能使用 10101、10102 及 102 下的所有科目。

(4) 表格右侧的上下箭头按钮可以调整凭证类别的前后顺序，它将决定明细账中凭证的排列顺序。例如：凭证类别设置中凭证类别的排列顺序为收、付、转，那么，在查询明细账、日记账时，同一日的凭证，将按照收、付、转的顺序进行排列。

4.2.7 设置结算方式

用来建立和管理用户在经营活动中所涉及的结算方式。它与财务结算方式一致，如现金结算、支票结算等。结算方式最多可以分为两级。结算方式一旦被采用，便不能进行修改和删除的操作。

任务布置 ——

王晴设置结算方式。相关资料如表 4-9 所示。

表 4-9 凭证结算方式

结算方式编码	结算方式名称	票据管理
1	支票	是
101	现金支票	是
102	转账支票	是
2	银行本票	
3	银行汇票	
4	商业汇票	
9	其他	

任务实施 ——

(1) 单击"增加"按钮，输入结算方式编码、结算方式名称和是否票据管理。结算方式编码用以标记某结算方式，票据管理标志选择该结算方式下的票据是否要进行支票登记簿管理（图 4-24）。

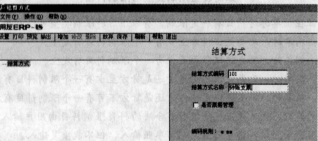

图 4-24 增加"结算方式"

（2）单击"保存"按钮，便可将本次增加或修改的内容保存，并在左侧树形结构中添加和显示（图4-25）。

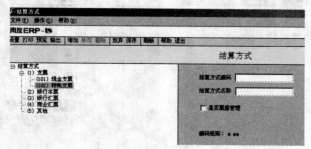

图4-25 "结算方式"界面

4.2.8 选 项

系统在建立新的账套后由于具体情况需要，或业务变更，发生一些账套信息与核算内容不符，可以通过此功能进行账簿选项的调整和查看。

任务布置——

东风公司规定：含有现金、银行科目的凭证必须由出纳人员通过"出纳签字"功能对其核对签字后才能记账，请帮王晴设置该项功能。

任务实施——

（1）在主菜单中选择"系统菜单"→"设置"→"选项"命令后，打开"选项设置"对话框，单击"凭证""账簿""会计日历""其他"即可进行账簿选项的修改（图4-26）。

（2）在"凭证"选项卡"凭证控制"列表框中，选中"出纳凭证必须由出纳签字"复选框，单击"确定"后退出。

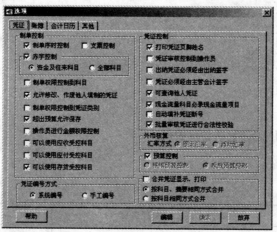

图4-26 "选项"界面

（3）选择"系统菜单"→"设置"→"会计科目"命令在"会计科目"窗口中执行"编辑"→"指定科目"命令（图4-27）。

（4）选择库存现金、银行存款为现金总账科目和银行存款总账科目，单击"确认"按钮退出（图4-28）。

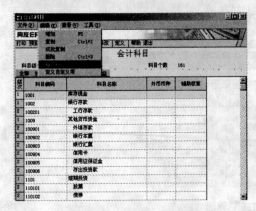
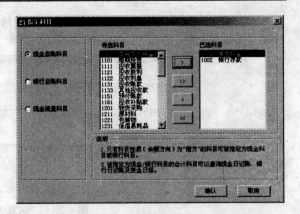

图 4-27 "会计科目"界面   图 4-28 "指定科目"界面

完成这项工作，下一步就可以进行出纳签字了。

学习任务 4.3　应用操作

1. 实训目的

通过实训掌握总账管理子系统初始化的学习内容。

2. 实训内容

（1）部门档案设置；

（2）职员档案设置；

（3）客户档案设置；

（4）供应商档案设置；

（5）会计科目设置；

（6）凭证类型、外币设置、结算方式设置、指定科目；

（7）输入期初余额。

3. 实训准备

引入项目三【应用操作 1】的备份数据。

4. 实训资料

（1）部门档案。

部门编码	部门名称	部门属性
1	综合部	管理部门
101	总经理办公室	综合管理
102	财务部	财务管理
2	销售部	市场营销
201	销售一部	专售电视机
202	销售二部	专售空调机

（2）职员档案。

职员编码	职员名称	所属部门	职员属性
01	张向华	总经理办公室	总经理
02	学生本人	财务部	财务主管
03	车虹	财务部	出纳
04	陈雪层	财务部	会计
05	张为国	财务部	会计
06	成昆	财务部	会计
07	赵斌	销售一部	部门经理
08	李国明	销售二部	部门经理

（3）客户分类。

类别编码	类别名称	类别编码	类别名称
01	企业单位	02	事业单位
0101	工业企业	0201	机关
0102	商业企业	0202	学校
0103	金融企业	03	其他

（4）客户档案。

客户编码	客户名称	客户简称	所属分类
01	杭州第五高级中学	杭五中	0202
02	上海天齐集团有限公司	上海天齐	0101
03	南京利群商贸有限公司	南京利群	0102
04	华东银行上海分行	华银沪分	0103
05	苏州市政府办公厅	苏办公厅	0201

（5）供应商分类。

类别编码	类别名称
01	长期供应商
0101	福建地区
0102	上海地区
0103	浙江地区
02	临时供应商

（6）供应商档案。

供应商编码	供应商名称	供应商简称	所属分类
001	福建钢铁公司	福建钢铁	0101
002	上海万利集团公司	上海万利	0102
003	杭州正大有限公司	杭州正大	0103

(7) 会计科目。

①修改会计科目。

科目编码	科目名称	辅助核算	受控系统
1111	应收票据	客户往来	应收系统
1131	应收账款	客户往来	应收系统
2111	应付票据	供应商往来	应付系统
2121	应付账款	供应商往来	应付系统

②增加会计科目。

科目编码	科目名称	账页格式	单位	核算账类
100101	人民币户	金额式		日记账
100102	美元户	外币金额式		日记账
100201	人民币户	金额式		日记账、银行账
100202	美元户	外币金额式		日记账、银行账
110101	股票投资	金额式		
110102	债券投资	金额式		
111101	银行承兑汇票	金额式		客户往来
111102	商业承兑汇票	金额式		客户往来
113301	备用金	金额式		部门核算
113302	应收个人款	金额式		个人往来
120101	生产用材料采购	金额式		
12010101	钢材	数量金额式	吨	
12010102	塑料制材	数量金额式	吨	
12010103	其他	金额式		
120102	其他用材料采购	金额式		
121101	生产用原材料	金额式		
12110101	钢材	数量金额式	吨	
12110102	塑料制材	数量金额式	吨	
12110103	其他	金额式		
121102	其他原材料	金额式		
124301	电视机	数量金额式	台	
211101	商业承兑汇票	金额式		供应商往来
211102	银行承兑汇票	金额式		供应商往来
41010101	直接材料	金额式		项目核算
41010102	直接人工	金额式		项目核算
41010103	制造费用	金额式		项目核算
410501	工资费用	金额式		
410502	折旧费用	金额式		
410503	材料费用	金额式		
410504	其他费用	金额式		

（8）凭证类型。

凭证类型	限制类型	限制科目
记账凭证	无	无

（9）结算方式。

结算方式编号	结算方式名称	票据管理
1	现金结算	否
2	支票结算	否
201	现金支票	是
202	转账支票	是
3	托收承付	否
4	委托收款	否
9	其他	否

（10）外币及汇率。

币符为 USD；币名为美元；2011 年 1 月份固定记账汇率 1∶6.6，1 月末调整汇率 1∶6.85。

设置完成后将科目 100102 和 100202 的科目属性设置为外币核算，币种为刚才设置的美元 USD。

（11）指定出纳专管科目。

选择"系统菜单"→"设置"→"会计科目"命令，在"会计科目"窗口中选择"编辑"→"指定科目"命令，设置以下科目：

现金总账科目：1001　现金；

银行总账科目：1002　银行存款。

（12）输入期初余额。

科目编码	科目名称	余额方向	数量、外币	期初余额（元）
100101	人民币户	借		6 200
100102	美元户	借	100	660
100201	人民币户	借		500 000
100202	美元户	借	5 000	33 000
110101	股票投资	借		50 000
110102	债券投资	借		70 000
111101	银行承兑汇票	借		400 000
111102	商业承兑汇票	借		600 000
1131	应收账款	借		900 000
113301	备用金	借		1 000
113302	应收个人款	借		5 000
1141	坏账准备	贷		3 000

续表

科目编码	科目名称	余额方向	数量、外币	期初余额（元）
12110101	钢材	借	130	130 000
12110102	塑料制材	借	100	50 000
121102	其他原材料	借		20 000
1232	材料成本差异	借		20 000
124301	电视机	借	250	500 000
124302	空调机	借	200	400 000
140101	股权投资	借		2 300 000
1501	固定资产	借		72 000 000
1502	累计折旧	贷		4 000 000
1603	在建工程	借		1 345 000
1801	无形资产	借		150 000
41010101	直接材料	借		1 600 000
41010102	直接人工	借		350 000
41010103	制造费用	借		120 000
2101	短期借款	贷		600 000
211101	商业承兑汇票	贷		250 000
211102	银行承兑汇票	贷		150 000
2121	应付账款	贷		580 000
2151	应付职工薪酬	贷		100 000
217106	应交所得税	贷		300 000
217108	应交城建税	贷		15 000
217112	应交个人所得税	贷		5 000
217601	应交教育费附加	贷		7 000
218101	工会经费	贷		28 000
218102	教育经费	贷		22 000
2191	预提费用	贷		18 000
2301	长期借款	贷		1 500 000
3101	股本	贷		70 000 000
311101	资本公积	贷		1 110 000
312101	法定盈余公积	贷		1 800 000
312103	法定公益金	贷		70 000
314115	未分配利润	贷		9 000 000

辅助账期初余额表如下：

会计科目：111101　银行承兑汇票　　　　　　　　　　　余额：借 400 000 元

日期	凭证号	客户	摘要	方向	金额
2011−1−5	记 50	杭五中	欠货款	借	400 000

会计科目：111102　商业承兑汇票　　　　　　　　　　余额：借 600 000 元

日期	凭证号	客户	摘要	方向	金额
2011-1-2	记70	南京利群	欠货款	借	150 000
2011-1-10	记40	华银沪分	欠货款	借	450 000

会计科目：1131　应收账款　　　　　　　　　　　　余额：借 900 000 元

日期	凭证号	客户	摘要	方向	金额
2011-1-3	记60	上海天齐	欠货款	借	900 000

会计科目：113301　备用金　　　　　　　　　　　　余额：借 1 000 元

部门	方向	金额
财务部	借	1 000

会计科目：113302　应收个人款　　　　　　　　　　余额：借 5 000 元

日期	凭证号	部门	个人	摘要	方向	金额
2011-1-18	记56	销售一部	赵斌	出差借款	借	5 000

会计科目：211101　商业承兑汇票　　　　　　　　　余额：贷 250 000 元

日期	凭证号	供应商	摘要	方向	金额
2011-1-7	记17	福建钢铁	购材料款	贷	250 000

会计科目：211102　银行承兑汇票　　　　　　　　　余额：贷 150 000 元

日期	凭证号	供应商	摘要	方向	金额
2011-1-3	记20	上海万利	购材料款	贷	150 000

会计科目：2121　应付账款　　　　　　　　　　　　余额：贷 580 000 元

日期	凭证号	供应商	摘要	方向	金额
2011-1-4	记41	杭州正大	购设备款	贷	580 000

会计科目：4101　生产成本　　　　　　　　　　　　金额：借 2 070 000 元

科目名称	项目	方向	金额
直接材料 41010101	电视机	借	900 000
	空调机	借	700 000
直接人工 41010102	电视机	借	200 000
	空调机	借	150 000
制造费用 41010103	电视机	借	50 000
	空调机	借	70 000
合计			2 070 000

（13）数据权限分配。

①数据权限控制设置。对系统内记录级中的"科目"业务对象进行权限控制，其他均不进行权限控制。

②数据权限设置。

用户名	所属角色	分配对象	权限	科目名称
车虹	出纳	科目	查账	1001、100101、100102、1002、100201、100202
陈雪层	应收会计	科目	查账及制单	除 2111、211101、211102、2121、2131 外的所有会计科目
张为国	应付会计	科目	查账及制单	除 1111、111101、111102、1131、1151 外的所有会计科目
成昆	总账会计	科目	查账及制单	除 1111、111101、111102、1131、1151、2111、211101、211102、2121、2131 外的所有会计科目

项目 5　总账管理子系统的业务处理

理论知识目标

1. 了解计算机方式和手工方式下填制凭证与审核凭证的差异。
2. 了解不兼容职务在计算机方式下的作用。

实训技能目标

1. 掌握会计凭证的填制、审核处理。
2. 熟悉出纳签字的处理。
3. 掌握期末业务处理。

学习任务 5.1　日常业务处理

任务引入

会计主管王晴安排宋涛根据所提供的资料进行会计凭证的添加、查询、修改、编制等业务。

5.1.1　凭证管理

记账凭证是登记账簿的依据，在采用计算机处理账务后，电子账簿的准确与完整完全依赖于记账凭证，因而使用者要确保记账凭证输入的准确完整。在实际工作中，使用者可直接在计算机上根据审核无误准予报销的原始凭证填制记账凭证（即前台处理），也可以先由人工制单而后集中输入（即后台处理）。采用哪种方式应根据本单位实际情况，一般来说业务量不多或基础较好或使用网络版的用户可采用前台处理方式，而在第一年使用或人机并行阶段，则比较适合采用后台处理方式。

任务布置

宋涛集中进行凭证的处理工作。2010 年 1 月份，东风公司发生以下经济业务。

(1) 1 日，购买办公用品 300 元。

借：管理费用 300
　　贷：库存现金 300

（2）2 日，向长虹公司出售 A 产品 20 件，单价 560 元，B 产品 15 件，单价 450 元，货款共计 17 950 元，销项税 3 051.5 元。货款未收到。

借：应收账款——长虹公司 21 001.50
　　贷：主营业务收入 17 950.00
　　　　应交税费——应交增值税（销项税额） 3 051.50

（3）4 日，向长虹公司出售 A 产品 10 件，单价 560 元，价款 5 600 元，增值税 952 元，共计 6 552 元，收妥并已存入银行（银行汇票）。

借：银行存款 6 552
　　贷：主营业务收入 5 600
　　　　应交税费——应交增值税（销项税额） 952

（4）4 日，向振兴公司出售 A 产品 100 件，单价 560 元，价款 56 000 元，增值税 9 520 元，共计 65 520 元，收妥并已存入银行（银行汇票）。

借：银行存款 65 520
　　贷：主营业务收入 56 000
　　　　应交税费——应交增值税（销项税额） 9 520

（5）5 日，企业生产车间委托外单位修理机器设备，对方开来的专用发票上注明修理费用 5 850 元，款项已用银行存款支付（现金支票）。

借：制造费用 5 000
　　应交税费——应交增值税（进项税额） 850
　　贷：银行存款 5 850

（6）5 日，黄家辉报销差旅费 2 320 元，原预借 2 800 元，余款退回现金。

借：管理费用 2 320
　　库存现金 480
　　贷：其他应收款——黄家辉 2 800

（7）5 日，仓库发出表 5-1 所示材料用于生产产品。

表 5-1　相关资料

材料	单位	单价（元）	A 产品		B 产品		合计	
			数量	金额（元）	数量	金额（元）	数量	金额（元）
甲材料	吨	3 200	20	64 000	15	48 000	35	112 000
乙材料	吨	2 800	6	16 800	8	22 400	14	39 200
合计				80 800		70 400		151 200

借：生产成本——A 产品（直接材料） 80 800
　　　　　　——B 产品（直接材料） 70 400
　　贷：原材料——甲材料 112 000
　　　　　　　——乙材料 39 200

（8）6 日向黄河公司购入甲材料 15 吨，单价 3 200 元，价款 48 000 元，增值税（进项）8 160 元以银行存款支付（转账支票）。

借：材料采购	48 000
应交税费——应交增值税（进项税额）	8 160
贷：银行存款	56 160

（9）7 日收到长虹公司货款 21 001.5 元（转账支票）。

借：银行存款	21 001.50
贷：应收账款	21 001.50

（10）8 日，购黄河公司甲材料运抵企业并已验收入库，结转其采购成本。

借：原材料——甲材料	48 000
贷：材料采购——甲材料	48 000

（11）8 日，车间管理部门报销日常管理支出 500 元，以现金支付。

借：制造费用	500
贷：库存现金	500

（12）9 日，向长虹公司出售 A 产品 30 件，单价 560 元，计价款 16 800 元，销项税额 2 856 元。收到转账支票一张存入银行。

借：银行存款	19 656
贷：主营业务收入	16 800
应交税费——应交增值税（销项税额）	2 856

（13）9 日，销售部宋佳预借差旅费 1 200 元，现金支付。

借：其他应收款——宋佳	1 200
贷：库存现金	1 200

（14）9 日，向长江公司购入乙材料 10 吨，单价 2 800 元，价款 28 000 元，增值税（进项税额）4 760 元，共计 32 760 元，用银行存款支付。材料运抵企业并验收入库（银行汇票）。

借：材料采购	28 000
应交税费——应交增值税（进项税额）	4 760
贷：银行存款	32 760

（15）11 日，从银行提取现金 2 500 元备用（现金支票）。

借：库存现金	2 500
贷：银行存款	2 500

（16）12 日，厂部管理部门购买办公用品 600 元，现金支付。

借：管理费用	600
贷：库存现金	600

（17）12 日，向振兴公司出售 A 产品 40 件，单价 560 元，货款共计 22 400 元，销项税 3 808 元。货款未收到。

借：应收账款——振兴公司	26 208
贷：主营业务收入	22 400
应交税费——应交增值税（销项税额）	3 808

（18）15 日，以银行存款 18 000 元支付广告费（转账支票）。

借：销售费用	18 000
贷：银行存款	18 000

（19）15 日，仓库发出表 5-2 所示材料，用于生产产品。

表 5-2   相关资料

材料	单位	单价（元）	A产品		B产品		合计	
			数量	金额（元）	数量	金额（元）	数量	金额（元）
甲材料	吨	3 200	10	32 000	15	48 000	25	80 000
乙材料	吨	2 800	16	44 800	15	42 000	31	86 800
合计				76 800		90 000		166 800

借：生产成本——A产品（直接材料）　　　　　　　　　　　76 800
　　　　　　——B产品（直接材料）　　　　　　　　　　　90 000
　　贷：原材料——甲材料　　　　　　　　　　　　　　　　　80 000
　　　　　　——乙材料　　　　　　　　　　　　　　　　　　86 800

（20）15 日，企业自行研究、开发一项技术，经申请获得专利权。企业在申请获得该项专利时，以银行存款支付律师费 2 000 元、注册费 6 000 元（现金支票）。

借：无形资产　　　　　　　　　　　　　　　　　　　　　8 000
　　贷：银行存款　　　　　　　　　　　　　　　　　　　　　8 000

（21）15 日，长虹公司交来 32 000 元，偿还前欠货款，已存入银行（转账支票）。

借：银行存款　　　　　　　　　　　　　　　　　　　　　32 000
　　贷：应收账款　　　　　　　　　　　　　　　　　　　　　32 000

（22）16 日，仓库发出乙材料一批，用于各部门修理：生产车间 0.1 吨，计 280 元；厂部管理部门 0.05 吨，计 140 元。乙材料单价 2 800 元/吨。

借：制造费用　　　　　　　　　　　　　　　　　　　　　280
　　管理费用　　　　　　　　　　　　　　　　　　　　　140
　　贷：原材料——乙材料　　　　　　　　　　　　　　　　　420

（23）22 日，职工食堂购买微波炉一台，价值 780 元，现金支付。

借：应付职工薪酬　　　　　　　　　　　　　　　　　　　780
　　贷：库存现金　　　　　　　　　　　　　　　　　　　　　780

（24）22 日，宋佳报销差旅费 1 310 元，超支部分补足现金。

借：管理费用　　　　　　　　　　　　　　　　　　　　　1 310
　　贷：其他应收款——宋佳　　　　　　　　　　　　　　　　1 200
　　　　库存现金　　　　　　　　　　　　　　　　　　　　　110

（25）25 日，企业原材料甲因意外火灾毁损 1 吨，有关增值税专用发票确认的成本为 3 200 元，增值税额 544 元。

借：待处理财产损溢——流动　　　　　　　　　　　　　　3 744
　　贷：原材料——甲材料　　　　　　　　　　　　　　　　　3 200
　　　　应交税费——应交增值税（进项转出）　　　　　　　　544

（26）25 日，用银行存款偿还短期借款 20 000 元（转账支票）。

借：短期借款　　　　　　　　　　　　　　　　　　　　　20 000
　　贷：银行存款　　　　　　　　　　　　　　　　　　　　　20 000

（27）29 日，以银行存款 600 元支付生产车间设备维修劳务费（转账支票）。

借：制造费用　　　　　　　　　　　　　　　　　　　　　600

　　贷：银行存款　　　　　　　　　　　　　　　　　　　　　　　　　　　600

（28）29 日，自开户银行购入支票十本，计 250 元，银行存款支付（转账支票）。

　　借：财务费用　　　　　　　　　　　　　　　　　　　　　250

　　　　贷：银行存款　　　　　　　　　　　　　　　　　　　　　　　　250

（29）31 日，以现金支付职工培训讲课费 900 元。

　　借：其他应付款　　　　　　　　　　　　　　　　　　　　　900

　　　　贷：库存现金　　　　　　　　　　　　　　　　　　　　　　　　900

（30）31 日，向振兴公司出售 A 产品 10 件，单价 560 元，B 产品 10 件，单价 450 元，共计价款 10 100 元，销项税额 1 717 元，收到转账支票一张存入银行。

　　借：银行存款　　　　　　　　　　　　　　　　　　　　　11 817

　　　　贷：主营业务收入　　　　　　　　　　　　　　　　　　　　10 100

　　　　　　应交税费——应交增值税（销项税额）　　　　　　　　　　1 717

（31）31 日，根据供电部门通知，企业本月应付电费 4 700 元。其中基本生产车间 A 产品电费 1 500 元，B 产品电费 1 000 元，车间照明电费 1 400 元，管理部门电费 800 元，款项以银行存款支付（现金支票）。

　　借：生产成本——A 产品（制造费用）　　　　　　　　　　1 500

　　　　　　　　——B 产品（制造费用）　　　　　　　　　　1 000

　　　　制造费用　　　　　　　　　　　　　　　　　　　　　1 400

　　　　管理费用　　　　　　　　　　　　　　　　　　　　　800

　　　　贷：银行存款　　　　　　　　　　　　　　　　　　　　　　4 700

（32）31 日，按生产工时比例分配结转本月制造费用（按生产工时分配 A 产品工时 1 200，B 产品工时 800）

　　借：生产成本——A 产品　　　　　　　　　　　　　　　　4 668

　　　　　　　　——B 产品　　　　　　　　　　　　　　　　3 112

　　　　贷：制造费用　　　　　　　　　　　　　　　　　　　　　　7 780

（33）31 日，结转本月完工入库产品生产成本：A 产品 180 件，单价 400 元，B 产品 150 件，单价 360 元。

　　借：库存商品——A 产品　　　　　　　　　　　　　　　　72 000

　　　　　　　　——B 产品　　　　　　　　　　　　　　　　54 000

　　　　贷：生产成本——A 产品——直接材料　　　　　　　　　　　70 400

　　　　　　　　　　　　　——直接人工　　　　　　　　　　　　　600

　　　　　　　　　　　　　——制造费用　　　　　　　　　　　　　1 000

　　　　　　　　　　——B 产品——直接材料　　　　　　　　　　　52 200

　　　　　　　　　　　　　——直接人工　　　　　　　　　　　　　1 000

　　　　　　　　　　　　　——制造费用　　　　　　　　　　　　　800

（34）31 日结转本月产品销售成本（A 产品单位成本 400 元，B 产品单位成本 360 元）。

　　借：主营业务成本　　　　　　　　　　　　　　　　　　　89 000

　　　　贷：库存商品——A 产品　　　　　　　　　　　　　　　　80 000

　　　　　　　　　　——B 产品　　　　　　　　　　　　　　　　9 000

1. 填制凭证

任务实施——

（1）选择"系统菜单"→"凭证"→"填制凭证"命令，如图 5-1 所示。

（2）单击"增加"按钮或按 F5 键，增加一张新凭证，这时光标定位在凭证类别上（图5-2）。

 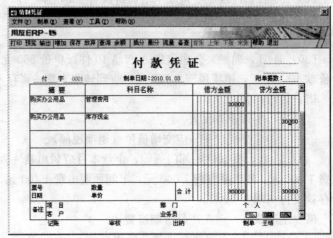

图 5-1 "填制凭证"界面　　　　　　　　　　　　　　**图 5-2 增加新凭证**

（3）当凭证全部输入完毕后，单击"保存"按钮保存这张凭证，单击"放弃"按钮放弃当前增加的凭证。也可单击"新增"按钮以继续填制下一张凭证。

（4）若想放弃当前未完成的会计分录的输入，可单击"删分"按钮或按 Ctrl＋E 键删除当前分录。

（5）当一批凭证填完后，单击"退出"按钮或通过选择"文件"→"退出"命令退出制单功能。

提　示：

（1）凭证类别：输入凭证类别字，也可以单击或按 F2 键，参照选择一个凭证类别，确定后按 Enter 键，系统将自动生成凭证编号，并将光标定位在制单日期上。

（2）凭证编号：若账套参数为"系统编号"，则系统自动编号；若账套参数为"手工编号"，则凭证号为空，由用户输入数字。凭证号不能为空且必须唯一。允许最大凭证号为 32767。系统同时也自动管理凭证页号，系统规定每页凭证有 5 笔分录，当某号凭证不只一页，系统自动将在凭证号后标上几分之一，如收一张 0001 号 0002/0003 表示为收款凭证第 0001 号凭证共有 3 张分单，当前光标所在分录在第二张分单上。如果在启用账套时或在"选项"中，设置凭证编号方式为"手工编号"，则可在此处手工输入凭证编号。

（3）制单日期：系统自动取进入账务前输入的业务日期为记账凭证填制的日期，如果日期不对，可进行修改或按参照输入。

（4）附单据数：在"附单据数"文本框中输入原始单据张数，输完后按 Enter 键。

（5）凭证自定义项：凭证自定义项是由自定义的凭证获得补充信息。根据需要自行定义和输入，系统对这些信息不进行校验，只进行保存。

（6）凭证内容：输入本张凭证的每一笔分录。每笔分录由摘要、科目、辅助信息金额组成。

①摘要：输入本笔分录的业务说明，摘要要求简洁明了，或按参照按钮选入常用摘要，常用摘要的选入不会清除原来输入的内容。

②科目：科目必须输入末级科目。科目可以输入科目编码、中文科目名称、英文科目名称或助记码。如果输入的科目名称有重名现象，系统会自动提示重名科目供选择。输入科目时可在科目区中单击或按 F2 键参照输入。

③辅助信息：根据科目属性输入相应的辅助信息，如部门、个人、项目、客户、供应商、数量、自定义项等。

a. 若科目为银行科目，那么系统提示输入"结算方式""票号"及"发生日期"。其中，"结算方式"输入银行往来结算方式，"票号"应输入结算号或支票号，"票据日期"应输入该笔业务发生的日期，第二笔支票日期默认为上一分录的支票日期并选中，回车则确认，输入则全部清除，"票据日期"主要用于银行对账。

b. 如果该科目要进行数量核算，则系统提示输入"数量""单价"。系统根据"数量×单价"自动计算出金额，并将金额先放在借方，如果方向不符，可按空格键调整金额方向。

c. 如果科目有供应商往来的属性，则系统提示输入"供应商""业务员"及"票号"等信息。"供应商"可输入代码或供应商简称，也可通过参照功能输入，参照方法同上。"业务员"可输入该笔业务的销售或采购人员，如果在供应商档案中设置了此供应商的专营业务员，则在输入供应商名称后，自动填充业务员为专营业务员，如果未设置，置空，则可修改。"票号"可输入往来业务的单据号。

④金额：即该笔分录的借方或贷方本币发生额，金额不能为零，但可以是红字，红字金额以负数形式输入。如果方向不符，可按空格键调整金额方向。按下快捷键 Ctrl＋L 可显示或隐藏数据位线（除千分线外）。

【注意事项】

(1) 系统默认应按时间顺序填制凭证，即每月内的凭证日期不能倒流，如 6 月 20 日某类凭证已填到第 200 号凭证，则填制该类 200 号以后的凭证时，日期不能为 6 月 1 日至 6 月 19 日的日期，而只能是 6 月 20 至月底的日期。也可解除这种限制，即在"选项"中，将其中的账套参数"制单序时"取消。

(2) 如果在"选项"中，设置了"制单权限控制到科目"选项，那么在制单时不能使用无权限的科目进行制单。制单科目权限可在"明细权限"中进行设置。

(3) 如果使用应收系统来管理所有客户往来业务，那么，在制单中，不能使用纯客户往来（只核算客户往来）的科目，而是到应收系统中生成相应的凭证。若使用部门客户或客户项目的科目，则只能输入部门或项目的发生数。如果使用应付系统来管理所有供应商往来业务，那么，在制单中，不能使用纯供应商往来（只核算供应商往来）的科目，而是到应付系统中生成相应的凭证。若使用部门供应商或供应商项目的科目，则只能输入部门或项目的发生数。

(4) 对于同一个往来单位来说，名称要前后一致，如不能有时用"东风公司"，有时又用"东风有限公司"。若名称前后不一致，系统则将其作为两个单位。

(5) 在填制凭证中只能输入末级部门。

(6) 若科目既核算外币又核算数量，则单价为外币单价，外币＝数量×单价。

(7) 凭证一旦保存，其凭证类别、凭证编号将不能再修改。

(8) 在同一张凭证中若有表外科目则不能有非表外科目存在，在制单、审核、记账中不参与平衡检查，也不显示在发生额及余额表中。

2. 查询凭证

在填制记账凭证过程中，可以根据给定的数据资料随时通过"查询"功能对凭证进行查看，以便了解经济业务发生的情况，保证填制凭证的正确。

(1) 在填制凭证中，打开"凭证查询"对话框（图 5-3）。

(2) 输入查询条件，单击"确认"按钮。

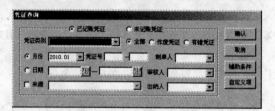

图 5-3 "凭证查询"界面

3. 修改凭证

（1）在填制凭证中，通过按"首张""上张""下张""末张"按钮翻页查找，或通过"查询"功能，找到要修改的凭证。

（2）将光标移到制单日期处，可修改制单日期。

（3）若要修改附单据数、摘要、科目、外币、汇率、金额，可直接将光标移到需修改的地方进行修改。

（4）凭证下方显示每条分录的辅助项信息，若要修改某辅助项，则将光标移到要修改的辅助项处并双击，打开"辅助项输入"窗口，直接在上面修改即可。

（5）若要修改金额方向，可在当前金额的相反方向按空格键。

（6）若希望当前分录的金额为其他所有分录的借贷方差额，则在金额处按"＝"键即可。

（7）单击"插分"按钮可在当前分录前插入一条分录，单击"删分"按钮则删除当前分录（图 5-4）。

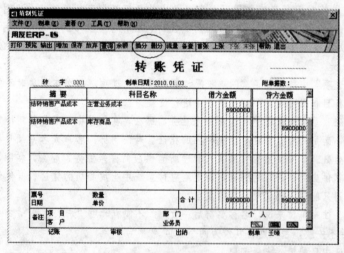

图 5-4 "填制凭证"界面

（8）修改完毕后，单击"保存"按钮保存当前修改，单击"放弃"按钮放弃当前凭证的修改。

提 示：

（1）对已经输入但未审核的机内记账凭证可以进行修改。

（2）操作员能修改自己填制的凭证，但凭证编号不能修改。

（3）已经审核的凭证不能直接修改，如果软件有取消审核的功能，可以先取消审核再修改。

（4）已经记账的凭证不能再修改，可以采用红字凭证冲销法或者补充凭证法进行更正。

【注意事项】

（1）若在"选项"中设置了"制单序时"，那么，在修改制单日期时，不能在上一编号凭证的制单日期之前。1月份制的凭证不能将制单日期改为2月份的日期。

（2）若在"选项"中设置了"不允许修改、作废他人填制的凭证"，则不能修改他人填制的凭证。

（3）外部系统传过来的凭证不能在总账系统中进行修改，只能在生成该凭证的系统中进行修改。

4. 作废凭证

（1）进入填制凭证后，通过按"首张""上张""下张""末张"键翻页查找或单击"查询"按钮输入查找条件，找要作废的凭证。

（2）选择"制单"→"作废/恢复"命令，凭证左上角显示"作废"字样，表示已将该凭证作废（图5-5）。

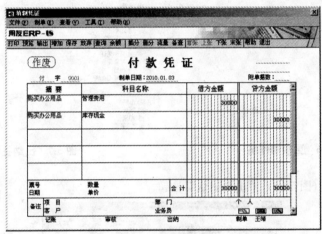

图 5-5 凭证的作废

（3）若当前凭证已作废，选择"制单"→"作废/恢复"命令可取消作废标志，并将当前凭证恢复为有效凭证。

【注意事项】

作废凭证仍保留凭证内容及凭证编号，只在凭证左上角显示"作废"字样。作废凭证不能修改，不能审核。在记账时，不对作废凭证做数据处理，相当于一张空凭证。在账簿查询时，也查不到作废凭证的数据。

5.1.2 凭证审核

凭证输入完成后，在记账之前，必须由审核员对制单员填制的记账凭证进行审核。同时，若企业需要进行出纳签字管理，则需在审核凭证前，由出纳人员对带有现金或银行科目的凭证进行检查核对。审核凭证主要包括出纳签字和审核凭证两部分。

1. 出纳签字

按照会计制度规定，限制凭证的填制与审核不能是同一个人，因此，在进行审核之前，需先更换操作员。出纳凭证由于涉及企业现金的收入与支出，应加强对出纳凭证的管理。出纳人员可通过出纳签字功能对制单员填制的带有现金或银行科目的凭证进行检查核对，主要核对出纳凭证的出纳科目的金额是否正确，审查认为错误或有异议的凭证，应交与填制人员修改后再核对。出纳进行签字通过两个步骤完成：一是条件选择；二是签字。

任务布置——

出纳李红对宋涛所作的 2010 年 1 月份的凭证进行审核（无审核条件）。

任务实施——

（1）在"总账"窗口中选择"系统"→"重新注册"命令（图 5-6）。

（2）输入操作员 002 及密码，单击"确认"按钮返回。

（3）选择"系统菜单"→"凭证"→"出纳签字"（图 5-7）。

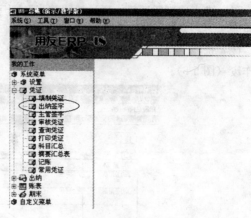

图 5-6　更换操作员　　　　　　　　　　　　图 5-7　出纳签字

（4）输入条件（图 5-8），单击"确认"按钮。

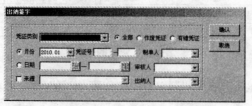

图 5-8　"出纳签字"条件选择

（5）在"出纳签字"一览表中（图 5-9），双击待签字凭证，如收—0001 号凭证，系统将显示此张凭证。

制单日期	凭证编号	摘要	借方金额合计	贷方金额合计	制单人	签字
2010.01.04	收－0001	向振兴公司出售商品	65,520.00	65,520.00	宋涛	
2010.01.04	收－0002	向振兴公司出售商品	65,520.00	65,520.00	宋涛	
2010.01.05	收－0003	黄京辉报销差旅费	2,800.00	2,800.00	宋涛	
2010.01.05	收－0004	收回长虹公司货款	21,001.50	21,001.50	宋涛	
2010.01.09	收－0005	向长虹公司出售商品	19,656.00	19,656.00	宋涛	
2010.01.01	付－0001	购买办公用品	300.00	300.00	宋涛	
2010.01.05	付－0002	委托外单位修理机器设备	5,850.00	5,850.00	宋涛	
2010.01.06	付－0003	向黄河公司购入材料	56,160.00	56,160.00	宋涛	
2010.01.06	付－0004	车间管理部门报销日常费	500.00	500.00	宋涛	
2010.01.06	付－0005	宋佳预借差旅费	1,200.00	1,200.00	宋涛	
2010.01.09	付－0006	向长江公司买乙材料	32,760.00	32,760.00	宋涛	
2010.01.11	付－0007	提现	2,500.00	2,500.00	宋涛	

凭证共 13 张　　□已签字 0 张　　□未签字 13 张

图 5-9　"出纳签字"一览表

（6）确认该张凭证正确后，单击"签字"按钮，凭证底部的"出纳"处自动签上出纳人姓名（图 5-10）。签字完毕后单击"退出"按钮退出。

图 5-10　出纳签好字的一张凭证

（7）签完字后，已签字张数等于可以出纳签字的凭证张数（图 5-11）。

制单日期	凭证编号	借方金额合计	贷方金额合计	制单人	签字人	系统名
2010.01.04	收 - 0001	65,520.00	65,520.00	宋涛	王晴	
2010.01.04	收 - 0002	65,520.00	65,520.00	宋涛	王晴	
2010.01.05	收 - 0003	2,800.00	2,800.00	宋涛	王晴	
2010.01.05	收 - 0004	21,001.50	21,001.50	宋涛	王晴	
2010.01.09	收 - 0005	19,656.00	19,656.00	宋涛	王晴	
2010.01.01	付 - 0001	300.00	300.00	宋涛	王晴	
2010.01.05	付 - 0002	5,850.00	5,850.00	宋涛	王晴	
2010.01.06	付 - 0003	56,160.00	56,160.00	宋涛	王晴	
2010.01.06	付 - 0004	500.00	500.00	宋涛	王晴	
2010.01.06	付 - 0005	1,200.00	1,200.00	宋涛	王晴	
2010.01.09	付 - 0006	32,760.00	32,760.00	宋涛	王晴	
2010.01.11	付 - 0007	2,500.00	2,500.00	宋涛	王晴	

图 5-11　已签好字的所有凭证

提　示：

（1）凭证一经签字，就不能被修改、删除，只有被取消签字后才可以进行修改或删除。

（2）取消签字只能由出纳人自己进行。

2. 审核凭证

为确保登记到账簿的每一笔经济业务的准确性和可靠性，制单员填制的每一张凭证都必须经过审核员的审核，目的是检查记账凭证的真实性、正确性和合规性。

审核凭证是审核员按照财会制度，对制单员填制的记账凭证进行检查核对，主要审核记账凭证是否与原始凭证相符，会计分录是否正确等。

任务布置

会计人员张丽对宋涛所作的 2010 年 1 月份的凭证进行审核（无审核条件）。

任务实施

（1）在"总账"窗口中选择"系统"→"重新注册"命令。

（2）输入操作员（004）及密码，单击"确认"按钮，返回。

（3）选择"系统菜单"→"凭证"→"审核凭证"命令打开审核凭证条件窗口。输入审核凭证的条件后，显示凭证一览表。例如第一张未审核凭证：收-0001。

（4）在"凭证审核"一览表中，双击待审核签字凭证，系统显示此张凭证。

（5）在确认该张凭证正确后，单击"审核"按钮将在审核处自动签上审核人名，即该张凭证审核完毕，系统自动显示下一张待审核凭证。

（6）审核签字完毕（图5-12）后单击"退出"按钮退出。

图5-12　经审核的一张凭证

提　示：

（1）审核人除了要具有审核权外，还需要有对待审核凭证制单人所制凭证的审核权，这个权限可在"明细权限"中设置。

（2）审核人和制单人不能是同一个人。

（3）凭证一经审核，就不能被修改、删除，只有被取消审核签字后才可以进行修改或删除。

（4）取消审核签字只能由审核人自己进行。

（5）采用手工制单的用户，在凭单上审核完后还须对输入机器中的凭证进行审核。

（6）作废凭证不能被审核，也不能被标错。

（7）已标错的凭证不能被审核，若想审核，需先单击"取消"按钮取消标错后才能审核。

5.1.3　记账

记账凭证经审核签字后，即可用来登记总账和明细账、日记账、部门账、往来账、项目账以及备查账等。本系统记账采用向导方式，使记账过程更加明确。记账工作将由计算机自动进行数据处理，不用人工干预。

任务布置

会计主管王晴完成记账工作。

记账范围为全选。

任务实施

（1）选择"系统菜单"→"凭证"→"记账"命令，打开记账向导——选择本次记账范围。选择完成后（图5-13），单击"下一步"按钮，打开记账向导二——记账报告。

（2）系统先对凭证进行合法性检查，如果发现不合法凭证，系统将提示错误，如果未发现不合法凭证，则显示所选凭证的汇总表及凭证的总数以进行核对。如果需要打印汇总表，单击"打印"按钮即可（图5-14）。

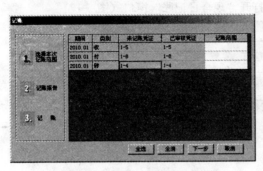 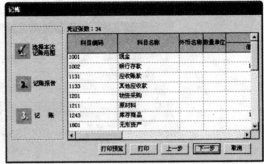

图 5-13　选择本次记账范围　　　　　　图 5-14　记账报告

（3）核对无误后，单击"下一步"按钮，打开记账向导三——记账，单击"下一步"按钮打开"期初试算平衡表"对话框（图5-15）。

（4）当以上工作都确认无误后，单击"记账"按钮，系统开始登录有关的总账和明细账（图5-16）。

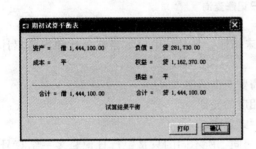 

图 5-15　记账　　　　　　　　　　图 5-16　记账完毕

提　示：

（1）记账过程中一旦断电或因其他原因造成中断后，系统将自动调用"恢复记账前状态"恢复数据，然后再重新记账。

（2）如果发现某一步设置错误，可通过单击"上一步"按钮返回后进行修改。如果在设置过程中不想再继续记账，可通过单击"取消"按钮，取消本次记账工作。

（3）在记账过程中，不得中断退出。

（4）第一次记账时，若期初余额试算不平衡，系统将不允许记账。

（5）所选范围内的凭证如有不平衡凭证，系统将列出错误凭证，并重选记账范围。

（6）所选范围内的凭证如有未审核凭证时，系统提示是否只记已审核凭证或重选记账范围。

5.1.4　出纳查看日记账

任务布置

会计主管王晴查看现金日记账和银行存款日记账。

任务实施

（1）选择"出纳"→"现金日记账"命令。

（2）单击“科目”下拉框，选择：101 库存现金。

（3）默认“查询方式”为按月查询，月份为 2010.01。

（4）输入查询条件后，单击“确认”按钮，打开“现金日记账”窗口（图 5-17）。

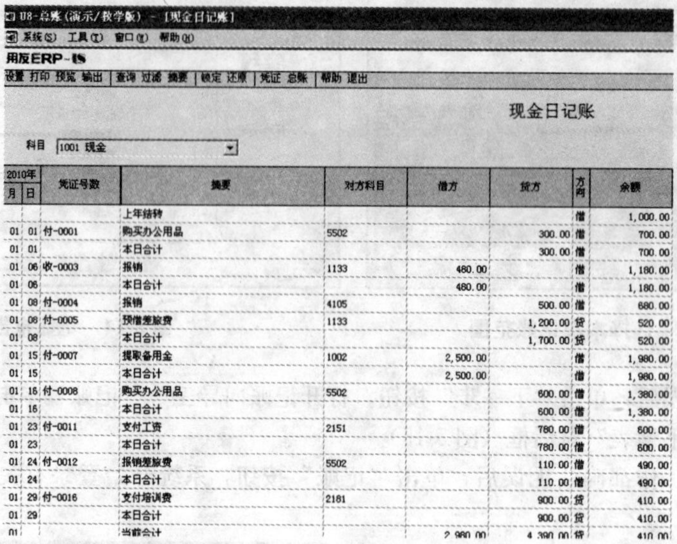

2010年 月	日	凭证号数	摘要	对方科目	借方	贷方	方向	余额
			上年结转				借	1,000.00
01	01	付-0001	购买办公用品	5502		300.00	借	700.00
01	01		本日合计			300.00	借	700.00
01	06	收-0003	报销	1133	480.00		借	1,180.00
01	06		本日合计		480.00		借	1,180.00
01	08	付-0004	报销	4105		500.00	借	680.00
01	08	付-0005	预借差旅费	1133		1,200.00	贷	520.00
01	08		本日合计			1,700.00	贷	520.00
01	15	付-0007	提取备用金	1002	2,500.00		借	1,980.00
01	15		本日合计		2,500.00		借	1,980.00
01	16	付-0008	购买办公用品	5502		600.00	借	1,380.00
01	16		本日合计			600.00	借	1,380.00
01	23	付-0011	支付工资	2151		780.00	借	600.00
01	23		本日合计			780.00	借	600.00
01	24	付-0012	报销差旅费	5502		110.00	借	490.00
01	24		本日合计			110.00	借	490.00
01	29	付-0016	支付培训费	2181		900.00	贷	410.00
01	29		本日合计			900.00	贷	410.00
01			当前合计		2,980.00	4,390.00	贷	410.00

图 5-17 现金日记账查询

（5）在“现金日记账”窗口中，由于本月尚未结账，每月结束显示当前合计和当前累计两项。

（6）单击“账页格式”下拉选择框，可选择需要查询的格式。

（7）双击某行或单击“凭证”按钮，可查看相应的凭证。

（8）单击“总账”按钮，可查看此科目的三栏式总账。

银行日记账查询与现金日记账查询操作基本相同，所不同的只是银行日记账多一结算号栏，主要是对账时用（图 5-18）。

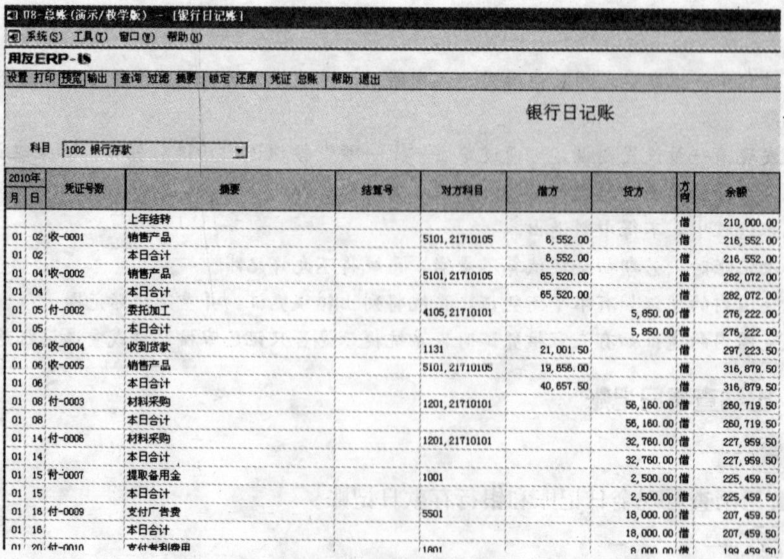

2010年 月	日	凭证号数	摘要	结算号	对方科目	借方	贷方	方向	余额
			上年结转					借	210,000.00
01	02	收-0001	销售产品		5101,21710105	6,552.00		借	216,552.00
01	02		本日合计			6,552.00		借	216,552.00
01	04	收-0002	销售产品		5101,21710105	65,520.00		借	282,072.00
01	04		本日合计			65,520.00		借	282,072.00
01	05	付-0002	委托加工		4105,21710101		5,850.00	借	276,222.00
01	05		本日合计				5,850.00	借	276,222.00
01	06	收-0004	收到货款		1131	21,001.50		借	297,223.50
01	06	收-0005	销售产品		5101,21710105	19,656.00		借	316,879.50
01	06		本日合计			40,657.50		借	316,879.50
01	08	付-0003	材料采购		1201,21710101		56,160.00	借	260,719.50
01	08		本日合计				56,160.00	借	260,719.50
01	14	付-0006	材料采购		1201,21710101		32,760.00	借	227,959.50
01	14		本日合计				32,760.00	借	227,959.50
01	15	付-0007	提取备用金		1001		2,500.00	借	225,459.50
01	15		本日合计				2,500.00	借	225,459.50
01	18	付-0009	支付广告费		5501		18,000.00	借	207,459.50
01	18		本日合计				18,000.00	借	207,459.50
01	20	付-0010	支付专利费用		1801		8,000.00	借	199,459.50

图 5-18 银行日记账查询

学习任务 5.2　期末业务处理

任务引入

会计主管王晴对东风公司 2010 年 1 月份的会计核算业务进行月末处理：试算平衡、对账、结账。

期末处理工作是指会计人员在每个会计期末都需要完成的一些特定的会计工作，一般包括期末试算平衡、对账、结账等。

5.2.1　期末试算平衡

任务实施

(1) 选择"期末"→"对账"按钮命令。

(2) 在"对账"窗口中单击"试算"按钮，运行得出结果。

5.2.2　对账

对账是对账簿数据进行核对，以检查记账是否正确，以及账簿是否平衡。一般说来，实行计算机记账后，只要记账凭证输入正确，计算机自动记账后各种账簿都应是正确、平衡的，但由于非法操作或计算机病毒或其他原因有时某些数据可能会被破坏，因而引起账账不符，为了保证账证相符、账账相符，应经常使用本功能进行对账，至少一个月一次，一般可在月末结账前进行。

任务实施

(1) 选择"期末"→"对账"命令，屏幕显示待对账的会计期间。

(2) 单击"选择"按钮，选择对账月份为 2010.01。

(3) 单击"对账"按钮，系统开始自动对账并显示对账结果（图 5-19）。

图 5-19　"对账"窗口

5.2.3　结账

结账实际上就是计算和结转各账簿的本期发生额和期末余额，并终止本期的账务处理工作。在电算化条件下，结账工作与手工相比简单多了，结账是一种成批数据处理，每月只结账一次，主要是对当月日常处理的限制和对下月账簿的初始化，将由计算机自动完成。结账后，不能再输入该月的凭证，终止本月各账户的记账工作；计算本月各账户发生额合计和本月各账户期末余额，并将余额结转下月月初。

任务布置

会计主管王晴填制凭证，结转主营业务收入、主营业务成本、财务费用、管理费用和销售费用科目。张丽对凭证审核，王晴记账。

借：主营业务收入	128 850	
贷：本年利润		128 850
借：本年利润	112 720	
贷：主营业务成本		89 000
财务费用		250
管理费用		5 470
销售费用		18 000
借：本年利润	16 130	
贷：利润分配		16 130

任务实施

1. 结转损益类科目（图 5-20 至图 5-22）

按上述编制转账凭证的方法，编制损益类科目结转的凭证。

2. 结账

(1) 选择"期末"→"结账"命令，屏幕显示结账向导一——开始结账。

(2) 单击"下一步"按钮，屏幕显示结账向导二——核对账簿。

(3) 单击"对账"按钮，系统对要结账的月份进行账账核对。

(4) 对账完成后，单击"下一步"按钮，屏幕显示结账向导三——月度工作报告。

(5) 若需打印，则单击打印月度工作报告按钮即可打印。

(6) 查看工作报告后，单击"下一步"按钮，屏幕显示结账向导四——完成结账。

(7) 单击"结账"按钮，若符合结账要求，系统将进行结账，否则不予结账（图 5-23）。

【注意事项】

(1) 上月未结账，则本月不能结账。

(2) 上月未结账，则本月不能记账，但可以填制、复核凭证。

(3) 本月还有未记账凭证时，则本月不能结账。

(4) 已结账月份不能再填制凭证。

(5) 结账只能由有结账权的人进行。

(6) 若总账与明细账对账不符，则不能结账。

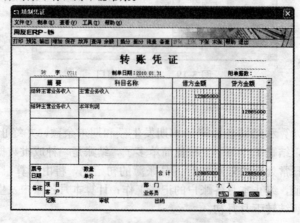

图 5-20　结转收入凭证

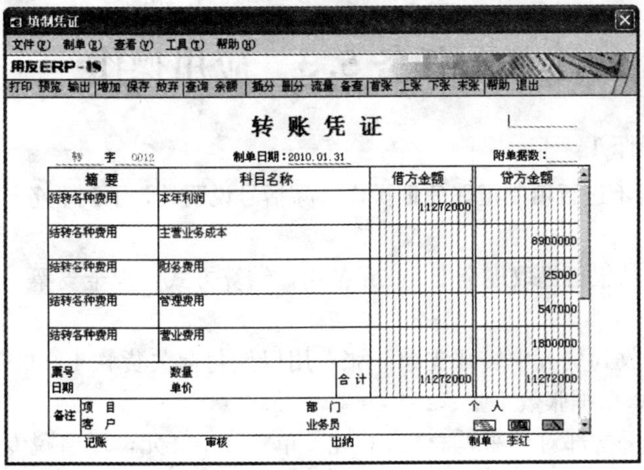

图 5-21　结转成本凭证

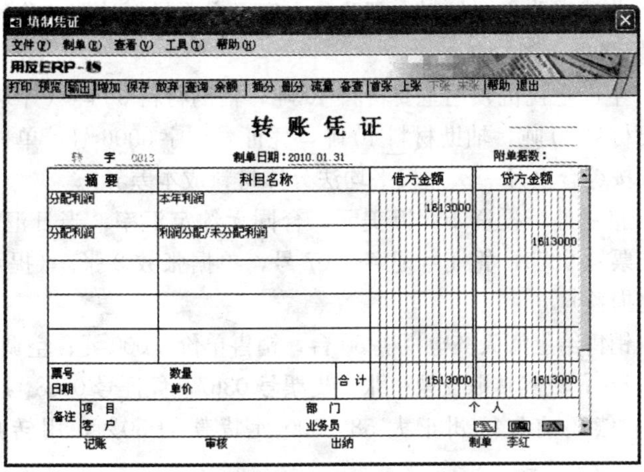

图 5-22　结转利润凭证

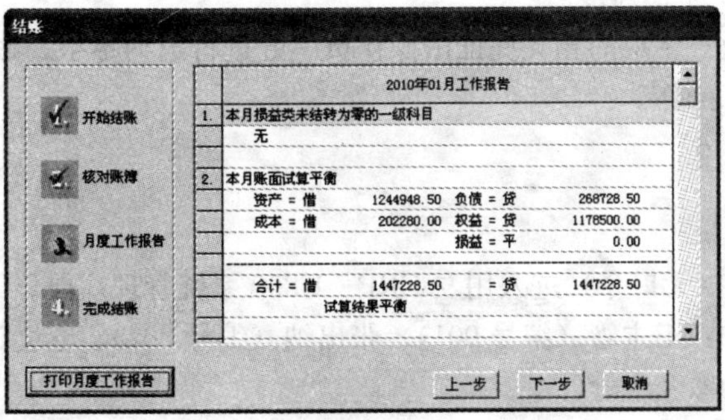

图 5-23　结账

学习任务 5.3　应用操作

5.3.1　应用操作 1

注意：账套主管不进行填制记账凭证操作，除括号说明外，下列业务根据财务分工由总账会计进行制单操作。

（1）1 月 1 日，从银行提取现金 1 000 元备用，结算方式：现金支票，支票号 0425，单据张数 1 张。

（2）1 月 3 日，收到杭五中转账支票一张，用以偿付前欠货款 400 000 元，支票号 0359，凭证号记字 0002 号，单据张数 1 张。

（3）1 月 5 日，采购部对外采购材料 20 吨，单价 1 100 元，增值税专用发票注明：价款 22 000 元，进项税额 3 740 元，用转账支票支付，材料尚未验收入库，单据张数 2 张。

（4）1 月 7 日，销售一部赵斌报销差旅费 4 500 元，交回多余现金 500 元，凭证号记字 004 号，单据张数 1 张。

（5）1 月 15 日，前述采购主要材料全部验收入库，主要材料计划单价每吨 1 000 元，凭证号记字 0005 号，单据张数 1 张。

（6）1 月 15 日，生产电视机领用主要材料 40 吨，辅助材料 30 吨（计划单价每吨 500 元）；生产空调机领用主要材料 70 吨，辅助材料 40 吨，凭证号记字 0006 号，单据张数 2 张。（提示：按计划价结转，月末按综合全月一次加权平均法分摊材料成本差异）。

（7）1 月 20 日，接受外币投资 100 万美元，合同无约定汇率，当日汇率为 1∶6.5，结算方式：转账支票，支票号 0275，凭证号记字 0007 号，单据张数 2 张。（提示：应按 1∶6.5 进行折算，不确认汇兑损益）。

（8）1 月 25 日，销售给上海天齐电视机 50 台，销售单价 4 000 元；空调机 50 台，销售单价 3 500 元，增值税率 17%，收到转账支票一张，支票号 0367，凭证号 0008 号，单据张数 2 张。

（9）1 月 25 日，偿还前欠杭州正大 580 000 元货款的 50%，用转账支票支付，支票号 0446。

（10）1 月 25 日，预提本月短期借款利息 1 000 元，凭证号 0010 号，单据张数 1 张。

（11）1 月 25 日，计算并分摊本月材料成本率，凭证号 0011，单据张数 1 张。（提示：材料成本差异率计算结果为 10%）。

对上述 1 月份的业务生成的相关凭证由操作员李虹进行出纳签字，账套主管学生本人进行审核，主管签字及记账操作。

5.3.2　应用操作 2

1. 系统管理

（1）由用户 admin（无口令）进入用友 ERP—U850 系统管理注册。

（2）在用户中增加：王主管（编号 001）、张出纳（编号 002）、李会计（编号 003）。

指定"王主管"为账套主管。

（3）建立账套，相关信息如下：

①账套号：041

②账套名称：江苏东方设备制造厂

③会计期间：2011 年 01 月 01 日至 12 月 31 日

④记账本位币：人民币（代码 RMB）

⑤企业类型：工业

⑥ 行业性质：2007 年新会计制度科目

⑦按行业性质预置科目；不需要对部门、供应商、客户分类。

⑧科目编码：42222

⑨启用模块：总账

⑩启用日期：2011 年 01 月 01 日

（4）财务人员的权限设置：

①由王主管完成建账、审核工作；

②由李会计完成凭证的填制；

③由张出纳完成凭证的出纳签字。

（5）在科目设置中增加相关的明细账（根据余额表的内容增加），并在编辑中分别指定现金总账和银行总账科目。在选项中设置出纳凭证必须出出纳签字。

（6）在凭证类型中设置收款凭证、付款凭证、转账凭证，要对 1001、1002 进行条件限制。

（7）增加以下结算方式：2 支票，201 现金支票，202 转账支票（"票据管理"要打上勾）

2. 期初余额

期初余额要求输入余额并平衡（先要加 6 个二级会计科目，即下面标了科目编码的 6 个子科目，如表 5-3 所示）。

表 5-3　计算各科目期初余额

科目编码	科目名称	期初余额	科目编码	科目名称	期初余额
	库存现金	18 000		固定资产	1 400 000
	银行存款	132 000		累计折旧	400 000
	应收账款			短期借款	500 000
112201	A公司	630 000		应付账款	
	预付账款		220 201	C公司	1 400 000
112301	B公司	300 000	220202	D公司	250 000
	原材料			实收资本	1 240 000
140301	甲材料	370 000		盈余公积	160 000
	库存商品	450 000			

3. 编制记账凭证

（1）2011 年 1 月份该厂发生如下经济业务（该企业为一般纳税人企业）。

①7 日，该企业销售产品取得不含税收入 250 000 元，增值税 42 500 元，款项存入银行（票据号 z001）。

借：银行存款

　　贷：主营业务收入

　　　　应交税费

此为收款凭证。

②12 日，购入 B 公司甲材料，不含税买价 100 000 元，增值税 17 000 元，款项上月已预付，材料验收入库。

借：甲材料　借：应交税费　贷：预付账款　　　　（转账凭证）

③14 日，通过转账收到 B 公司退回预付款项 33 000 元（票据号 z002）。

借：银行存款

　　贷：预付账款

此为收款凭证。

④16 日，签发转账支票支付广告费 8 000 元（票据号 z003）。

借：销售费用　贷：银行存款　　　（付款凭证）

⑤28 日，以现金支付采购员差旅费 13 000 元。

借：管理费用　贷：银行存款　　　（付款凭证）

（2）2011 年 2 月份该厂发生如下经济业务（该企业为一般纳税人企业）。

①3 日，通过银行转账偿还欠 C 公司货款 150 000 元，偿还 D 公司货款 75 000 元（票据号 z004）。

借：220201　借：220202　贷：1002　　　（付款凭证）

②9 日，生产领用材料 150 000 元。

借：生产成本　贷：原材料　　　（转账凭证）

③10 日，接受 F 公司货币资金投资 50 000 元，款项存入银行（票据号 z005）。

借：银行存款　贷：实收资本　　　（收款凭证）

④12 日，购买不长期持有的 S 公司股票 10 000 股，每股 6 元，银行存款支付（票据号 z006）。

借：交易性金融资产　贷：银行存款　　　（付款凭证）

⑤16 日，产品完工验收入库，产品入库实际成本 140 000 元。

借：库存商品　贷：生产成本　　　（转账凭证）

（3）2011 年 3 月份该厂发生如下经济业务（该企业为一般纳税人企业）。

①6 日，通过银行存款支付所欠银行短期借款利息 24 000 元（票据号 z007）。

借：财务费用　贷：银行存款　　　（付款凭证）

②15 日，出售 S 公司股票 2 500 股，取得处置收入 21 000 元，成本价每股 6 元，款项存入银行（票据号 z008）。

借：银行存款

　　贷：交易性金融资产

　　　　投资收益

此为收款凭证。

③20 日，缴纳增值税 22 500 元，通过银行支付（票据号 z009）。

借：应交税费　贷：银行存款　　　（付款凭证）

④27 日，结转已销售产品成本 175 000 元。

借：主营业务成本　贷：库存商品　　　（转账凭证）

⑤31 日，收到 H 公司以现金交来包装物押金 1 000 元。

借：库存现金

　　贷：其他应付款

此为收款凭证。

　　要求输入以上 3 个月的凭证并审核登账，由审核人员完成凭证审核、记账工作，并对 1、2 月进行结账。

项目 6　UFO 报表子系统·

理论知识目标

1. 了解报表的格式与公式涉及的基本概念。
2. 掌握报表的编制流程。

实训技能目标

1. 掌握报表的格式设计。
2. 熟悉报表的公式设计。
3. 掌握资产负债表和利润表的编制。

学习任务 6.1　报表格式设计

任务引入

会计主管王晴安排会计李红根据所提供的资料进行报表格式的设置。

6.1.1　基本概念

1. 报表及报表文件

（1）报表。报表也叫表页，它是由若干行和若干列组成的一个二维表，一个 UFO 报表最多可容纳 99 999 张表页，一个报表中的所有表页具有相同的格式，但其中的数据不同。报表是报表管理系统存储数据的基本单位。

（2）报表文件。一个或多个报表以文件的形式保存在存储介质中。每个报表文件都有一个名字，如资产负债表.rep，报表的文件名可以是会计报表的标题，也可以不是标题名。

知识扩展

　　每个报表文件可以包含若干张报表。为了便于管理和操作，一般把经济利益相近的报表放在一个报表文件中，如每月编制的资产负债表可统一放在"资产负债表.rep"报表文件中。这样在某一报表文件中要查找某一数据，就要再增加一个表页。在报表文件中，确定数据所在位置的名称是"表页名"（或"表页号"）。

2. 单元及单元属性

（1）单元。报表中由表行和表列确定的方格称为单元，专门用于填制各种数据。它是组成报表的最小单位。每个单元都用一个名字来标志，称为单元名。单元名可以用所在行和列的坐标表示，一般采用所在行的字母和列的数字表示，如 C2 表示报表中第 2 行第 C 列对应的单元。

（2）单元属性。单元属性是组成报表格式内容的重要部分，设置好每一个单元的属性是设计好一个报表的关键。单元属性包括单元类型、对齐方式、字体图案和边框等。

6.1.2 设计报表格式

报表的格式设计是数据输入、数据计算的基础。没有报表格式，报表数据毫无意义，只有将这些数据放入相应的报表中，才能用文字说明其意义所在。所以报表的格式设计是整个报表系统的重要组成部分，是数据输入和处理的依据，也是使用者操作使用报表系统的基础。

任务布置

李红根据东风公司报表设计要求进行格式设计，具体信息如表 6-1 所示。

表 6-1　资产负债表（简易）

编制单位：东风公司　　　　　　　　　　　　　　　　　　　　　　　　　单位：元

资产	期末数	负债及所有者权益	期末数
货币资金		短期借款	
应收账款		应付账款	
其他应收款		应交税金	
库存商品		负债合计	
固定资产		实收资本	
减：累计折旧		未分利润	
固定资产净值		所有者权益合计	
合计		合计	

任务实施

1. 启动报表，新建空白表

UFO 启动后，选择"文件"→"新建"命令，屏幕出现一张空表，如图 6-1 所示。其中画面的主菜单包括"文件""编辑""格式""数据""工具""窗口"和"帮助"。

2. 设置表尺寸

（1）设置表尺寸是指设置报表的行数和列数，设置前可事先根据所要定义的报表大小计算该表所需的行、列，然后再设置。

（2）选择"文件"→"新建"命令，系统自动生成一张空白表。

（3）选择"格式"→"表尺寸"命令，打开"表尺寸"对话框如图 6-2 所示。

（4）在"表尺寸"对话框中设置"行数"为 18，"列数"为 10。

（5）单击"确认"按钮。

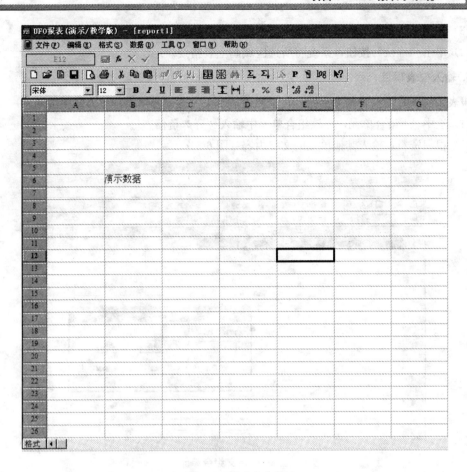

图 6-1　新建空白表

3. 定义组合单元

有些内容如标题、编制单位、日期及货币单位等信息可能在一个单元内容纳不下，所以为了实现这些内容的输入和显示，需要定义组合单元。

（1）选择需合并的区域"A1：D1"。

（2）选择"格式"→"组合单元"命令，打开"组合单元"
对话框。

（3）选择组合方式"整体组合"或"按行组合"，该单元即
合并成一个单元格（图 6-3）。

图 6-2　设置表尺寸

（4）同理，定义"A2：D2"单元为组合单元。

4. 画表格线

报表的尺寸设置完成之后，在数据状态下，该报表是没有任何表格线的，所以为了满足查询和打印的需要，还需要画上表格线。

（1）选中报表需要画线的区域"A3：D11"。

（2）选择"格式"→"区域画线"命令，打开"区域画线"对话框。

（3）在"画线类型"列表框中选中"网线"单选按钮（图6-4）。

（4）单击"确认"按钮，系统将所选区域画上表格线。

5. 输入报表项目

报表表间项目指报表的文字内容，主要包括表头内容、表体项目和表尾项目等。

（1）选中 A1 组合单元，在该组合单元中输入"资产负债表"。

（2）根据资料，输入其他单元的文字内容（图6-5）。

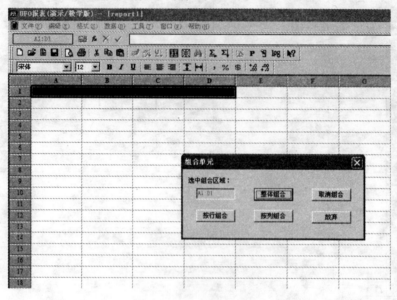

图6-3 定义组合单元

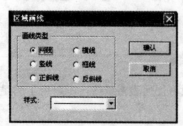

图6-4 画表格线

图6-5 输入报表项目

6. 定义报表行高和列宽

（1）选中所有行和列。

（2）选择"格式"→"行高"命令，打开"行高"对话框。

（3）输入行高 7（图 6-6）。

图 6-6　定义行高

（4）单击"确认"按钮。

（5）同理，确定列宽"30"（图 6-7）。

图 6-7　定义列宽

7. 设置单元风格

单元风格主要指的是单元内容的字体、字号、字型、对齐方式、颜色图案等设置。设置单元风格会使报表更符合阅读习惯，更加美观清晰。

"标题文字：黑体、14 号、居中"设置如下。

(1) 选中标题所在组合单元 A1（图 6-8）。

(2) 选择"格式"→"单元属性"命令，打开"单元格属性"对话框。

(3) 单击"字体图案"选项卡，设置字体"黑体"，字号"14"。

(4) 单击"对齐"选项卡，设置对齐方式，水平方向和垂直方向都选"居中"。

(5) 单击"确定"按钮。

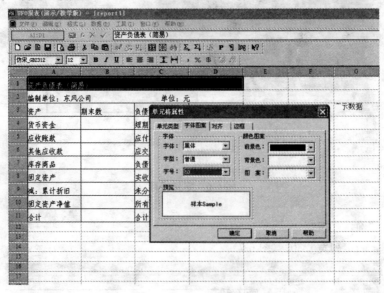

图 6-8　设置单元风格

8. 设置关键字

关键字主要有 6 种，即单位名称、单位编号、年、季、月、日，另外可以自定义关键字，还可以根据自己的需要设置相应的关键字。

设置关键字（年、月、日）如下。

(1) 选中需要输入关键字的组合单元 A2。

(2) 选择"数据"→"关键字"→"设置"命令，打开"设置关键字"对话框。

(3) 选中"年"单选按钮（图 6-9）。

(4) 单击"确定"按钮。

(5) 同理，设置"月""日"关键字。

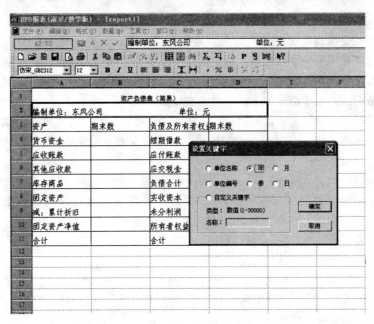

图6-9　设置关键字

学习任务6.2　报表公式设计与数据处理

会计主管王晴安排会计李红进行报表的公式设计与数据处理，生成报表。

6.2.1　基本概念

报表公式是指报表或报表数据单元的计算规则，主要包括单元公式、审核公式等。

1. 单元公式

单元公式是指为报表数据单元进行赋值的公式。单元公式的作用是从账簿、凭证、本表或其他报表等处调用、运算所需要的数据，并将其填入相应的报表单元中。它既可以将数据单元赋值为数值，也可以将数据单元赋值为字符。

单元公式一般由目标单元、运算符、函数和运算符序列组成。例如：C5＝期初余额（"1001"，月）＋期初余额（"1002"，月）＋期初余额（"1009"，月）

其中，目标单元是指用行号、列号表示的用于放置运算结果的单元；运算符序列是指采集数据并进行运算处理的次序。报表系统提供了一整套从各种数据文件（包括机内凭证、账簿和报表，也包括机内其他数据资源）中采集数据的函数。企业可根据实际情况，合理地调用不同的相关函数。常用的报表数据一般来源于总账系统或报表系统本身，取自于报表的数据又可以分为从本表中取数和从其他报表的表页中取数。

（1）账务取数公式。账务取数是会计报表数据的主要来源，账务取数函数架起了报表系统和总账等其他系统之间进行数据传递的桥梁。账务取数函数（也称账务取数公式或数据传递公式）的使用可实现报表系统从账簿、凭证中采集各种会计数据生成报表，实现账表一体化。

账务取数公式是报表系统中使用最为频繁的一类公式，此类公式中的函数表达式最为复杂，公式中往往要使用多种取数函数，每个函数中还要说明如科目编码、会计期间、发生额或余额、方向、账套号等参数。

①账务取数公式的基本格式如下。

函数名（"科目编码"、"会计期间"、"方向"、"账套号"、"会计年度"、"编码 1"、"编码 2"）。

说明：

a. "科目编码"是会计科目的代码，必须用双引号括起来。

b. "会计期间"可以是"年"、"季"、"月"等变量，也可以是具体数字表示的年、季、月。

c. "方向"即"借"或"贷"，可以省略。

d. "账套号"为数字，默认时为第一套账。

e. "会计年度"即数据取数的年度，可以省略。

f. "编码 1""编码 2"与科目编码的核算账类有关，可以取科目的辅助账，如职员编码、项目编码等，如无辅助核算则省略。

②账务取数函数。主要的账务取数函数如表 6-2 所示。

表 6-2　主要账务取数函数表

总账函数	金额式	数量式	外币式
期初额	QC()	SQC()	WQC()
期末额	QM()	SQM()	WQM()
发生额	FS()	SFS()	WFS()
累计发生额	LFS()	SLFS()	WLFS()
净　额	JE()	SJE()	WJE()

（2）报表取数公式。会计报表数据的来源除了账务取数外，还有一部分来自于报表，报表取数公式主要包括：本表页内部统计公式、本表它页取数公式和报表之间取数公式。

①本表页内部统计公式。本表页内部统计公式用于在本表页内的指定区域内做出诸如求和、求平均值、计数、求最大值、求最小值、求统计方差等统计结果的运算，主要实现表页中相关数据的计算、统计功能。应用时，要按所求的统计量选择公式的函数名和统计区域，如表 6-3 所示。

表 6-3　本表页内部主要取数函数表

函数名	函　数	函数名	函　数
期初额求和	PTOTAL()	最大值	PMAX()
期末额计数	PCOUNT()	最小值	PMIN()

例如，用 PTOTAL（B3：B8）表示求区域 B3～B8 单元的总和；用 PAVG（B3：B8）表示求区域 B3～B8 单元的平均值；用 PMAX（B3：B8）表示求区域 B3～B8 单元的最大值；用 PMIN（B3：B8）表示求区域 B3～B8 单元的最小值等。

②本表它页取数公式。一张报表由多个表页组成，并且表页之间具有极其密切的联系。如一个表页可能代表同一个单位但不同会计期间的同一报表。因此，一个表页中的数据可能取自

上一会计期间表页的数据，本表它页取数公式可完成此类操作。

编辑此类公式应注意报表处理软件中的表页选择函数的函数名及参数个数与参数格式。特别是如何描述历史上的会计期间。

对于取自于本表其他表页的数据，可以利用某个关键字作为表页定位的依据或者直接以页标号作为定位依据，指定要取的某张表页的数据。

可以使用 SELECT() 函数从本表的其他表页取数。

例如，C1 单元取自于上个月的 C2 单元的数据：C1＝SELECT（C2，月@－月＋1）；C1 单元取自于第二张表页的 C2 单元数据可表示为 C1：C2@2。

③报表之间取数公式。报表之间取数公式即它表取数公式，用于从另一报表某期间某页中的某个或某些单元中采集数据。在进行报表与报表之间的取数时，不仅要考虑数据取自哪一张表的哪一单元，还要考虑数据来源于哪一页。

例如，某年 10 月份的"资产负债表"中的未分配利润，需要取"利润分配表"中同一月份的未分配利润数据，如果"利润分配表"中存在其他月份的数据，而不存在 10 月份的数据，则"资产负债表"就不应取出其他月份的数据。表间计算公式就可以保证这一点。

编辑表间计算公式与同一报表内各表页间的计算公式类似，主要区别在于把本表表名换为它表表名。对于取自于其他报表的数据，可以用"报表名 . rep——＞单元"格式来指定要取数的某张报表的单元。

为了方便而又准确地编制会计报表，系统提供了手工设置和引导设置两种方式。在引导设置状态下，根据对各目标单元填列数据的要求，通过逐项设置函数及运算符，即可自动生成所需的单元公式。当然，在对函数和公式的定义十分了解、运用非常自如的情况下，可以直接手工设置公式，并直接输入公式。

2. 审核公式

报表中的各个数据之间一般都存在某种钩稽关系，利用这种钩稽关系可定义审核公式，可以进一步检验报表编制的结果是否正确。审核公式可以验证表页中数据的钩稽关系，也可以验证同报表中不同表页的钩稽关系，还可以验证不同报表之间的数据钩稽关系。

审核公式由验证关系公式和提示信息组成。定义报表审核公式，首先要分析报表中各单元之间的关系来确定审核关系，然后根据确定的审核关系定义审核公式。其中审核关系必须确定正确，否则审核公式会起到相反的效果，即由于审核关系不正确导致一张数据正确的报表被审核为错误，而编制报表者又无从修改。

审核公式是把报表中某一单元或某一单元块与另外某一单元或某一单元块或其他字符之间用逻辑运算符连接起来。

审核公式格式：

（算术或单元表达式）（逻辑运算符）（算术或单元表达式）

逻辑运算符有：＝、＞、＜、＞＝、＜＝、＜＞。

等号"＝"的含义不是赋值，而是等号两边的值要确实相等。

任务布置——

李红根据东风公司的具体情况进行如下处理。

（1）用直接输入法，公式为

货币资金期末数＝QM（"1001"，月）＋QM（"1002"，月）

（2）用引导输入法定义应收账款期末数。

（3）给东风公司定义审核公式。

（4）保存报表。

【任务实施】————

1. 用直接输入法定义公式

（1）选定需要定义公式的单元"B4"，即"货币资金"的期初数。

（2）选择"数据"→"编辑公式"→"单元公式"命令，打开"定义公式"对话框。

（3）在"定义公式"对话框内直接输入期末函数公式：QM（"1001"，月）＋QM（"1002"，月）（图6-10）。

图6-10　定义单元公式

（4）单击"确认"按钮。

【注意事项】

（1）单元公式中所涉及的符号均为英文半角字符。

（2）单击"f_x"按钮或双击某公式单元或按"＝"键，都可打开"定义公式"对话框。

2. 用引导输入法定义公式

（1）选定被定义单元"D7"，即应收账款期末数。

（2）单击编辑中的"f_x"按钮，打开"定义公式"对话框。

（3）单击"函数向导"按钮，打开"函数向导"对话框。

（4）在"函数分类"列表框中选择"用友账务函数"选项。

（5）在"函数名"列表框中选择"期末（QM）"选项，如图6-11所示。

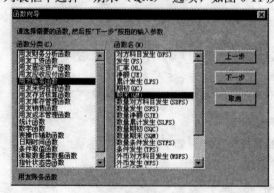

图6-11　引导输入公式

（6）单击"下一步"按钮，打开"用友账务函数"对话框，如图 6-12 所示。

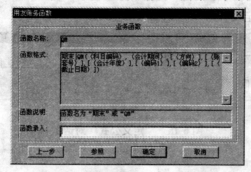

图 6-12　"用友账务函数"对话框

（7）单击"参照"按钮，打开"账务函数"对话框，如图 6-13 所示。

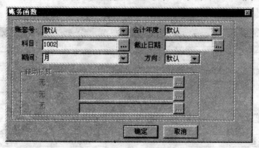

图 6-13　"账务函数"对话框

（8）单击"账套号"下拉列表框的下三角按钮，在下拉列表中选择"默认"选项。

（9）单击"会计年度"下拉列表框的下三角按钮，在下拉列表中选择"2005"选项。

（10）在"科目"文本框中输入"1131"。

（11）单击"期间"下拉列表框的下三角按钮，在下拉列表中选择"月"选项。

（12）单击"方向"下拉列表框的下三角按钮，在下拉列表中选择"默认"选项。

（13）单击"确认"按钮，返回到"用友账务函数"对话框，如图 6-14 所示。

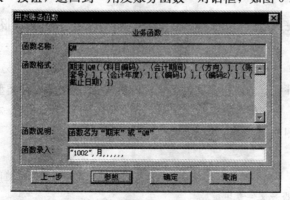

图 6-14　"用友账务函数"对话框

（14）单击"确定"按钮，返回到"定义公式"对话框，如图 6-15 所示。单击"确认"按钮，完成 D6 单元的公式定义。

图 6-15　"定义公式"对话框

3. 定义审核公式

（1）选择"数据"→"编辑公式"→"审核公式"命令（图 6-16），打开"审核公式"对话框。

（2）按相关要求定义审核公式（略）。

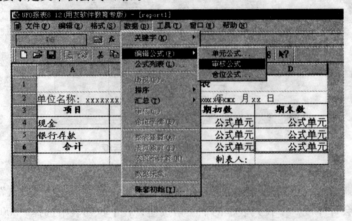

图 6-16　选择"审核公式"命令

4. 保存报表

报表的格式设置完成之后，为了确保今后能够随时调出使用并生成报表数据，应将会计报表的格式保存起来。

（1）选择"文件"→"保存"命令。如果是第一次保存，则打开"另存为"对话框。

（2）选择保存文件夹。输入报表文件名"资产负债表"；选择保存类型为 .rep。

（3）单击"保存"按钮保存。

详细操作过程如图 6-17 所示。

【注意事项】

（1）报表格式设置完以后切记要及时将这张报表格式保存下来，以便以后随时调用。

（2）".rep"为用友报表文件专用扩展名。

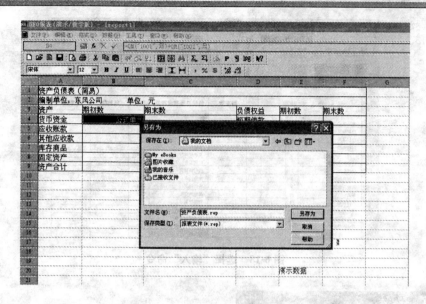

图 6-17　保存报表

6.2.2　数据处理

报表数据处理主要包括生成报表数据、审核报表数据和舍位平衡操作等工作。处理时，计算机会根据已定义的单元公式、审核公式和舍位平衡公式自动进行取数、审核及舍位等操作。

报表数据处理一般是针对某一特定表页进行的，因此，在数据处理时还涉及表页的操作，如增加、删除、插入、追加表页等。

【注意事项】

报表数据处理工作必须在"数据"状态下进行。

任务布置

李红根据东风公司的具体情况进行数据处理，生成报表。

任务实施

关键字是表页定位的特定标志，在格式状态下设置完成关键字以后，只有在数据状态下对其实际赋值才能真正成为表页的鉴别标志，为表页间、表间的取数提供依据。

（1）选择"数据"→"关键字"→"输入"命令（图 6-18）。

（2）打开"输入关键字"对话框，输入单位名称"东风公司"，年"2010"，月"01"，日"31"（图 6-19）。

（3）单击"确认"按钮，系统弹出"是否重算第 1 页？"提示信息（图 6-20）。

（4）单击"是"按钮，系统会自动根据单元公式计算 01 月份数据；单击"否"按钮，系统不计算 01 月份数据，以后可利用"表页重算"功能生成 01 月数据，如图 6-21 所示。

利润表和其他报表的数据处理同资产负债表相似，这里不再赘述。

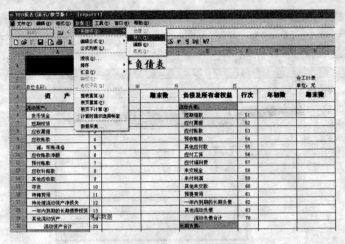

图 6-18 选择"输入"命令

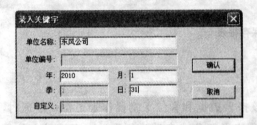

图 6-19 "输入关键字"对话框

图 6-20 提示信息

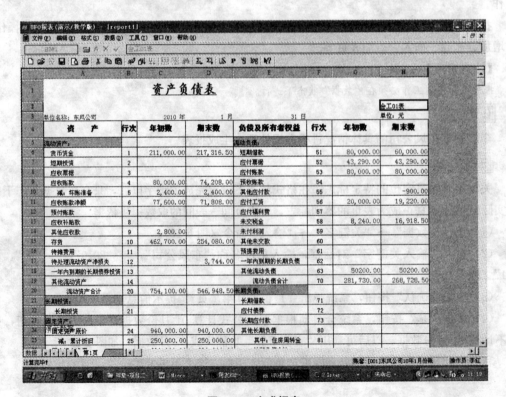

图 6-21 生成报表

学习任务 6.3   应用操作

根据要求进行如下操作。

（1）新建报表，根据表 6-4 定义报表格式。

表 6-4   资产负债表简表

编制单位：　　　年　月　日　　　　　　　　　　　　　　　　　　　　单位：元

资产	年初数	期末数	权益	年初数	期末数
货币资金					
应收账款			股本		
存货			未分配利润		
合计			合计		

（2）定义各项目的单元取数公式。

（3）编制产生业务当月的报表数据。

（4）保存报表，将报表文件名设为"报表 1"。

项目 7 应收款管理子系统

理论知识目标

1. 了解应收款管理子系统的主要功能和特点。
2. 了解应收款管理子系统与其他管理子系统的关系。

实训技能目标

1. 掌握应收款管理子系统的初始化设置。
2. 掌握应收款管理子系统的日常业务处理。
3. 掌握应收款管理子系统的期末处理。

学习任务 7.1 应收款管理子系统概述

任务引入

由于公司业务量的增加，客户数量也随之增加，为了更好地对客户和应收款进行管理，公司决定启用应收款管理子系统，由会计人员宋涛负责整个子系统的运作。

应收款管理子系统通过发票、其他应收单、收款单等单据的输入，对企业的往来账款进行综合管理，及时、准确地提供客户的往来账款余额资料，提供各种分析报表，如账龄分析表、周转分析、欠款分析、坏账分析、回款情况分析等，通过各种分析报表，合理地进行资金的调配，提高资金的利用效率。

根据对客户往来款项核算和管理的程度不同，系统提供了"详细核算"和"简单核算"两种客户往来款项的应用方案，可供选择。

如果企业的销售业务以及应收款核算与管理业务比较复杂，或者企业需要追踪每一笔业务的应收款、收款等情况，或者企业需要将应收款核算到产品一级，那么企业可以选择"详细核算"方案。该方案能够帮助企业了解每一客户每笔业务详细的应收情况、收款情况及余额情况，并进行账龄分析，加强客户及往来款项的管理，使企业能够依据每一客户的具体情况，实施不同的收款策略。如果企业的销售业务以及应收账款业务比较简单，或者现销业务很多，则企业可以选择"简单核算"方案。该方案着重于对客户的往来款项进行查询和分析。具体选择哪一种方案，可在应收款管理系统中通过设置系统选项"应收账款核算模型"进行设置。

7.1.1 应收款管理子系统的主要功能

应收款管理系统主要提供了参数设置、日常处理、单据查询、账表管理、其他处理等主要操作。

1. 参数设置

（1）提供系统参数的定义，用户结合企业管理要求进行的参数设置，是整个系统运行的基础。

（2）提供单据类型设置、账龄区间的设置和坏账初始设置，为各种应收款业务的日常处理及统计分析作准备。

（3）提供期初余额的输入，保证数据的完整性与连续性。

2. 日常处理

提供应收单据、收款单据的输入、处理、核销、转账、汇兑损益、制单等处理。

3. 单据查询

提供企业查阅各类单据的功能，以及各类单据、详细核销信息、报警信息、凭证等内容的查询。

4. 账表管理

（1）提供总账表、余额表、明细账等多种账表查询功能。

（2）提供应收账款分析、收款账龄分析、欠款分析等丰富的统计分析功能。

5. 其他处理

（1）其他处理提供用户进行远程数据传递的功能。

（2）提供用户对核销、转账等处理进行恢复的功能，以便用户进行修改。

（3）提供企业进行月末结账等处理。

7.1.2 应收款管理子系统的主要特点

（1）系统提供两种核算模型——"详细核算"和"简单核算"，以满足用户不同管理之需要。

（2）系统提供了各种预警，帮助企业及时进行到期账款的催收，以防止发生坏账，信用额度的控制有助于企业随时了解客户的信用情况。

（3）系统提供功能权限的控制、数据权限的控制来提高系统应用的准确性和安全性。

（4）提供票据的跟踪管理，企业可以随时对票据的计息、背书、贴现、转出等操作进行监控。

（5）提供结算单的批量审核、自动核销功能，并能与网上银行进行数据的交互。

（6）系统提供总公司和分销处之间数据的导入、导出及其服务功能，为企业提供完整的远程数据通信方案。

（7）提供全面的账龄分析功能，支持多种分析模式，帮助企业强化对应收款的管理和控制。

学习任务 7.2　应收款管理子系统初始化设置

任务引入 ►

为了更好地利用应收款管理子系统处理企业相关业务，使之与企业的业务发展相适应，宋涛在使用应收款管理子系统之前先进行了一系列的初始化设置工作。

7.2.1　应收款系统的初始化

应收款管理子系统初始化设置是指用户在应用应收款系统之前进行的初始设置，它包括以下几点。

（1）初始设置。初始设置的作用是建立应收管理的基础数据，确定使用哪些单据处理应收业务，确定需要进行账龄管理的账龄区间，确定各个业务类型的凭证科目。有了这些功能，用户可以选择使用自己定义的单据类型，进行单据的输入、处理、统计分析并制单，使应收业务管理更符合用户的需要。

（2）分类体系。建立一个科学、有效的分类体系，可以提高查询、统计、分析的便利性。

（3）编码档案。基础档案设置，解决用户对基础档案的随时输入，保持其基础信息的完整性。这些基础档案是用户进行系统应用的基础，一个完备的编码档案库，能够使企业减少工作量，提高工作效率。

（4）单据设计。不同的用户在不同的业务模块中需要使用各种不同的单据。即使在同一单位、同一种单据类型中，也会因为使用的仓库、部门或者用途不一样，需要不同的单据格式，所以系统提供对应同一种单据类型可以设置多个单据模版的功能，用户可自行定义单据的显示模式和打印模式。

（5）单据编号设置。由于存在不同的单据要求不同的编码方案，系统提供了用户自己来设置各种单据类型的编码生成原则。可以对系统应用的单据进行编号的设置，以符合用户要求。

（6）自定义项。提供用户对单据自定义项、存货、客户自定义项的设计，通过自定义项的定义，提供用户定义符合特殊用途项目的需要，满足用户个性化需求。

（7）期初余额。通过期初余额功能，用户可将正式启用账套前的所有应收业务数据输入到系统中，作为期初建账的数据，系统即可对其进行管理。这样既保证了数据的连续性，又保证了数据的完整性。

（8）系统选项。在运行系统前，企业应在此设置运行时所需的账套参数，以便系统根据企业所设定的选项进行相应的处理。

7.2.2　应收款管理子系统选项设置

任务布置 ——

在运行应收款管理子系统前，宋涛首先进行应收款管理子系统的选项设置。

任务实施 ——

（1）选择"系统菜单"→"设置"→"选项"命令，打开"账套参数设置"对话框，如图7-1所示。

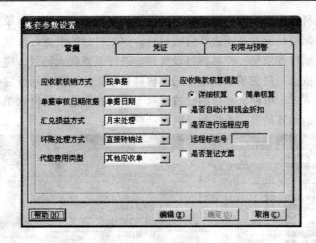

图 7-1 "账套参数设置"对话框

（2）单击"编辑"按钮，进行选项设置时，应分别单击每个选项下拉列表框的下三角按钮，以选择所需要的账套参数并进行设置（图 7-2）。

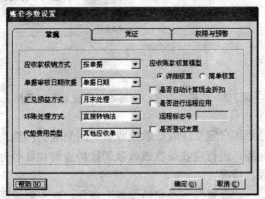

图 7-2 设置账套参数

（3）设置完各个账套参数后单击"确定"按钮，系统即保存所选的操作，单击"取消"按钮，系统即取消所作的选择。

7.2.3 应收款管理子系统初始设置

任务布置

宋涛接下来又进行了应收款管理子系统的初始设置。

任务实施

应收款管理子系统初始设置是指用户在应用系统之前进行的初始设置，它包括凭证科目设置、账龄区间设置、报警级别设置、单据类型设置等。初始设置的作用是建立应收管理的基础数据，确定使用哪些单据处理应收业务，确定需要进行账龄管理的账龄区间。有了这个功能，用户可以选择使用自己定义的单据类型，使应收款业务管理更符合用户的需要。

（1）设置科目包括基本科目设置、控制科目设置、产品科目设置、结算方式科目设置。其中，基本科目设置是指用户可以在此定义应收系统凭证制单所需的基本科目，包括应收科目、预收科目、销售收入科目、应交增值税科目等（图 7-3）。若用户未在单据中指定科目，且控制科目设置与产品科目设置中没有明细科目的设置，则系统制单依据制单规则取基本科目设置中的科目设置。控制科目设置是指进行应收科目、预收科目的设置，依据用户在系统初始中的控制科目依据而显示设置依据。产品科目设置是指进行销售收入科目、应交增值税科目、销售退回科目的设置，依据用户在系统初始中的销售科目依据选项而显示设置依据。结算方式科目设置是指进行结算方式、币种、科目的设置，对于现结的发票、收付款单，系统依据单据上的结算方式查找对应的结算科目，系统制单时自动带出。

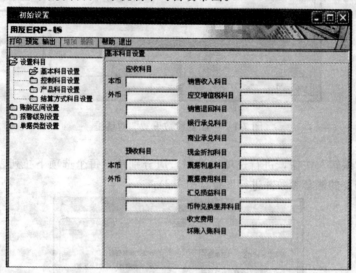

图 7-3　"初始设置——基本科目设置"对话框

（2）账龄区间设置是指用户定义应收账款或收款时间间隔的功能。它的作用是便于用户根据自己定义的账款时间间隔，进行应收账款或收款的账龄查询和账龄分析，清楚了解在一定期间内所发生的应收款及收款情况。

①选择"系统菜单"→"设置"→"初始设置"命令，在左侧树形结构列表中选择"账龄区间设置"命令（图 7-4）。

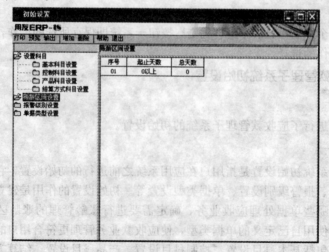

图 7-4　"初始设置——账龄区间设置"对话框

②增加：单击工具栏中的"增加"按钮，即可在当前区间之前插入一个区间。插入一个区间后，该区间后的各区间起止天数会自动调整。

③修改：可以修改输入的天数，系统会自动修改该区间以及其后的各区间的起止天数。最后一个区间不能修改和删除。

④删除：单击工具栏中的"删除"按钮，即可删除当前区间。删除一个区间后，该区间后的各区间起止天数会自动调整。最后一个区间不能修改和删除。

（3）报警级别设置是指用户可以通过对报警级别的设置，将客户按照客户欠款余额与其授信额度的比例分为不同的类型，以便于掌握各个客户的信用情况。

①选择"系统菜单"→"设置"→"初始设置"命令，在左侧树型结构列表中选择"报警级别设置"命令（图7-5）。

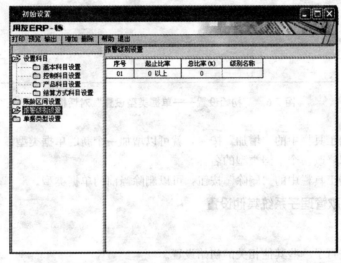

图7-5　"初始设置——报警级别设置"对话框

②增加：单击工具栏中的"增加"按钮，即可在当前级别之前插入一个级别。插入一个级别后，该级别后的各级别比率会自动调整。

③修改：可修改输入的比率，系统会自动修改该级别以及其后的各级别的比率。最后一个区间不能修改和删除。

④删除：单击工具栏中的"删除"按钮，删除当前级别。删除一个级别后，该级别后的各级别比率会自动调整。最后一个区间不能修改和删除。

（4）单据类型设置是指用户将自己的往来业务与单据类型建立起对应关系，达到快速处理业务以及进行分类汇总、查询、分析的效果。用户可以在此设置单据的类型，系统提供了发票和应收单两大类型的单据。如果用户同时使用销售系统，则发票类型单据名称包括销售专用发票、普通发票、销售调拨单和销售日报。如果用户单独使用应收系统，则单据名称不包括后两种。发票是系统默认类型，不能修改和删除。应收单记录销售业务之外的应收款情况，在本功能中，由用户设置应收单的不同类型，用户可以将应收单划分为不同的类型，以区分应收货款之外的其他应收款。例如，用户可以将应收单分为应收代垫费用款、应收利息款、应收罚款、其他应收款等，应收单的对应科目由用户自己定义。

①选择"设置"→"初始设置"命令，在左侧树型结构列表中选择"单据类型设置"命令（图7-6）。

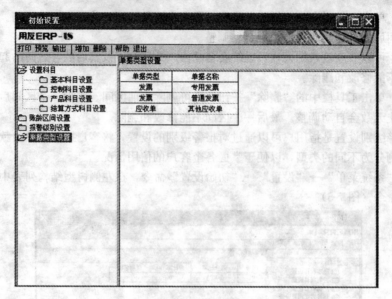

图 7-6　"初始设置——单据类型设置"对话框

②增加：单击工具栏中的"增加"按钮，就可以增加一个新的单据类型。

③修改：可以修改一个单据类型的名称。

④删除：单击工具栏中的"删除"按钮，可以删除当前的单据类型。

7.2.4　应收款管理子系统其他设置

任务布置——

宋涛最后又进行了一些其他相关的初始设置。

任务实施——

1. 分类体系设置

该设置提供地区分类、存货分类、供应商分类的定义。

（1）选择"系统菜单"→"设置"→"分类体系"命令，可以看到分类体系包括地区分类、存货分类、客户分类三大项（图7-7）。

（2）地区分类最多有五级，企业可以根据实际需要进行分类。例如，可以按区、省、市进行分类，也可以按省、市、县进行分类。

图 7-7　分类体系

提　示：

（1）地区分类编码、名称：必须唯一，分类编码不允许重复，并要注意分类编码字母的大小写。在编码和名称中禁止使用 & " '：一和空格，如 A—B 为错误名称。

①存货分类最多可分 8 级，编码总长不能超过 30 位，每级级长用户可自由定义。

②存货分类用于设置存货分类编码、名称及所属经济分类。例如工业企业的存货分类可以分为3类——材料、产成品、应税劳务等，用户可以在此基础上继续分类。如材料继续分类，可以按材料属性分为钢材类、木材类等；产成品继续分类，可以按照产成品属性分为紧固件、传动件、箱体等。商业企业的存货分类的第一级一般可以分为两类，分别是商品、应税劳务。商品继续分类可以按商品属性分

为日用百货、家用电器、五金工具等，也可以按仓库分类，如一仓库、二仓库等。

（2）分类编码：必须唯一，必须按其级次的先后次序建立，可以用数字 0～9 或字符 A～Z 表示，禁止使用 & " ' | ：等特殊字符。

（3）分类名称：可以用数字 0～9 或字符 A～Z 表示，最多可写 10 个汉字或 20 个字符，禁止使用 & " ' | ：等特殊字符。

如果想对客户进行分类管理，用户可以通过本功能建立客户分类体系。用户可将客户按行业、地区等进行划分；建立起客户分类后，用户可以将客户设置在最末级的客户分类之下。在客户档案设置中所需要设置的客户，应先行在本功能中设定。已被引用的客户分类不能被删除，没有对客户进行分类管理需求的用户可以不使用本功能。

（4）客户分类编码：客户分类编码必须唯一。

（5）客户分类名称：可以是汉字或英文字母，不能为空。

2. 编码档案设置

该设置提供外币、科目、部门、存货、结算方式、付款条件、职员、客户档案的输入。

选择"系统菜单"→"设置"→"编码档案"命令，可以看到编码档案包括外币设置、会计科目、部门档案、存货档案、结算方式、付款条件、职员档案、客户档案八大项（图 7-8）。

（1）外币设置：系统提供了专为外币核算服务的汇率管理功能。

（2）会计科目：系统提供了对会计科目的设立和管理，用户可以根据业务的需要方便地增加、插入、修改、查询、打印会计科目。

（3）部门档案：部门档案包含部门编码、名称、负责人、部门属性等信息，最多可分 5 级，编码总长 12 位，是指某使用单位下辖的具有分别进行财务核算或业务管理要求的单元体，不一定是实际中的部门机构，按照已经定义好的部门编码级次原则输入部门编号及其信息。

（4）存货档案：存货档案完成对存货目录的设立和管理，随同发货单或发票一起开具的应税劳务等也应设置在存货档案中；同时提高基础档案在输入中的方便性，完备基础档案中数据项，提供存货档案的多计量单位设置，提供存货档案、项目档案的记录合并功能。

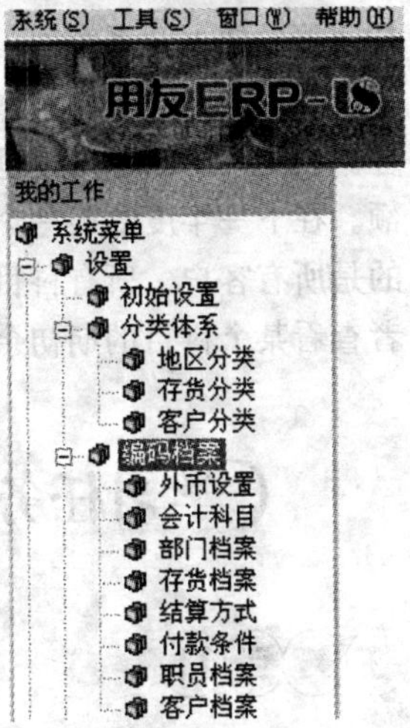

图 7-8 编码档案

（5）结算方式：系统提供了用来建立和管理用户在经营活动中所涉及的结算方式。它与财务结算方式一致，如现金结算、支票结算等。结算方式最多可以分为 2 级，一旦被引用，便不能进行修改和删除。

（6）付款条件：付款条件也叫现金折扣，是指企业为了鼓励客户偿还货款而允诺在一定期限内给予的规定的折扣优待。付款条件将主要在采购订单、销售订单、采购结算、销售结算、客户目录、供应商目录中引用。系统最多同时支持 4 个时间段的折扣。

（7）职员档案：系统提供了主要用于记录本单位使用系统的职员列表，包括职员编号、名称、所属部门及职员属性等。

（8）客户档案：系统提供了对销售客户档案的设置和管理。在销售管理等业务中需要处理的客户的档案资料，应先行在本功能中设置，平时如有变动应及时在此进行调整。

3. 单据设计

单据设计的内容是指单据显示模板和打印模板的设计，即对主要单据的屏幕显示界面以及打印页面的格式这两种对象进行设计，以符合企业应用的实际需要，主要包括单据格式设计和单据编号设置，单据格式设计是指单据头栏目和单据体栏目的增删及其布局。本功能主要是根据系统预置的单据模板，定义本企业所需要的单据格式。单据格式设置分为显示单据格式设置和打印单据格式设置。

4. 单据编号设置

由于业务模块中使用的各种单据对于不同的用户需要不同编码方案，所以通过系统自动形成流水号的方式已经远远不能满足用户的需要。为了解决这个问题，系统提供了用户自己来设置各种单据类型的编码生成原则。"单据编号设置"有编号设置、对照表、查看流水号 3 个功能。

5. 自定义项

系统还提供了为各类原始单据和常用基础信息设置自定义项和自由项的功能，这样可以让企业方便地设置一些特殊信息。系统预置的各自定义项所属对象，包括单据头、单据体、客户、供应商和存货。

6. 期初余额

通过输入期初余额，用户可将正式启用账套前的所有应收业务数据输入到系统中。作为期初建账的数据，系统即可对其进行管理，这样既保证了数据的连续性，又保证了数据的完整性。当企业初次使用本系统时，要将上期未处理完全的单据都输入本系统，以便于以后的处理。当进入第二年度处理时，系统自动将上年度未处理完全的单据转成为下一年度的期初余额。在下一年度的第一个会计期间里，企业可以进行期初余额的调整。在期初余额主界面列出的是所有客户、所有科目的期初余额，企业可以通过过滤功能，查看某个客户的期初余额，或者查看某个科目的期初余额。

〔学习任务 7.3　应收款管理子系统日常业务处理

任务引入

应收款管理子系统正式启用，宋涛开始了当月的日常业务处理。

应收款管理子系统日常业务处理是应收款管理子系统的重要组成部分，属于经常性的应收业务处理工作。其主要完成企业日常的应收、收款业务输入，应收、收款业务核销，应收并账、汇兑损益以及坏账的处理，及时记录应收、收款业务的发生，为查询和分析往来业务提供完整、正确的资料，加强对往来款项的监督管理，提高工作效率。

7.3.1　应收单据处理

任务布置——

宋涛首先对本月的应收单据进行了处理。

任务实施——

应收单据处理是指用户进行单据输入和单据管理的工作。通过单据输入和单据管理可记录各种应收业务单据的内容，查阅各种应收业务单据，完成应收业务管理的日常工作。

应收单据处理主要包括两部分，即应收单据输入和应收单据审核。

根据企业的业务模式的不同，单据输入的类型也不同。

如果企业同时使用应收款管理系统和销售管理系统，则发票和代垫费用产生的应收单据由销售系统输入，在本系统可以对这些单据进行审核、弃审、查询、核销、制单等。此时，在本系统需要输入的单据仅限于应收单。

如果企业没有使用销售系统，则各类发票和应收单均应在本系统输入。

1. 输入应收单据

选择"系统菜单"→"日常处理"→"应收单据处理"→"应收单据输入"命令，按要求选择单据名称、单据类型、方向，然后单击"确认"按钮（图 7-9）。

提 示：

单据名称：销售发票是企业给客户开具的增值税专用发票、普通发票及所附清单等原始销售票据。应收单的实质是一张凭证，用于记录企业销售业务之外所发生的各种其他应收业务。

2. 审核应收单据

选择"系统菜单"→"日常处理"→"应收单据处理"→"应收单据审核"命令，输入单据过滤条件，单击"确认"按钮（图 7-10）。

图 7-9　输入应收单据

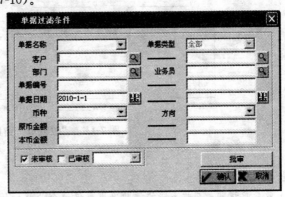

图 7-10　"单据过滤条件"对话框

提 示：

应收单据审核是用户批量审核。系统提供用户手工审核、自动批审核的功能。在应收单据审核界面中显示的单据包括全部已审核、未审核的应收单据，包括从销售管理系统传入的单据。做过后续处理如核销、制单、转账等处理的单据在应收单据审核中不能显示。对这些单据的查询，用户可在单据查询中进行。在应收单据审核列表界面，用户也可在此进行应收单的增加、修改、删除等操作。

7.3.2　收款单据处理

任务布置——

宋涛接着对本月的收款单据进行了处理。

任务实施——

收款单据处理主要是对结算单据（收款单、付款单即红字收款单）进行管理，包括收款单、付款单的输入与审核。

应收系统的收款单用来记录企业所收到的客户款项，款项性质包括应收款、预收款、其他费用等。其中应收款、预收款性质的收款单将与发票、应收单、付款单进行核销勾对。

应收系统付款单用来记录发生销售退货时，企业开具的退付给客户的款项。该付款单可与应收、预收性质的收款单、红字应收单、红字发票进行核销。

1. 输入收款单据

输入收款单据是指将已收到的客户款项或退回客户的款项，输入到应收款管理系统，包括收款单与付款单（即红字收款单）的输入。

选择"系统菜单"→"日常处理"→"收款单据处理"→"收款单据输入"命令，打开"收款单"窗口（图7-11）。

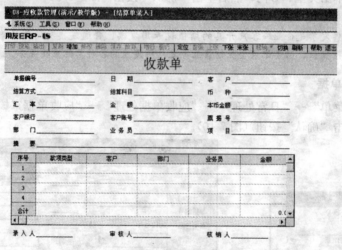

图7-11 "收款单"窗口

提 示：

（1）收款单说明：应收系统的收款单用来记录企业收到的款项，当企业收到每一笔款项时，企业应知道该款项是客户结算所欠货款，是提前支付的货款，还是支付其他费用。系统用款项类型来区别不同的用途，企业在输入收款单时，需要指定其款项用途。对于同一张收款单，如果包含不同用途的款项，企业应在表体记录中分行显示。在一张收款单中，若选择表体记录的款项类型为应收，则该款项性质为冲销应收款；若选择表体记录的款项类型为预收款，则该款项用途为形成预收款；若选择表体记录的款项类型为其他费用，则该款项用途为其他费用。对于不同用途的款项，系统提供的后续业务处理不同。对于冲销应收账款，以及形成预收款的款项，企业需要进行核销，即将收款单与其对应的销售发票或应收单进行核销勾对，进行冲销客户债务的处理。对于其他费用用途的款项则不需要进行核销。

（2）付款单说明：应收系统付款单用来记录发生销售退货时，支付客户的款项。同样，企业需要指明付款单是应收款项退回、预收款退回，还是其他费用退回。应收、预收性质的付款单可与应收、预收用途的收款单、红字应收单、红字发票进行核销。

2. 审核收款单据

审核收款单据主要完成结算单的自动审核、批量审核功能。在收款单据审核中显示的单据包括全部已审核、未审核的收款单据。余额为零的单据在收款单据审核不能显示。对这些单据的查询，用户可在单据查询中进行。在收款单据审核中用户也可进行收款单、付款单的增加、修改、删除等操作。

（1）选择"系统菜单"→"日常处理"→"收款单据处理"→"收款单据审核"命令，打开"结算单过滤条件"对话框（图7-12）。

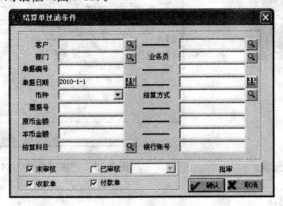

图7-12 "结算单过滤条件"对话框

（2）输入结算单过滤条件，单击"确认"按钮，打开"结算单列表"窗口（图7-13）。

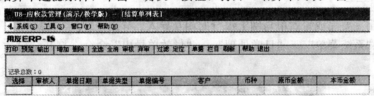

图7-13 "结算单列表"窗口

7.3.3 核销处理

任务布置

宋涛对本月的单据进行了核销处理。

任务实施

单据结算指用户日常进行的收款核销应收款的工作。单据核销的作用是解决收回客商款项核销该客商应收款的处理，建立收款与应收款的核销记录，监督应收款及时核销，加强往来款项的管理。

选择"系统菜单"→"日常处理"→"核销处理"命令（图7-14），可以看到核销处理包括两种，即手工核销和自动核销。

（1）手工核销指由用户手工确定收款单核销与它们对应的应收单的工作。通过本功能可以根据查询条件选择需要核销的单据，然后手工核销，加强了往来款项核销的灵活性。

（2）自动核销指用户确定收款单核销与它们对应的应收单的工作。通过本功能可以根据查询条件选择需要核销的单据，然后系统自动核销，加强了往来款项核销的效率。

选择一种核销方式，输入核销条件（图7-15），单击"确认"按钮，即可完成核销处理。

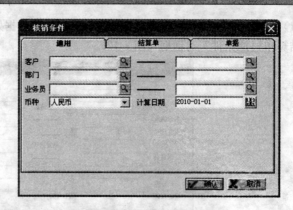

图 7-14　核销处理　　　　　　　　图 7-15　"核销条件"对话框

7.3.4　付款单导出

任务布置

宋涛对本月的业务进行了付款单导出。

任务实施

付款单导出主要完成付款单与网上银行的相互导入、导出处理。

（1）选择"系统菜单"→"日常处理"→"付款单导出"命令，打开"付款单导出"对话框（图 7-16）。

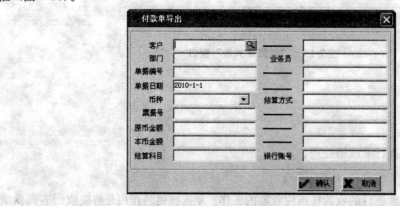

图 7-16　付款单导出

（2）输入付款单导出条件，单击"确认"按钮，打开"付款单导出列表"窗口（图 7-17）。

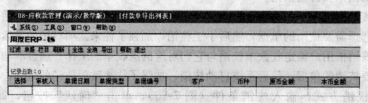

图 7-17　"付款单导出列表"窗口

7.3.5　其他日常业务处理

任务布置

宋涛对本月的业务进行了其他日常处理，如票据管理、转账处理、坏账处理、汇兑损益、制单处理等。

任务实施

1. 票据管理

用户可以在此对银行承兑汇票和商业承兑汇票进行管理：记录票据详细信息，记录票据处理情况，查询应收票据（包括即将到期且未结算完的票据）。

（1）选择"系统菜单"→"日常处理"→"票据管理"命令，打开"票据查询"对话框（图 7-18）。

图 7-18　"票据查询"对话框

（2）输入票据查询条件，单击"确认"按钮，打开"票据登记簿"窗口（图 7-19）。

图 7-19　"票据登记簿"窗口

2. 转账处理

转账处理有以下几种类型。

（1）应收冲应付：用某客户的应收账款冲抵某供应商的应付款项。

（2）应收冲应收：将一家客户的应收款转到另一家客户中。通过本功能将应收款业务在客商之间进行转入、转出，实现应收业务的调整，解决应收款业务在不同客商间入错户或合并户问题。

（3）预收冲应收：处理客户的预收款和该客户应收欠款的转账核销业务。

（4）红票对冲：用某客户的红字发票与其蓝字发票进行冲抵。

3. 坏账处理

坏账处理指系统提供的计提应收坏账准备处理、坏账发生后的处理、坏账收回后的处理等功能。

坏账处理的作用是系统自动计提应收款的坏账准备，当坏账发生时即可进行坏账核销，当被核销坏账又收回时，即可进行相应处理。

4. 汇兑损益

用户可以在此计算外币单据的汇兑损益并对其进行相应的处理。在使用本功能之前，用户应首先在系统选项中选择汇兑损益方式。系统为用户提供两种汇兑损益的处理方法，用户可以根据自己的需要作出选择。

5. 制单处理

制单即生成凭证并将凭证传递至总账记账。系统在各个业务处理的过程中都提供了实时制单的功能。除此之外，系统提供了一个统一制单的平台，用户可以在此快速、成批生成凭证，并可依据规则进行合并制单等处理。

学习任务7.4　应收款管理子系统期末处理

任务引入

经过一个月的业务处理，宋涛进入月末处理阶段。

7.4.1　单据查询

任务布置

宋涛对本月的业务进行了单据查询。

任务实施

系统提供对应收单、结算单、凭证等的查询，可以进行各类单据、详细核销信息、报警信息、凭证等内容的查询。

在查询列表中，系统提供自定义显示栏目、排序等功能，用户可以通过单据列表操作来制作符合要求的单据的列表。用户在单据查询时，若启用客户、部门数据权限控制时，则用户在查询单据时只能查询有权限的单据。

7.4.2　账表管理

任务布置

宋涛对本月的业务进行了账表管理。

任务实施

系统提供了"我的账表""业务账表查询""统计分析""科目账查询"等。其中，"我的账表"可以对系统所能提供的全部报表进行管理。"业务账表查询"提供业务总账表、业务余额表、业务明细账、对账单的查询。"统计分析"是指系统提供的对应收业务进行的账龄分析。通过统计分析，可以按用户定义的账龄区间，进行一定期间内应收账款账龄分析、收款账龄分析、往来账龄分析，了解各个客户应收款的周转天数、周转率，了解各个账龄区间内应收款、收款及往来情况，及时发现问题，加强对往来款项的动态管理。"科目账查询"提供了对科目明细账、科目余额表的查询。

7.4.3 期末处理

任务布置——

宋涛进行了月末结账处理，因为只有结完账之后，才能够开展下月的工作。

任务实施——

期末处理指用户进行的期末结账工作。如果当月业务已全部处理完毕，就需要执行月末结账功能，只有月末结账后，才可以开展下月工作。

如果用户已经确认本月的各项处理已经结束，可以选择执行月末结账功能。用户执行了月末结账功能后，该月将不能再进行任何处理。

选择"系统菜单"→"其他处理"→"期末处理"→"月末结账"命令，打开"月末处理"对话框（图 7-20）。

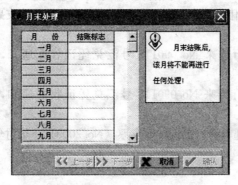

图 7-20   "月末处理"对话框

学习任务 7.5   应用操作

1. 实训目的

通过实训掌握应收款管理子系统的处理过程。

2. 实训内容

（1）应收款管理子系统初始化设置。

（2）应收款管理子系统日常业务处理。

（3）应收款管理子系统期末处理。

3. 实训准备

引入之前的备份数据。

4. 实训资料

鲁冠机械有限公司 2009 年 1 月发生的经济业务如下。

（1）2 日，销售一部李静以现金垫付万达公司运费 100 元。

（2）3 日，销售一部李静向鑫泉公司销售 B 产品 6 000 件，单价 10 元，计 60 000 元，增值税 10 200 元，开出 No.200903 号增值税专用发票。

（3）8 日，销售一部付晓倩向鑫泉公司销售 A 产品 400 件，单价 100 元，计 40 000 元，增值税 6 800 元，同时开出 No.200908 号增值税专用发票，货款未收。

（4）10 日，销售一部付晓倩向宏大集团销售 A 产品 500 件，单价 100 元，计 50 000 元，增值税 8 500 元，同时开出 No.200910 号增值税专用发票，货款未收。

（5）11 日，销售二部陈清明向万达公司销售 B 产品 150 件，单价 10 元，计 1 500 元，增值税 255 元，同时开出 No.200911 号增值税专用发票，货款未收。

（6）12 日，销售二部陈清明向华兴公司销售 B 产品 3 000 件，单价 10 元，计 30 000 元，增值税 5 100 元，同时开出 No.200912 号增值税专用发票，货款未收。

（7）12 日，账务部孙伟收到宏大集团交来转账支票（No.090112）一张 58 500 元，归还前欠货款。

（8）15 日，销售二部陈清明向宏大集团销售 B 产品 700 件，单价 10 元，计 7 000 元，增值税 1 190 元，同时开出 No.200915 号增值税专用发票，货款未收。

（9）16 日，账务部孙伟收到宏大集团交来 No.090116 号转账支票一张 8 190 元，归还前欠货款。

（10）17 日，收到工行传来 No.090117 号汇兑凭证收账通知，内列预收兴华公司货款 35 000元。

（11）18 日，收到工行传来 No.090118 号汇兑凭证收账通知，内列预收万达公司货款 117 000元。

（12）18 日，销售一部李静以工行转账支票（No.200918）垫付华兴公司运杂费 300 元。

项目 8　应付款管理子系统

理论知识目标

1. 了解应付款管理子系统的主要功能和特点。
2. 了解应付款管理子系统与其他管理子系统的关系。
3. 了解应付款管理子系统的业务处理流程。

实训技能目标

1. 掌握应付款管理子系统的初始化设置。
2. 掌握应付款管理子系统的日常业务处理。
3. 掌握应付款管理子系统的期末处理。

学习任务 8.1　应付款管理子系统概述

任务引入

　　公司已经顺利地启用了应收款管理子系统，为了更好开展业务，加强对企业的管理，公司决定再启用应付款管理子系统，还是由宋涛负责整个子系统的使用。

8.1.1　应付款管理子系统的主要功能

　　应付款管理子系统通过发票、其他应付单、付款单等单据的输入，对企业的往来账款进行综合管理，及时、准确地提供供应商的往来账款余额资料，提供各种分析报表，帮助用户合理地进行资金调配，提高资金的利用效率。

　　根据对供应商往来款项核算和管理的要求不同，系统提供了应付款"详细核算"和"简单核算"两种应用方案。

　　若企业的采购业务及应付账款业务繁多，或者企业需要追踪每一笔业务的应付款、付款等情况，或者企业需要将应付款核算到产品一级，那么企业可以选择详细核算方案。该方案能够帮助企业了解每笔业务详细的应付情况、付款情况及余额情况，并进行账龄分析。

如果使用单位采购业务及应付款核算业务并不十分复杂或者现结业务较多，可选择简单核算方案。

具体选择哪一种方案，企业可以在应付款管理系统中通过"应付账款核算模型"来设置。

应付款管理子系统主要提供了参数设置、日常处理、单据查询、账表管理、其他处理等主要操作。

1. 参数设置

（1）提供系统参数的定义，用户结合企业管理要求进行的参数设置，是整个系统运行的基础。

（2）提供单据类型设置、账龄区间的设置，为各种应付款业务的日常处理及统计分析作准备。

（3）提供期初余额的输入，保证数据的完整性与连续性。

2. 日常处理

提供应付单据、付款单据的输入、处理、核销、转账、汇兑损益、制单等处理。

3. 单据查询

提供企业查阅各类单据的功能，各类单据、详细核销信息、报警信息、凭证等内容的查询。

4. 账表管理

（1）提供总账表、余额表、明细账等多种账表查询功能。

（2）提供应付账龄分析、付款账龄分析、欠款分析等丰富的统计分析功能。

5. 其他处理

（1）其他处理提供用户进行远程数据传递的功能。

（2）提供用户对核销、转账等处理进行恢复的功能，以便用户进行修改。

（3）提供企业进行月末结账等处理。

8.1.2　应付款管理子系统的主要特点

（1）系统提供"简单核算"和"详细核算"两种模式进行应付账款的核算，满足用户的不同需求。

（2）系统提供功能权限的控制、数据权限的控制来提高系统应用的准确性和安全性。

（3）系统提供了各种预警，帮助企业及时了解应付款以及企业信用情况。

（4）提供票据的跟踪管理，企业可以随时对票据的计息、结算等操作进行监控。

（5）提供结算单的批量审核、自动核销功能，并能与网上银行进行数据的交互。

（6）系统提供总公司和分销处之间数据的导入、导出及其服务功能，为企业提供完整的远程数据通信方案。

（7）提供全面的账龄分析功能，支持多种分析模式，帮助企业强化对应付款的管理和控制。

（8）该系统既可独立运行，又可与采购管理系统、总账系统等其他系统结合运用，提供完整的业务处理和财务管理信息。

（学习任务 8.2 应付款管理子系统初始化设置

任 务 引 入

与使用应收款管理子系统一样，为了更好地利用应付款管理子系统处理企业相关业务，使之与企业的业务发展相适应，宋涛在使用子系统之前先进行了一系列的初始化设置工作。

8.2.1 应付款管理子系统初始化

应付款管理子系统初始化设置是指用户在应用应付款管理子系统之前进行的初始设置，它包括：

（1）初始设置。初始设置的作用是建立应付款管理子系统的基础数据，确定使用哪些单据（单据模版）处理应付业务，确定需要进行账龄管理的账龄区间，确定凭证科目。有了这些功能，用户可以选择使用自己定义的单据类型，进行单据的输入、处理、统计分析并制单，使应付业务管理更符合用户的需要。

（2）分类体系。建立一个科学、有效的分类体系，提高查询、统计、分析的可用性。

（3）编码档案。基础档案设置解决用户随时对基础档案的输入，保持其基础信息的完整性。这些基础档案是用户进行系统应用的基础，一个完备的编码档案库能够使企业减少工作量，提高工作效率。

（4）单据设计。不同的用户在不同的业务模块中需要使用各种不同的单据。即使在同一单位、同一种单据类型中，也会因为使用的仓库、部门或者用途不一样，需要不同的单据格式，所以系统提供对应同一种单据类型可以设置多个单据模版的功能，用户可自行定义单据的显示模式和打印模式。

（5）单据编号设置。由于存在不同的单据要求不同的编码方案，系统提供了用户自己来设置各种单据类型的编码生成原则，可以对系统应用的单据进行编号的设置，以符合用户要求。

（6）自定义项。提供用户对单据自定义项、存货、供应商自定义项的设计，通过自定义项的定义，提供用户定义符合特殊用途项目的需要，满足用户个性化需求。

（7）期初余额。通过期初余额功能，用户可将正式启用账套前的所有应付业务数据输入到系统中，作为期初建账的数据，系统即可对其进行管理，这样既保证了数据的连续性，又保证了数据的完整性。

（8）系统选项。在运行本系统前，企业应在此设置运行所需要的账套参数，以便系统根据企业所设置的选项进行相应的处理。

8.2.2 应付款管理子系统选项设置

任务布置——

宋涛首先进行应付款管理子系统的选项设置。

任务实施——

（1）选择"系统菜单"→"设置"→"选项"命令，打开"账套参数设置"对话框（图8-1）。

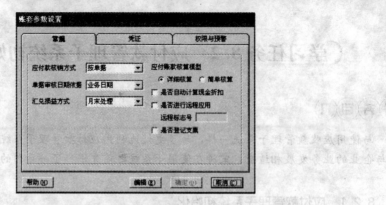

图 8-1 "账套参数设置"对话框

（2）单击"编辑"按钮，进行选项的设置，应分别单击每个选项的下拉框以选择所需要的账套参数进行设置（图 8-2）。

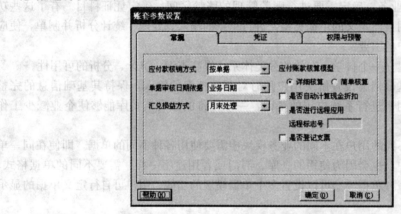

图 8-2 "账套参数设置"对话框

（3）选择完各个账套参数后，单击"确定"按钮，系统即保存所选的操作，单击"取消"按钮，系统即取消所作的选择。

8.2.3　应付款管理子系统初始设置

任务布置——

宋涛接下来又进行了应付款管理子系统的初始设置。

任务实施——

应付款管理子系统初始设置是指用户在应用应付款管理子系统之前进行的初始设置，包括凭证科目设置、账龄区间设置、报警级别设置、单据类型设置等。初始设置的作用是建立应付款管理的基础数据，确定使用哪些单据处理应付业务，确定需要进行账龄管理的账龄区间。有了这个功能，用户可以选择使用自己定义的单据类型，使应付业务管理更符合用户的需要。

（1）设置科目包括基本科目设置、控制科目设置、产品科目设置、结算方式科目设置。其中，基本科目设置是指用户可以在此定义系统凭证制单所需要的基本科目、应付科目、预付科目、采购科目、采购税金科目等。若用户未在单据中指定科目，且控制科目设置与产品科目设置中没有明细科目的设置，则系统制单依据制单规则取基本科目设置中的科目设置。控制科设置是指进行应付科目、预付科目的设置，依据用户在系统初始中的控制科目依据而显示设置依据。产品科目设置是指进行采购科目、应交增值税科目的设置，依据用户在系统初始中的采购科目选项而显示设置依据。结算方式科目设置是指进行结算方式、币种、科目的设置，对于现结的发票、收付款单，系统依据单据上的结算方式查找对应的结算科目，系统制单时自动带出。"初始设置——基本科目设置"对话框如图 8-3 所示。

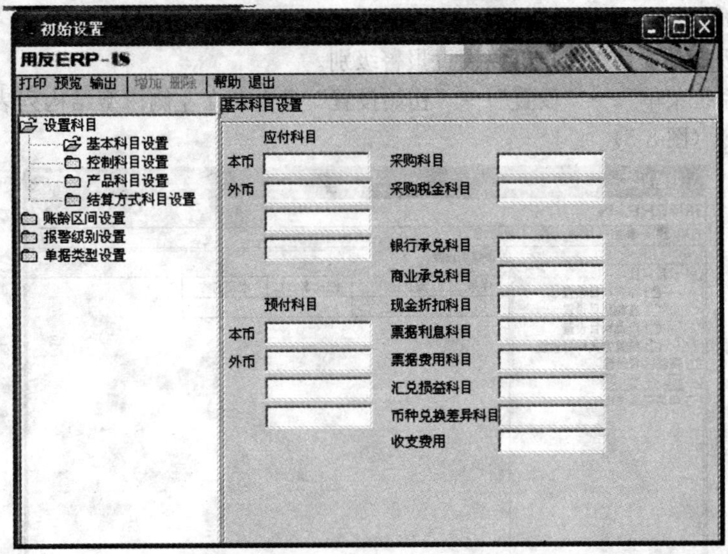

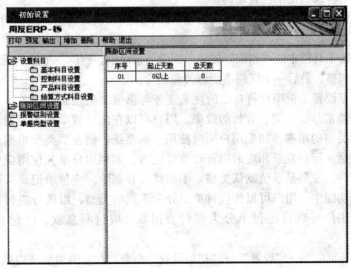

图 8-3　"初始设置——基本科目设置"对话框

（2）账龄区间设置是指用户定义应付账款或付款时间间隔的功能，它的作用是便于用户根据自己定义的账款时间间隔，进行应付账款或付款的账龄查询和账龄分析，清楚了解在一定期间内所发生的应付款、付款情况。

①选择"系统菜单"→"设置"→"初始设置"命令，在左侧树型结构列表中选择"账龄区间设置"命令（图 8-4）。

图 8-4　"初始设置——账龄区间设置"对话框

②增加：单击工具栏中的"增加"按钮，即可在当前区间之前插入一个区间。插入一个区间后，该区间后的各区间起止天数会自动调整。

③修改：可以修改输入的天数，系统会自动修改该区间以及其后的各区间的起止天数。最后一个区间不能修改和删除。

④删除：单击工具栏中的"删除"按钮，即可删除当前区间。删除一个区间后，该区间后的各区间起止天数会自动调整。最后一个区间不能修改和删除。

（3）报警级别设置是指用户可以设置报警级别。

①选择"系统菜单"→"设置"→"初始设置"命令，在左侧树型结构列表中选择"报警级别设置"命令（图8-5）。

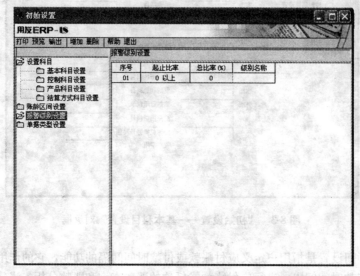

图8-5　"初始设置——报警级别设置"对话框

②增加：单击工具栏中的"增加"按钮，即可在当前级别之前插入一个级别。插入一个级别后，该级别后的各级别比率会自动调整。

③修改：可修改输入的比率，系统会自动修改该级别以及其后的各级别的比率。最后一个区间不能修改和删除。

④删除：单击工具栏中的"删除"按钮，删除当前级别。删除一个级别后，该级别后的各级别比率会自动调整。最后一个区间不能修改和删除。

（4）单据类型设置是指用户将自己的往来业务与单据类型建立对应关系，达到快速处理业务以及进行分类汇总、查询、分析的效果。用户可以在此设置单据的类型，系统提供了发票和应付单两大类型的单据。如果用户同时使用采购系统，则发票类型单据名称包括采购专用发票、普通发票、运费发票和废旧物资收购凭证等。如果用户单独使用应付系统，则发票类型只包括前两种。发票是系统默认类型，不能修改和删除。应付单记录采购业务之外的应付款情况，在本功能中，用户可以将应付单划分为不同的类型，以区分应付货款之外的其他应付款。例如，用户可以将应付单分为应付费用款、应付利息款、应付罚款、其他付收款等。

①选择"系统菜单"→"设置"→"初始设置"命令，在左侧树型结构列表中选择"单据类型设置"命令（图8-6）。

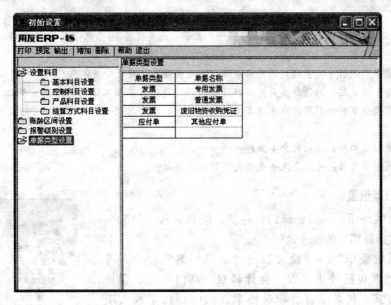

图 8-6　"初始设置——单据类型设置"对话框

②增加：单击工具栏中的"增加"按钮，就可以增加一个新的单据类型。

③修改：可以修改一个单据类型的名称。

④删除：单击工具栏中的"删除"按钮，可以删除当前的单据类型。

8.2.4　应付款管理子系统其他设置

【任务布置】——

宋涛最后又进行了一些其他相关的初始设置。

【任务实施】——

1. 分类体系设置

该设置提供地区分类、存货分类、供应商分类的定义。

（1）选择"系统菜单"→"设置"→"分类体系"命令，可以看到分类体系包括地区分类、存货分类、供应商分类三大项（图 8-7）。

（2）地区分类最多有 5 级，企业可以根据实际需要进行分类。例如可以按区、省、市进行分类，也可以按省、市、县进行分类。

图 8-7　分类体系设置

提　示：

（1）地区分类编码、名称：必须唯一，分类编码不允许重复，并要注意分类编码字母的大小写。在编码和名称中禁止使用 & " '：—和空格，如 A—B 为错误名称。

存货分类最多可分 8 级，编码总长不能超过 30 位，每级级长用户可自由定义。存货分类用于设置存货分类编码、名称及所属经济分类。例如工业企业的存货分类可以分为 3 类，即材料、产成品、应税劳务，用户可以在此基础上继续分类，如材料继续分类，可以按材料属性分为钢材类、木材类等；产成品继续分类可以按照产成品属性分为紧固件、传动件、箱体等。商业企业的存货分类的第一级一般可以分为两类，分别是商品、应税劳务，商品继续分类可以按商品属性分为日用百货、家用电器、五金工具等，也可以按仓库分类，如一仓库、二仓库等。

（2）分类编码：必须唯一，必须按其级次的先后次序建立，可以用数字 0～9 或字符 A～Z 表示，禁

止使用 & " ' | : 等特殊字符。

（3）分类名称：可以用数字 0～9 或字符 A～Z 表示，最多可写 10 个汉字或 20 个字符，禁止使用 & " ' | : 等特殊字符。

如果想对供应商进行分类管理，用户可以通过本功能建立供应商分类体系。用户可将供应商按行业、地区等进行划分，建立起供应商分类后，用户可以将供应商设置在最末级的供应商分类之下。在供应商档案设置中所需要设置的供应商，应先行在本功能中设置。没有对供应商进行分类管理需求的用户可以不使用本功能。

（4）供应商分类编码：供应商分类编码必须唯一。

（5）供应商分类名称：可以是汉字或英文字母，不能为空。

2. 编码档案设置

该设置提供外币、科目、部门、存货、结算方式、付款条件、职员、供应商档案的输入。

选择"系统菜单"→"设置"→"编码档案"命令，可以看到编码档案包括外币设置、会计科目、部门档案、存货档案、结算方式、付款条件、职员档案、供应商档案八大项（图8-8）。

图 8-8　编码档案设置

（1）外币设置：系统提供了专为外币核算服务的汇率管理功能。

（2）会计科目：系统提供了对会计科目的设立和管理，用户可以根据业务的需要方便地增加、插入、修改、查询、打印会计科目。

（3）部门档案：部门档案包含部门编码、名称、负责人、部门属性等信息，最多可分5级，编码总长12位，是指某使用单位下辖的具有分别进行财务核算或业务管理要求的单元体，不一定是实际中的部门机构，按照已经定义好的部门编码级次原则输入部门编号及其信息。

（4）存货档案：存货档案完成对存货目录的设立和管理，随同发货单或发票一起开具的应税劳务等也应设置在存货档案中。同时提高基础档案在输入中的方便性，完备基础档案中数据项，提供存货档案的多计量单位设置，提供存货档案、项目档案的记录合并功能。

（5）结算方式：系统提供了用来建立和管理用户在经营活动中所涉及的结算方式。它与财务结算方式一致，如现金结算、支票结算等。结算方式最多可以分为2级。结算方式一旦被引用，便不能进行修改和删除。

（6）付款条件：付款条件也叫现金折扣，是指企业为了鼓励客户偿还货款而允诺在一定期限内给予的规定的折扣优待。付款条件将主要在采购订单、销售订单、采购结算、销售结算、客户目录、供应商目录中引用。系统最多同时支持4个时间段的折扣。

（7）职员档案：系统提供了主要用于记录本单位使用系统的职员列表，包括职员编号、名称、所属部门及职员属性等。

（8）供应商档案：建立供应商档案主要是为企业的采购管理、库存管理、应付账管理服务的。在填制采购入库单、采购发票和进行采购结算、应付款结算和有关供货单位统计时都会用到供货单位档案，因此必须应先设立供应商档案，以便减少工作差错。在输入单据时，如果单据上的供货单位不在供应商档案中，就必须在此建立该供应商的档案。

3. 单据设计

单据设计的内容是指单据显示模版和打印模版的设计，即对主要单据的屏幕显示界面以及打印页面的格式这两种对象进行设计，以符合企业应用的实际需要。其单据格式设计是指单据头栏目和单据体栏目的增删及其布局。本功能主要是根据系统预置的单据模版，定义本企业所需要的单据格式。单据格式设置分为显示单据格式设置和打印单据格式设置。

4. 单据编号设置

由于业务模块中使用的各种单据对于不同的用户需要不同编码方案，所以通过系统自动形成流水号的方式已经远远不能满足用户的需要。为了解决这个问题，系统提供了用户自己来设置各种单据类型的编码生成原则。"单据编号设置"有编号设置、对照表、查看流水号 3 个功能。

5. 自定义项

系统还提供了为各类原始单据和常用基础信息设置自定义项和自由项的功能，这样可以让企业方便地设置一些特殊信息。系统预置的各自定义项所属对象包括单据头、单据体、客户、供应商和存货。

6. 期初余额

通过输入期初余额，用户可将正式启用账套前的所有应付业务数据输入系统中。作为期初建账的数据，系统即可对其进行管理，这样既保证了数据的连续性，又保证了数据的完整性。当企业初次使用本系统时，要将上期未处理完全的单据都输入本系统，以便以后的处理。当进入第二年度处理时，系统自动将上年度未处理完全的单据转成为下一年度的期初余额。在下一年度的第一个会计期间里，企业可以进行期初余额的调整。

学习任务 8.3　应付款管理子系统日常业务处理

应付款管理子系统正式启用，宋涛开始了当月的日常业务处理。

应付款管理子系统日常业务处理是应付款管理系统的重要组成部分，属于经常性的应付业务处理工作，主要完成企业日常的应付、付款业务输入，应付、付款业务核销，应付并账、汇兑损益以及坏账的处理，及时记录应付、付款业务的发生，为查询和分析往来业务提供完整、正确的资料，加强对往来款项的监督管理，提高工作效率。

8.3.1　应付单据处理

任务布置

宋涛首先对本月的应付单据进行了处理。

任务实施

应付单据处理是指对应付单据（采购发票、应付单）进行管理，包括应付单据的输入和审核。

根据企业业务模式的不同，单据输入的类型也不同。

如果企业同时使用应付款管理系统和采购系统，则发票由采购系统输入，在本系统可以对这些单据进行审核、弃审、查询、核销、制单等。此时，在本系统需要输入的单据仅限于应付单。

如果企业没有使用采购系统，则各类发票和应付单均应在本系统输入。

1. 应付单据输入

选择"系统菜单"→"日常处理"→"应付单据处理"→"应付单据录入"命令，选择单据名称、单据类型、方向（图 8-9），然后单击"确认"按钮。

提　示：

单据名称：采购发票是从供货单位取得的进项发票及发票清单。应付单据的实质是一张凭证，用于记录企业采购业务之外所发生的各种其他应付业务。

2. 应付单据审核

选择"系统菜单"→"日常处理"→"应付单据处理"→"应付单据审核"命令，输入单据过滤条件（图 8-10），单击"确认"按钮。

 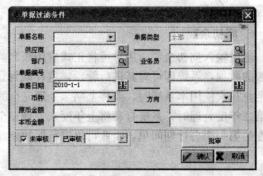

图 8-9　"单据类别"对话框　　　　图 8-10　"单据过滤条件"对话框

提　示：

应付单据审核主要提供用户批量审核。系统提供用户手工审核、自动批审核的功能。在应付单据审核中显示的单据包括全部已审核、未审核的应付单据，包括从采购系统传入的单据。做过后续处理如核销、制单、转账等处理的单据在应付单据审核中不能显示。对这些单据的查询，用户可在单据查询中进行。在应收单据审核中，用户也可在此进行应收单的增加、修改、删除等操作，其约束单据与应付单据输入相同。

8.3.2　付款单据处理

任务布置

宋涛接着对本月的付款单据进行了处理。

任务实施

付款单据处理主要是对结算单据（付款单、收款单即红字付款单）进行管理，包括付款单、收款单的输入、审核。

应付款管理子系统的付款单用来记录企业所支付的款项。应付款管理子系统的收款单用来记录发生采购退货时，企业所收到的供应商退款。

1. 输入付款单据

输入付款单据是指将支付供应商款项依据供应商退回的款项，输入应付款管理系统，包括付款单与收款单（即红字付款单）的输入。

选择"系统菜单"→"日常处理"→"付款单据处理"→"付款单据录入"命令，打开"结算单录入"窗口（图 8-11）。

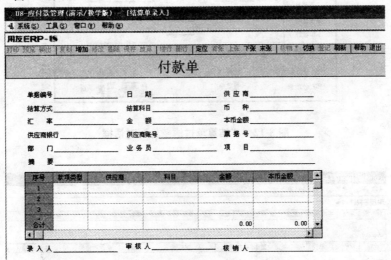

图 8-11　"结算单录入"窗口

提　示：

（1）付款单说明：应付款管理子系统的付款单用来记录企业所支付的款项，当企业支付每一笔款项时，企业应知道该款项是结算供应商货款，是提前支付供应商的预付款，还是支付供应商其他费用。系统用款项类型来区别不同的用途，企业在输入付款单时，需要指定其款项用途。对于同一张付款单，如果包含不同用途的款项，企业应在表体记录中分行显示。对于不同用途的款项，系统提供的后续业务处理不同。对于冲销应付款以及形成预付款的款项，企业需要进行付款结算，即将付款单与其对应的采购发票或应付单进行核销勾对，进行冲销企业债务的操作。对于其他费用用途的款项则不需要进行核销。

（2）收款单说明：应付系统收款单用来记录发生采购退货时，收到供应商退回企业的款项。同样，企业需要指明红字付款单是应付款项退回、预付款退回，还是其他费用退回。应付、预付用途的红字付款单可与应付、预付用途的付款单、红字应付单、红字发票进行核销。

2. 审核付款单据

系统主要提供付/收款单的自动审核、批量审核功能。只有审核后的单据才允许进行核销、制单等处理。在付款单据审核中显示的单据包括全部已审核、未审核的付款单据。余额为零的单据在付款单据审核中不能显示。对这些单据的查询，用户可在单据查询中进行。在付款单据审核列表中用户也可进行付款单、收款单的增加、修改、删除等操作。

（1）选择"系统菜单"→"日常处理"→"付款单据处理"→"付款单据审核"命令，打开"结算单过滤条件"对话框（图 8-12）。

（2）输入结算单过滤条件，单击"确认"按钮，打开"结算单列表"窗口（图 8-13）。

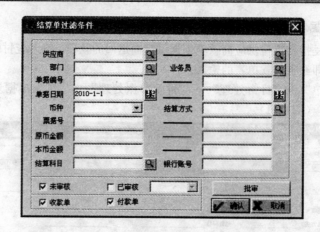

图 8-12 "结算单过滤条件"对话框

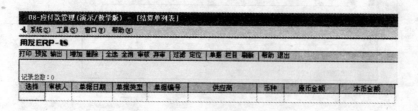

图 8-13 "结算单列表"窗口

8.3.3 核销处理

任务布置———

宋涛对本月的单据进行了核销处理。

任务实施———

核销处理是指用户日常进行的付款核销应付款的工作。单据核销的作用是处理付款核销应付款，建立付款与应付的核销记录，监督应付款及时核销，加强往来款项的管理。

（1）选择"系统菜单"→"日常处理"→核销处理命令，可以看到核销处理包括手工核销和自动核销（图8-14）。

①手工核销指由用户手工确定付款单核销与它们对应的应付单的工作。通过本功能可以根据查询条件选择需要核销的单据，然后手工核销，加强了往来款项核销的灵活性。

②自动核销指由用户确定付款单核销与它们对应的应付单的工作。通过本功能可以根据查询条件选择需要核销的单据，然后系统进行匹配核销，加强了往来款项核销的效率。

（2）选择一种核销方式，在"核销条件"对话框（图8-15）中输入核销条件，单击"确认"按钮。

图 8-14 核销处理

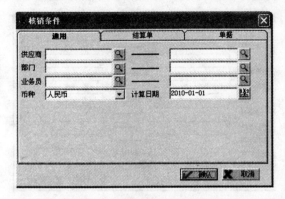

图 8-15 "核销条件"对话框

8.3.4 选择付款

任务布置——

宋涛对本月的业务进行选择付款。

任务实施——

通过使用本功能，用户可以进行一次支付多个供应商、多笔款项的业务处理，以简化用户的日常付款操作，同时便于用户掌握和控制资金的流出。

选择"系统菜单"→"日常处理"→"选择付款"命令，打开"选择付款——条件"对话框（图 8-16），设置完成后单击"确认"按钮即可。

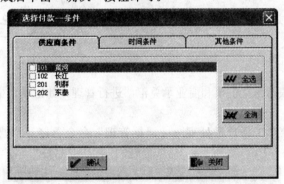

图 8-16 "选择付款——条件"对话框

8.3.5 付款单导出

任务布置——

宋涛对本月的业务进行了付款单导出。

任务实施——

付款单导出主要完成付款单与网上银行的相互导入、导出处理。

（1）选择"系统菜单"→"日常处理"→"付款单导出"命令，打开"付款单导出"对话框（图 8-17）。

（2）输入付款单导出条件，单击"确认"按钮，打开"付款单导出列表"窗口（图 8-18）。

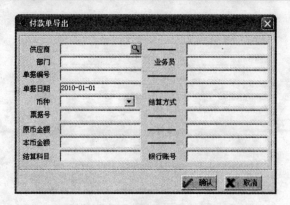

图 8-17　"付款单导出"对话框

图 8-18　"付款单导出列表"窗口

8.3.6　其他日常业务处理

任务布置

宋涛对本月的业务进行了其他日常处理,如票据管理、转账处理、汇兑损益、制单处理等。

任务实施

1. 票据管理

用户可以在此对银行承兑汇票和商业承兑汇票进行管理,如记录票据详细信息,记录票据处理情况。

(1) 选择"系统菜单"→日常处理→"票据管理"命令,打开"票据查询"对话框(图 8-19)。

图 8-19　"票据查询"对话框

(2) 输入票据查询条件,单击"确认"按钮,打开"票据登记簿"窗口(图 8-20)。

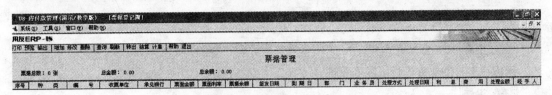

图 8-20　"票据登记簿"窗口

2. 转账处理

转账处理有以下几种类型。

（1）应付冲应收：用对某供应商的应付账款冲抵某客户的应收账款项。

（2）应付冲应付：指将某一供应商的应付账款转入另一供应商账中。通过本功能将应付款业务在供应商之间进行转入、转出，实现应付业务的调整，解决应付款业务在不同供应商间入错户或合并户问题。

（3）预付冲应付：可将预付供应商款项和所欠供应商的货款进行转账核销处理。

（4）红票对冲：指将同一供应商的红票和其蓝字发票进行冲销。

3. 汇兑损益

用户可以在此计算外币单据的汇兑损益并对其进行相应的处理。在使用本功能之前，用户应首先在系统选项中选择汇兑损益方式。系统为用户提供两种汇兑损益的处理方法，用户可以根据自己的需要做出选择。

4. 制单处理

制单即生成凭证，并将凭证传递至总账记账。系统在各个业务处理的过程中都提供了实时制单的功能。除此之外，系统提供了一个统一制单的平台，用户可以在此快速、成批生成凭证，并可依据规则进行合并制单等处理。

学习任务 8.4　应付款管理子系统期末处理

经过一个月的业务处理，宋涛进入月末处理阶段。

8.4.1　单据查询

任务布置

宋涛对本月的业务进行了单据查询。

任务实施

系统提供对应付单、结算单、凭证等的查询，可以进行各类单据、详细核销信息、报警信息、凭证等内容的查询。

在查询列表中，系统提供自定义显示栏目、排序等功能，用户可以通过单据列表操作来制作符合要求的单据列表。用户在单据查询时，若启用客户、部门数据权限控制，用户在查询单据时只能查询有权限的单据。

8.4.2 账表管理

任务布置——

宋涛对本月的业务进行了账表管理。

任务实施——

系统提供了"我的账表""业务账表查询""统计分析""科目账查询"等功能。其中,"我的账表"可以对系统所能提供的全部报表进行管理。"业务账表查询"提供业务总账表、业务余额表、业务明细账、对账单的查询。"统计分析"是指系统提供的对应付业务进行的账龄分析。通过"统计分析",可以按用户定义的账龄区间,进行一定期间内应付账款账龄分析、付款账龄分析、往来账龄分析,了解各个客户应付款的周转天数、周转率,了解各个账龄区间内应付款、付款及往来情况,及时发现问题,加强对往来款项的动态管理。"科目账查询"提供了科目明细账、科目余额表的查询。

8.4.3 期末处理

任务布置——

宋涛进行了月末结账处理,因为只有结完账之后,才能够进行下月的工作。

任务实施

期末处理指用户进行的期末结账工作。如果当月业务已全部处理完毕,就需要执行月末结账功能,只有月末结账后,才可以开始下月工作。

如果用户确认本月的各项处理已经结束,可以选择执行月末结账功能。当用户执行了月末结账功能后,该月将不能再进行任何处理。

选择"系统菜单"→"日常处理"→"其他处理"→"期末处理"→"月末结账"命令,打开"月末处理"对话框(图8-21),进行相应操作即可。

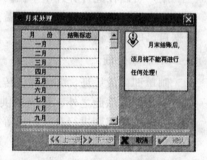

图8-21 "月末处理"对话框

(学习任务 8.5 应用操作

1. 实训目的

通过实训掌握应付款管理子系统的处理过程。

2. 实训内容

(1)应付款管理子系统初始化设置;

(2)应付款管理子系统日常业务处理;

(3)应付款管理子系统期末处理。

3. 实训准备

引入之前的备份数据。

4. 实训资料

鲁冠机械有限公司2009年1月发生的经济业务如下:

（1）2 日，供应部刘凤美向隆昌公司采购甲材料一批，单价 25 元，数量 6 000 吨，进项税 25 500 元，材料未验收入库，款项未付。

（2）5 日，供应部刘凤美向信达公司采购乙材料一批，单价 40 元，数量 500 吨，进项税 3 400元，材料未验收入库，款项未付。

（3）18 日，供应部刘凤美向吴天集团采购甲材料一批，单价 20 元，数量 10 000 吨，进项税 34 000 元，材料已验收入库，款项未付。

（4）20 日，开出现金支票一张，面值 23 400 元，支付信达公司货款。

（5）22 日，开出 No. 090122 转账支票一张，面值 175 500 元，偿付隆昌公司货款。

（6）26 日，开出现金支票，预付宝琳公司货款 117 000 元。

项目 9 固定资产管理子系统

理论知识目标

1. 掌握固定资产管理子系统日常处理。
2. 掌握固定资产管理子系统期末处理。

实训技能目标

1. 掌握固定资产管理子系统的初始化。
2. 掌握固定资产增减变动和资产变动的方法。
3. 掌握折旧的计提、制单、对账与结账。

学习任务 9.1 固定资产管理子系统初始化

任务引入

会计主管王晴向财务人员介绍固定资产管理子系统初始化的相关问题。

9.1.1 固定资产管理子系统

首次使用固定资产管理子系统时，必须先把它安装在计算机硬盘上。安装完成之后，以系统管理员身份登录进入"系统管理"，系统会提示需要进行账套初始化操作，为固定资产建立账套。

在正式使用本系统前需要整理一下有关固定资产的手工管理资料，以便将这些资料输入系统，保持管理和核算的正确性和连续性，这项工作称为应用准备。应用准备主要包括以下内容：卡片项目整理、卡片样式整理、折旧方法整理、资产类别整理、建账、期初数据整理、报表整理、其他信息整理。这是使用固定资产管理子系统进行资产管理和核算的基础。

建立一个适合本企业的固定资产子账套的过程就是系统的初始化，是使用固定资产管理子系统的首要操作。固定资产子账套是在会计核算账套的基础上建立的。对于已有会计核算账套的，需要注册启动该账套，再在固定资产管理系统中建立子账套；尚未建立会计核算账套的，要先在系统管理中建立会计核算账套，然后再在固定资产管理系统中建立子账套。本章以新建子账套为例进行讲解。

9.1.2 建立固定资产子账套

任务布置————

建立东风有限公司 2010 年 1 月的固定资产子账套，相关资料如下：按平均年限法（一）计提折旧，折旧分配周期为 1 个月，类别编码方式为 2112，固定资产编码方式为手工输入，卡片序号长度为 3；要求与账务系统进行对账，固定资产对账科目为 1501 固定资产，累计折旧对账科目为 1502 累计折旧，在对账不平情况下允许月末结账。

任务实施————

（1）双击桌面上的用友图标，在出现的窗口中双击"财务系统"，再双击"固定资产"图标，出现如图 9-1 所示对话框，选择相应的会计核算账套注册进入固定资产管理子系统。

（2）系统自动提示"……是否进行初始化?"（图 9-2），单击"是"按钮，打开"固定资产初始化向导——1. 约定及说明"对话框。

图 9-1 "注册【固定资产】"对话框　　　　　　**图 9-2 "固定资产"对话框**

（3）在"固定资产初始化向导——1. 约定及说明"对话框中仔细阅读各项说明，选中"是"单选按钮，单击"下一步"按钮，打开"固定资产初始化向导——2. 启用月份"对话框，如图 9-3 所示，确定本账套固定资产的启用日期"2010.01"。

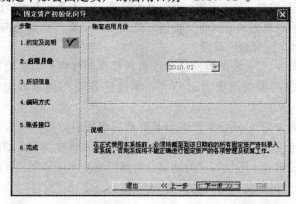

图 9-3 "固定资产初始化向导——2. 启用月份"对话框

提　示:

在正式使用本系统前，必须将截止到该日期前的所有固定资产资料输入本系统，并且账套的启用月份不得超过"系统管理"中账套的创建时间，否则系统将不能正确进行固定资产的各项管理及核算工作。

（4）设置完成之后，单击"下一步"按钮，这时可以进行折旧信息的设置，如图 9-4 所示。根据企业的实际情况设置是否启用"本账套计提折旧"。企业应根据自身情况选择主要折旧方法，计提折旧的企业可以根据自己的需要来确定资产的折旧分配周期，系统默认的折旧分配周期为 1 个月。

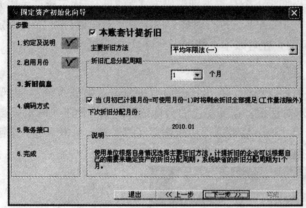

图 9-4　"固定资产初始化向导——3. 折旧信息"对话框

①"本账套计提折旧"：如果用户是行政事业单位，按照新会计准则规定单位的固定资产并不计提折旧，那么不选中该项；如果用户是企业单位，应选中该复选框。本书以企业为例，故选中该复选框。

②"主要折旧方法"：选择常用的折旧方法，将来对具体的固定资产可重新定义折旧方法。

③"折旧汇总分配周期"：企业在实际计提折旧时，不一定每个月计提一次，如保险行业每 3 个月计提和汇总分配一次折旧。所以本系统提供 1、2、3、4、6、12 几个分配周期，选择时可按自身实际情况确定计提折旧和将折旧归集成本和费用的周期。

④"当（月初已计提月份＝可使用月份－1）时将剩余的折旧全部提足（工作量法除外）"：如果选中该复选框，则除工作量法外，只要上述条件满足，该月折旧额＝净值－净残值，并且不能手工修改；如果不选中该复选框，则该月不提足折旧，并且可手工修改，但以后各月按照公式计算的月折旧率或折旧额是负数时，公式无效，可令月折旧率＝0，月折旧额＝净值－净残值。

（5）设置完成之后，单击"下一步"按钮，打开"固定资产初始化向导——4. 编码方式"对话框，如图 9-5 所示，进行编码设置。

①"资产类别编码方式"：资产类别是单位根据管理和核算的需要给资产所做的分类，可参照国家标准分类，也可根据需要自己分类。系统推荐采用国家规定的 4 级 6 位（2112）方式。

②"固定资产编码方式"：固定资产编号是资产的管理者给资产所编的编号，可以在输入卡片时手工输入，也可以选用自动编码的形式自动生成。系统提供了自动编码的几种形式"类别编号＋序号"、"部门编号＋序号"、"类别编号＋部门编号＋序号"、"部门编号＋类别编号＋序号"。自动编号中序号的长度可自由设定为 1~5 位。

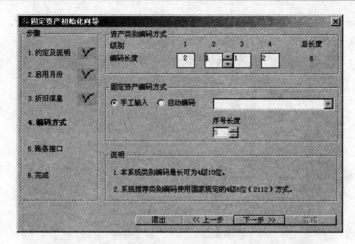

图 9-5 "固定资产初始化向导——4. 编码方式"对话框

提 示：

资产类别编码方式设定以后，一旦某一级设置了类别，则该级的长度不能修改，未使用过的各级的长度可修改。每一个账套的资产的自动编码方式只能选择一种，一经设置，该自动编码方式不得修改。

（6）设置完成之后，单击"下一步"按钮，打开"固定资产初始化向导——5. 账务接口"对话框，如图 9-6 所示，进行对账设置。

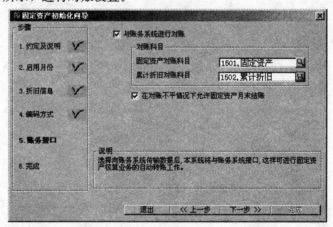

图 9-6 "固定资产初始化向导——5. 账务接口"对话框

① "与账务系统进行对账"：在使用总账管理子系统的情况下，对账的含义是将固定资产系统内所有资产的原值、累计折旧和账务系统中的固定资产和累计折旧科目的余额核对，以检验数值是否相等。如果不希望与账务系统对账，可以不选中该复选框，表示不对账。

② "固定资产对账科目"和"累计折旧对账科目"：参照财务系统的科目选择。所选的对账科目应与账务系统内的一级科目相一致。

③ "在对账不平情况下允许固定资产月末结账"：如果希望严格控制系统内的平衡，并且能做到两个系统输入的数据没有时间差异，可选中该复选框，否则不要选中。

（7）单击"下一步"按钮，打开"固定资产初始化向导——6. 完成"对话框（图 9-7），系统将初始化结果汇总，如果发现有错误或有些设置不准确，可单击"上一步"按钮，重新设置；如果没问题可单击"完成"按钮，系统会提示初始化已成功，并自动打开"U8-固定资产"窗口，如图 9-8 所示。

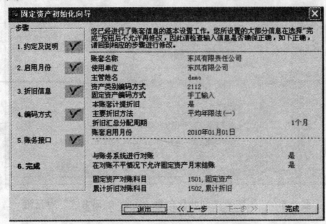

图 9-7　"固定资产初始化向导——6. 完成"对话框

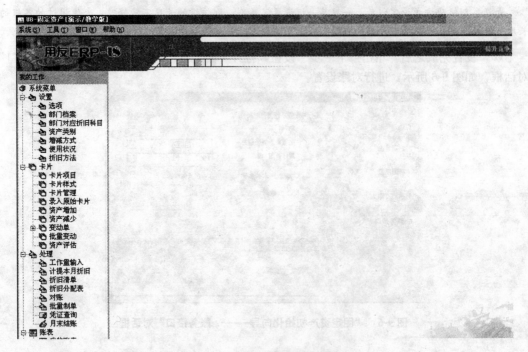

图 9-8　"U8-固定资产"窗口

建账完成后，当需要对账套中的某些参数进行修改时，可在"U8 固定资产"窗口中选择"系统菜单"→"设置"→"选项"命令进行重新设置，如果选项为灰色，说明该项内容不能修改。

提　示：

在初始化设置完成后，大部分内容不允许再修改，所以在确认无误后，再单击"完成"按钮。在初始化设置完成后发现某些设置错误又不允许修改（如本账套是否计提折旧），如果必须纠正，则只能通过"重新初始化"功能实现，但重新初始化将清空对该子账套所做的一切工作。在没有进行其他工作时，可重新初始化，一旦进行了其他工作请慎用此项。

1. 选项设置

固定资产子账套建立成功后，选择操作员进入固定资产管理子系统控制台，还需要对选项进行设置，这也是系统操作前的一项基本设置。

任务布置——

业务发生后不要求立即制单，月末结账前一定要完成制单登账业务；已注销的卡片 5 年后删除；固定资产默认入账科目为 1501，累计折旧默认入账科目为 1502；当月初已计提月份＝可使用月份－1 时，要求将剩余折旧全部提足。

任务实施——

选择"系统菜单"→"设置"→"选项"命令，打开如图 9-9 所示的对话框。

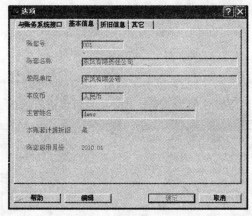

图 9-9　"选项"对话框

该对话框上有 4 个标签，可以对其中的一些标签进行修改，但"基本信息"是不能修改的。

（1）单击"与账务系统接口"标签（图 9-10），背景是灰色的，单击"编辑"按钮，可以对其中的项目进行设置。根据业务需要，可以选中"业务发生后立即制单"复选框，若不选中，可以在月末凭证处理时统一制单。固定资产和累计折旧默认入账科目的目的是方便下次输入固定资产。

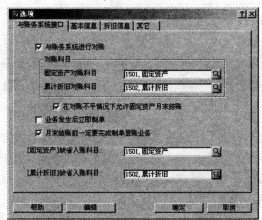

图 9-10　"与财务系统接口"标签

（2）单击"折旧信息"标签（图 9-11），单击"编辑"按钮，可以对其中的项目进行设置，其中折旧方法是系统自带的，折旧的分配周期可以进行改动。

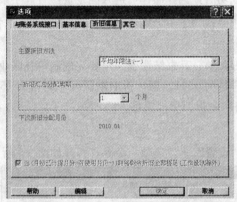

图 9-11　"折旧信息"标签

（3）单击"其它"标签（图 9-12），单击"编辑"按钮，可以对其中的项目进行设置。已发生资产减少卡片可删除时限默认值为 5 年，其余项目可以进行修改。

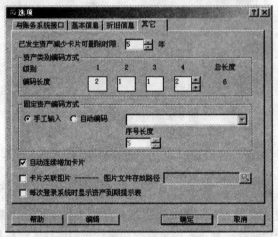

图 9-12　"其它"标签

（4）修改完毕后，单击"确定"按钮，选项设置完成。

提　示：

资产类别编码方式设置以后，一旦某一级设置了类别，则该级的长度不能修改，没有使用过的各级的长度可修改。每一个账套资产的自动编码方式只能是一种，一经设置，该自动编码方式不得修改。

2. 部门档案设置

部门档案主要用于设置企业各个职能部门的信息。部门指某使用单位下辖的具有分别进行财务核算或业务管理要求的单元体，不一定是实际中的部门机构，按照已经定义好的部门编码级次原则输入部门编号及其信息。最多可分 5 级，编码总长 12 位，部门档案包含部门编码、名称、负责人、部门属性等信息。

部门档案已经在"企业门户"模块中的"基础档案"中预先设置，但可以在此根据实际需要对部门的档案进行增加、修改、删除等操作，同时也可以根据需要设立二级部门。

任务布置

王晴介绍部门档案的设置。

任务实施

（1）选择“系统菜单”→“设置”→“部门档案”→“部门分类”→“财务部”→“修改”命令，如图9-13所示，在此可以对财务部的档案进行修改。

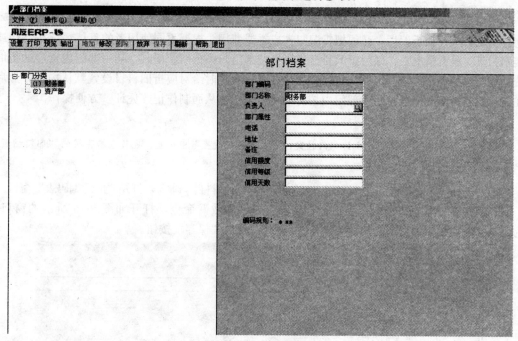

图9-13 “部门档案”窗口

（2）修改完毕后，单击“保存”按钮，档案修改完成。

（3）在资产部下设资产一部和资产二部。选中“资产部”，单击“增加”按钮，如图9-14所示增加“资产一部”。

（4）填列完毕后，单击“保存”按钮，添加完毕后按相同的方法再增添“资产二部”。

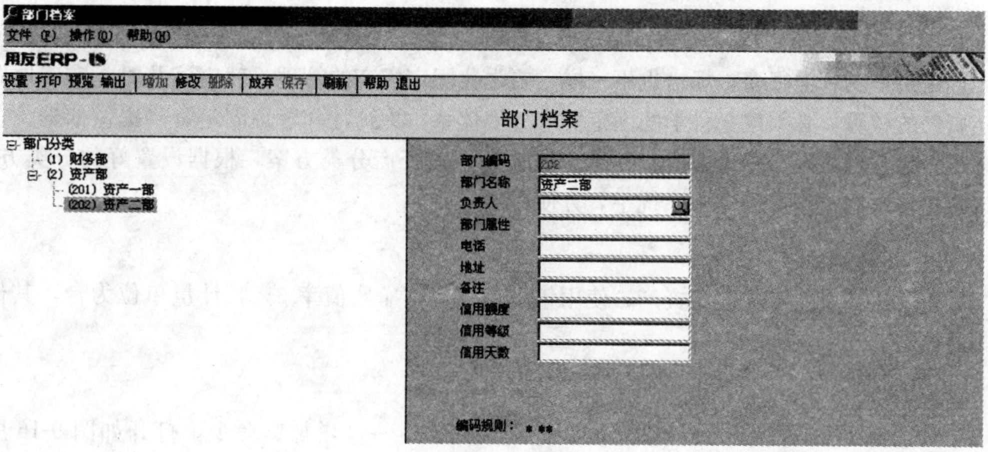

图9-14 增加部门档案

在这里，由于在初始化设置时编码规则已经设置为"＊ ＊＊"，故最多只能增加到二级部门。

3. 部门对应折旧科目设置

任务布置——

公司财务部门设置对应折旧科目"管理费用"。

任务实施——

固定资产计提折旧后，必须把折旧归入成本或费用，根据不同使用者的具体情况按部门或类别归集。通常情况下，部门折旧科目是指当按部门归集折旧费用时，某一部门内资产的折旧费用将归集到一个比较固定的科目，目的是在输入卡片时给对应折旧科目设置默认内容，然后在生成部门折旧分配表中每一部门内按折旧科目汇总，从而制作记账凭证，方便操作。

提 示：

在使用本功能前，必须已建立好部门档案，可在"基础设置"中设置，也可在本系统的"部门档案"中完成。

(1) 选择"系统菜单"→"设置"→"部门对应折旧科目"命令，打开"部门编码表"窗口。

(2) 选择"财务部"命令，选择"编辑"→"修改"命令，打开如图 9-15 所示的窗口，为其选择参照栏中的对应折旧科目"管理费用"，单击"保存"按钮。

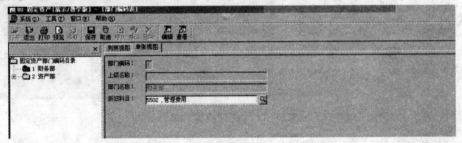

图 9-15　部门对应折旧科目设置界面

可以直接对一级部门指定对应折旧科目，此时该部门的二级部门的对应折旧科目为相同的科目。若指定后折旧科目没有变化，可单击"刷新"按钮。

4. 资产类别设置

固定资产的种类很多，规格也不一样，要强化固定资产的管理，就应该及时、准确地做好固定资产的核算，必须建立科学的固定资产分类体系，为统计和管理固定资产提供依据。企业可以根据自身的特点和管理要求确立一个比较合理的资产分类方案，根据设置好的分类方案，可以直接输入固定资产管理子系统中，方便以后操作。

任务布置——

输入"机器设备"类固定资产，使用年限为 5 年，净残值率 3％，计量单位为台，其他项按默认填写。

任务实施——

(1) 选择"资产类别"→"固定资产分类编码表"→"增加"命令，打开如图 9-16 所示的窗口，按要求填列。

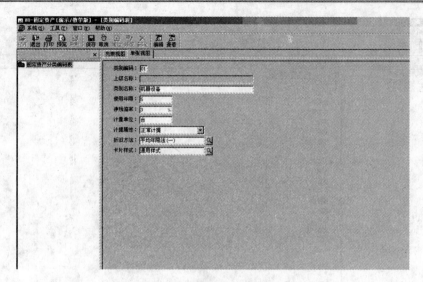

图 9-16　"类别编码表"窗口

（2）完毕后，单击"保存"按钮。

设置二级编码需先选择一级编码，再进行设置。依此类推，还可以设置三级和四级编码。如发现设置错误，可以单击"修改"按钮，对该级编码进行修改。另外，还可以进行删除操作。

提　示：

类别编码、名称、计提属性、卡片样式不能为空，其他各项内容的输入是为了输入卡片方便要默认的内容，可以为空。非明细级类别编码不能修改或删除，明细级类别编码修改时只能修改本级的编码。使用过的类别的计提属性不能修改。

5. 增减方式设置

增减方式包括两种类型：一种是增加的方式，一种是减少的方式。增加的方式主要有直接购入、投资者投入、捐赠、盘盈、在建工程转入、融资租入。减少的方式主要有出售、盘亏、投资转出、捐赠转出、报废、毁损、融资租出等。一般性的项目已经在系统中设置好，也可根据需要增加和修改。另外为了简化操作，系统还提供了对应入账科目设置，这样在填制凭证时，系统会自动转入设置好的科目。

任务布置

输入"机器设备"类固定资产，使用年限为 5 年，净残值率 3%，计量单位为台，其他项按默认。

任务实施

选择"系统菜单"→"设置"→"增减方式"命令，打开"增减方式"窗口，如图 9-17 所示，根据需要设置、保存完毕后，单击"退出"按钮，回到固定资产管理子系统控制台。

6. 使用状况设置

从固定资产管理和核算的角度，需要明确固定资产使用状况，一方面可以准确地计提折旧，另一方面便于掌握固定资产的使用情况，提高资产的利用效率。

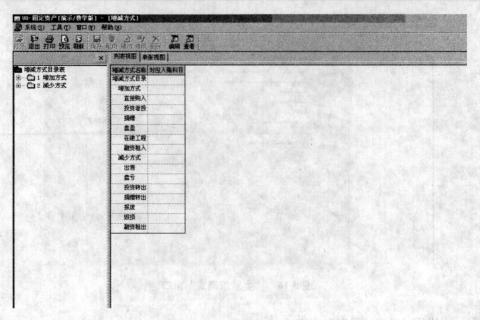

图 9-17　"增减方式"窗口

任务布置

王晴介绍使用状况的设置。

任务实施

选择"系统菜单"→"设置"→"使用状况"命令，在"使用状况"窗口（图 9-18）可以看到系统提供了"使用中""未使用"和"不需用"3 种使用状况，还有明细的使用状况。如果发现没有自己要用到的使用状况，可以先单击上一级状况，然后单击"增加"按钮，设置并保存完毕后单击"退出"按钮，回到固定资产管理子系统控制台。

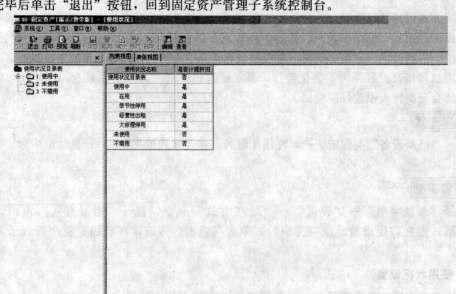

图 9-18　"使用状况"窗口

7. 折旧方法设置

折旧方法设置是系统自动计算折旧的基础。系统内置了 5 种常用的折旧方法（不提折旧、平均年限法（一和二）、工作量法、年数总和法、双倍余额递减法），并列出了折旧公式，以及月折旧额的公式。对系统提供的折旧方法可以选用，但不能修改，如果这几种方法不能满足需要，可使用折旧方法的自定义功能，定义自己合适的折旧方法的名称和计算公式。

任务布置

王晴介绍折旧方法的设置。

任务实施

（1）选择"系统菜单"→"设置"→"折旧方法"命令，打开"折旧方法"窗口，单击"增加"按钮，打开"折旧方法定义"对话框，如图 9-19 所示。

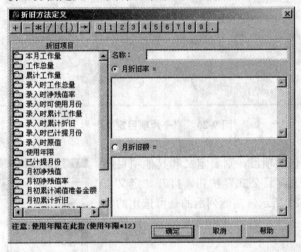

图 9-19 "折旧方法定义"对话框

（2）在该对话框内设置新的折旧方法的名称，定义折旧率和折旧额。

（3）完成后单击"确定"按钮，新的折旧方法即添加到折旧列表中。

提 示：

（1）新增的折旧方法可以修改，无用的折旧方法可以删除，正在运用的折旧方法不能删除；

（2）定义月折旧额和月折旧率公式时必须有单向包含关系，即月折旧额公式中包含月折旧率项目，或月折旧率公式中包含月折旧额项目，但不能同时互相包含；

（3）计提折旧时，如果自定义折旧方法的月折旧额或月折旧率出现负数，则自动终止折旧计提。

8. 卡片项目设置

卡片项目是固定资产卡片上显示的用来记录资产资料的栏目，如原值、资产名称、使用年限、折旧方法等卡片最基本的项目。用友 ERP—U850 固定资产管理子系统提供了一些常用卡片必需的项目，称为系统项目，如果这些项目不能满足对资产特殊管理的需要，可以通过卡片项目定义来定义需要的项目，这些项目称为自定义项目，这两部分构成卡片项目目录。企业可以根据自己的需要，进行增加、修改或删除操作。

任务布置——

新增加一个"负责人"的自定义项目。

任务实施——

(1) 选择"系统菜单"→"设置"→"卡片"→"卡片项目"命令，打开"卡片项目定义"对话框。单击"增加"按钮，增加自定义卡片项目，如图9-20所示，输入卡片项目名称、数据类型、字符数、小数位长、是否参照常用字典、项目数据关系等。

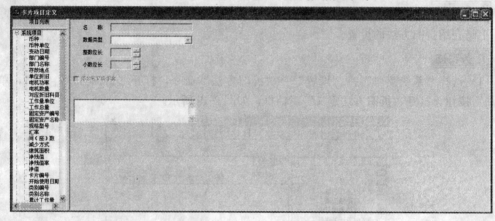

图9-20 "卡片项目定义"界面

如果定义的是数值型项目，则要定义和其他项目的数据关系，单击"定义项目公式"按钮，打开"定义公式"对话框，如图9-21所示，左侧列示的是可选用的数据型项目目录，通过选择左侧项目和输入数字、运算符等组成计算公式。

(2) 完成后保存退出。

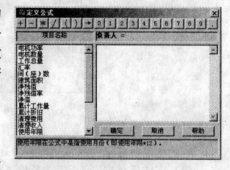

图9-21 "定义公式"对话框

提 示:

系统项目不能修改和删除，已经确定的自定义项目可以修改，使用中的自定义项目不能删除。

9. 卡片样式设置

卡片样式指卡片的显示格式，包括格式（表格线、对齐形式、字体大小、字型等）、所包含的项目和项目的位置等。不同的企业使用的卡片样式可能不同，即使是同一企业内部，对不同的资产也会由于管理的内容和侧重点不同而使用不同样式的卡片，故系统提供了卡片样式自定义功能。企业可以根据自己的需要，进行查看、定义、修改和删除操作。

每一个卡片样式包括7个选项卡，说明如下:

(1) "固定资产卡片"选项卡是固定资产的主卡，有关资产的主要信息均在此显示;

(2) "附属设备"选项卡用来记录资产的附属设备信息;

(3) "大修理记录"选项卡用来记录资产的大修理信息;

(4) "资产转移记录"选项卡用来记录资产在单位内部各使用部门之间转移的信息;

(5) "停启用记录"选项卡用来记录资产的停用和启用信息;

（6）"原值变动"选项卡用来记录资产的价值变动信息；

（7）"减少信息"选项卡用来记录资产减少的信息。

为了便于操作，用户可以在已定义好的卡片样式中选择比较类似的卡片样式，修改后另存为新建样式。新建卡片样式有以下两种途径。

（1）在卡片通用样式预览界面中选中一个卡片样式，单击"增加"按钮，如果要以当前卡片样式为基础建立新样式，确认后显示通用卡片样式，则在通用卡片样式上修改，另外保存为新的卡片样式。

（2）如果不以当前样式为基础，可在卡片样式参照中选择其他最相近的卡片样式修改后另存。

任务布置

在定义好的卡片样式中选择比较类似的卡片样式，增加一项"负责人"。

任务实施

（1）选择"系统菜单"→"设置"→"卡片"→"卡片样式"命令，打开"卡片样式管理"窗口，以当前样式为基础进行增加，单击工具栏上的"增加"按钮，系统提示"是否以当前卡片样式为基础建立新样式？"

（2）单击"是"按钮，打开"卡片模板定义"窗口，在该窗口选中要添行处，选择"格式"→"添行"命令，样式卡片会新增一行，再将自定义项目中的"负责人"拖入新增行处，如图 9-22 所示。

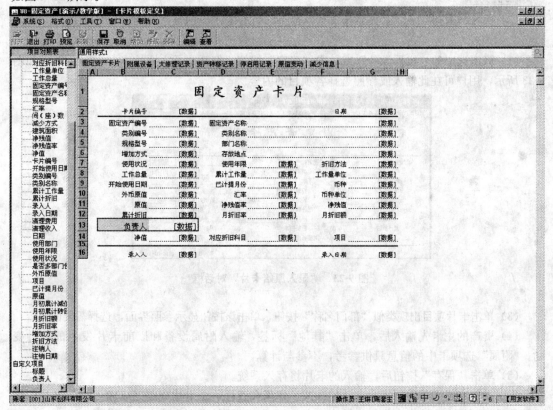

图 9-22　卡片样式新增项目设置

还可以对卡片项目的行高、列宽、字的字型、字体、格式、在单元格中的位置、各单元格的边框等进行调整设置。

(3) 添加完毕后，单击"保存"按钮并退出。

提　示：

(1) 外币原值、汇率和货币单位3个项目若要移动位置，必须同时移动。工作总量、累计工作量和工作量单位3个项目若要移动位置，也必须同时移动；

(2) 卡片样式上必须同时有或同时没有"项目"和"对应折旧科目"；

(3) 卡片样式定义好后，最好预览一下该样式打印输出的效果，如不满意要及时调整，避免输入卡片后发现问题再返回修改。

10. 输入原始卡片设置

原始卡片是指卡片记录的资产开始使用日期的月份大于其输入系统的月份，即已使用过并已计提折旧的固定资产卡片。在使用固定资产系统进行核算前，必须将原始卡片资料输入系统，保持历史资料的连续性。原始卡片的输入不限制必须在第一个期间结账前，任何时候都可以输入原始卡片。

任务布置——

财务部的机器设备是2006年11月30日开始使用，输入系统时是2010年1月26日，则该卡片是原始卡片，该卡片应通过"录入原始卡片"功能输入系统。

任务实施——

(1) 选择"卡片"→"录入原始卡片"命令，打开资产类别参照对话框，从中选择"机器设备"。

(2) 双击选中的"机器设备"或单击"确定"按钮，打开"录入原始卡片"对话框，如图9-23所示，用户可在此输入或参照选择各项目的内容。

图 9-23　"录入原始卡片"对话框

(3) 单击卡片项目出现类似"部门名称"按钮，单击该按钮显示参照界面，选择需要的内容。

(4) 资产的主卡先输入后，单击"其他"标签，输入附属设备和以前卡片发生的各种变动。"附属"选项卡中的信息只供参考，不参与计算。

(5) 单击"保存"按钮后，输入的卡片将存入系统。

先选择资产类别是为了确定卡片的样式。如果在查看一张卡片或刚完成输入一张卡片的情况下，进行原始卡片输入操作，直接出现卡片界面，默认的类别为该卡片的类别。

卡片中的固定资产编号根据初始化或选项设置中的编码方式，自动编码或需要用户手工输入。

提　示:

(1) 与计算折旧有关的项目输入后,系统会按照输入的内容将本月应提的折旧额显示在"月折旧额"项目内,可将该值与手工计算的值比较,看是否有输入错误。

(2) 其他标签输入的内容只是为管理卡片设置,不参与计算,并且除附属设备外,其他内容在输入月结账后除"备注"外不能修改和输入,由系统自动生成。

(3) 原值、累计折旧、累计工作量输入的一定要是卡片输入月月初的价值,否则将会出现计算错误。

(4) 已计提月份必须严格按照该资产已经计提的月份数,不包括使用期间停用等不计提折旧的月份,否则不能正确计算折旧。

《学习任务 9.2　固定资产管理子系统日常处理

会计主管王晴向负责固定资产的财务人员介绍固定资产管理子系统日常处理的相关问题。

9.2.1　卡片管理

卡片管理是对固定资产系统中所有卡片进行综合管理的功能操作,通过卡片管理可完成卡片查询、卡片修改、卡片删除、卡片打印等功能。

1. 卡片查询

选择"卡片"→"卡片管理"命令,系统显示已经输入的全部固定资产。

系统提供了 3 种卡片查询方式:按部门查询、按类别查询和自定义查询。

(1) 按部门查询。这是系统默认的查询方式。选择"按部门查询"命令,"卡片管理"窗口左侧显示企业所有的部门,单击选中某个部门,右侧显示属于该部门的固定资产列表。在左侧目录树中选择最上级"固定资产部门编码表",右侧则显示系统内所有的资产。

(2) 按类别查询。选择左侧窗口中显示已设定的固定资产类别,单击选中某项固定资产类别,右侧显示属于该分类的固定资产列表。

(3) 自定义查询。自定义查询表是根据所定义的查询条件(由多个查询条件组成的查询条件集合)筛选出的卡片集合。

2. 卡片修改

当发现卡片有输入错误或资产在使用过程中有必要修改卡片的一些内容时,可通过卡片修改功能实现。这种修改为无痕迹修改,即在变动清单和查看历史状态时不体现,无痕迹修改前的内容在任何查看状态都不能再看到。

从卡片管理列表中双击选择要修改的卡片,单击"修改"按钮即可进行修改。也可在卡片处于查看状态下,通过"编辑"菜单修改功能实现。

卡片上的原值、使用部门、工作总量、使用状况、累计折旧、净残值(率)、折旧方法、使用年限、资产类别在没有做变动单或评估单情况下,在输入当月可无痕迹修改;如果做过变动单,只有删除变动单才能无痕迹修改;若以上各项目在做过一次月末结账后,只能通过变动单或评估单调整,不能通过卡片修改功能改变。

通过资产增加输入系统的卡片在没有制作凭证和变动单、评估单情况下,输入当月可无痕迹修改。如果做过变动单，只有删除变动单才能无痕迹修改。如果已制作凭证，要修改原值或累计折旧必须删除凭证后，才能无痕迹修改。

卡片上的其他项目，任何时候均可无痕迹修改。

3. 卡片删除

系统提供的卡片删除功能是指把卡片资料彻底从系统内清除，不是资产清理或减少。卡片做过一次月末结账后不能删除。做过变动单或评估单的卡片删除时，先删除相关的变动单或评估单。已制作过凭证的卡片删除时，先删除相应凭证，然后删除卡片。删除后如果该卡片不是最后一张，卡片编号保留空号。

需注意的是，根据会计档案管理规定，原始单据要保留一定时间，只有过了期限的才可以删除。对减少资产的卡片，系统在账套"选项"中设置删除的年限，只有在超过了该年限后，才能通过"卡片删除"将原始资料从系统中彻底删除。在设置的年限内，不允许删除。

不是本月输入的卡片，不能删除。已制作过凭证的卡片应先删除相应凭证，然后删除卡片。卡片作过一次月末结账后不能删除。作过变动单或评估单的卡片删除时，提示先删除相关的变动单或评估单。

4. 卡片打印

固定资产卡片可打印输出，卡片打印提供两种打印结果，即卡片和卡片列表。卡片打印分为两种形式——单张打印和批量打印。打印单张卡片是指将正在查看那张卡片的主卡及各附属表打印输出，卡片列表指卡片管理中显示的以列表形式显示的卡片集合。如果同时输出的卡片量较大，可使用本系统提供的批量打印卡片功能，不必选中单张卡片一张一张打印。批量打印卡片实际上是前两种打印的结合，批量打印输出的卡片是打印列表集合中列示的卡片，打印输出的形式输出的是一张一张的卡片。

9.2.2 增减管理

1. 资产增加

资产增加也称"新卡片录入"，即新增加固定资产卡片。在系统日常使用过程中，可能会购进或通过其他方式增加企业资产，该部分资产通过"资产增加"操作输入系统。当固定资产开始使用日期的会计期间等于输入会计期间时，才能通过"资产增加"输入。

任务布置——

公司资产一部在 2010 年 1 月新购入一台机器设备，开始使用和输入系统的时间都是 2010 年 1 月 26 日，设备原值 60 000 元，预计使用年限 5 年，净残值率 5%，采用平均年限法（一）计提折旧。

任务实施——

（1）选择"卡片"→"资产增加"命令或选择窗口中的"日常操作"→"资产增加"命令，选择要输入的卡片所属的资产类别"机器设备"，确定后显示处于编辑状态的固定资产卡片，资产的开始使用日期的年份和月份不能修改（图 9-24）。

（2）直接输入或参照选择输入各项目内容。

（3）资产的主卡输入后，选择其他选项卡，输入附属设备及其他信息。附属选项卡上的信息只供参考，不参与计算。

（4）各选项卡内容输入完毕后单击"保存"按钮，输入的卡片存入系统。

图 9-24　"新增资产"对话框

提　示：

如果新增的是一项旧资产，输入累计折旧或累计工作量不为零，该累计折旧或累计工作量是该资产在进入本企业前的值，已计提月份必须严格按照该资产在其他单位已经计提或估计已计提的月份数，不包括使用期间停用等不计提折旧的月份，否则不能正确计算折旧。

因为新增加的资产需要入账，所以可在此执行制单功能，选择"处理"→"凭证"命令，就可以制作该资产的记账凭证了。

只有选择"设置"→"选项"命令，选中"业务发生后立即制单"才能在资产增加后制单，否则只能批量制单。根据新会计准则规定，新增固定资产从下月开始计提折旧，所以新卡片第一个月不提折旧，折旧额为空或零。输入的原值一定是卡片输入月月初的价值，否则将会出现计算错误。

2. 资产减少

资产在使用过程中总会由于各种原因，如毁损、出售、盘亏等退出企业，该部分操作称为"资产减少"。本系统提供资产减少的批量操作，为同时清理一批资产提供方便。资产减少只有当账套已开始计提折旧后方可使用，否则减少资产只能通过删除卡片来完成。资产减少管理的操作步骤如下。

（1）选择"卡片"→"资产减少"命令，选择要减少的资产，有以下两种方法。

①如果要减少的资产较少或没有共同点，则通过输入资产编号或卡片号，然后单击"增加"按钮，将资产添加到资产减少表中。

②如果要减少的资产较多并且有共同点，则通过单击"条件"按钮，屏幕上显示的对话框与卡片管理中自定义查询的条件查询对话框一样。输入一些查询条件，将符合该条件集合的资产挑选出来进行减少操作。

（2）在表内输入资产减少的信息：减少日期、减少方式、清理收入、清理费用及清理原因。如果当时清理收入和费用还不知道，可以后在该卡片的附表"清理信息"中输入。

（3）单击"确定"按钮，即完成该（批）资产的减少。

3. 撤销减少

撤销减少即撤销已减少资产，是系统提供的一个纠错功能，对于误减少的资产，可以使用该功能来恢复。操作步骤为：

（1）在卡片管理中，选择"已减少的资产"，选中要恢复的资产。

（2）选择"卡片"→"恢复减少"命令，系统提示"确实要恢复该资产吗?"，单击"是"按钮即恢复被减少的资产。

只有当月减少的资产才可以通过本功能恢复使用。如果资产减少操作已制作凭证，必须删除凭证后才能恢复。

9.2.3 资产变动管理

资产在使用过程中，可能会调整卡片上的一些项目，此类变动必须留下原始凭证，因此制作的原始凭证称为变动单。固定资产的变动管理系统提供了原值增加、原值减少、部门转移、使用状况变动、折旧方法调整、累计折旧调整、使用年限改变、工作总量调整、净残值（率）调整、资产所属类别调整、计提减值准备及转回减值准备等功能。

其他项目如名称、编号、自定义项目等的变动等可直接在卡片上进行修改。本月输入的原始卡片和本月增加的固定资产不允许进行变动处理。

1. 原值增加

资产在使用过程中，除发生下列情况外，价值不得任意变动：根据国家规定对固定资产重新估价；增加补充设备或改良设备；将固定资产的一部分拆除；根据实际价值调整原来的暂估价值；发现原记固定资产价值有误的。

| 任务布置 |

原登记的机器设备是暂估入账的，卡片价值 60 000 元，实际价值为 80 000 元，调增20 000 元，卡片编号为 00005。

| 任务实施 |

（1）选择"系统菜单"→"卡片"→"变动单"→"原值增加"命令，打开"固定资产变动单——原值增加"对话框（图 9-25）。

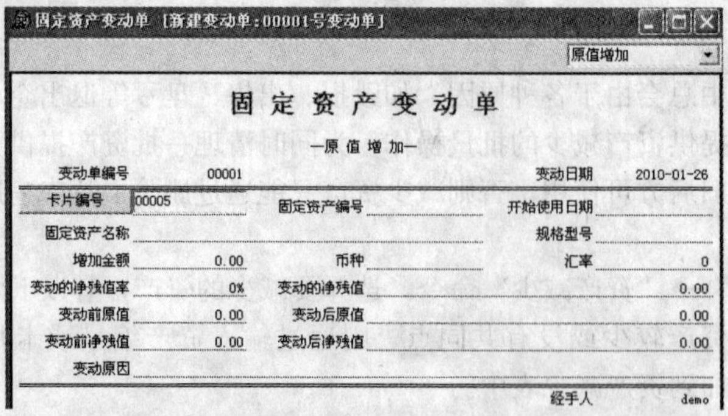

图 9-25 "固定资产变动单——原值增加"对话框

（2）输入卡片编号 00005，资产的名称、开始使用日期、规格型号、变动的净残值率、变动前净残值、变动前原值自动列出。

（3）输入增加金额 20 000 元，参照选择币种，汇率自动显示，并且自动计算出变动的净残值、变动后原值、变动后净残值。如果默认的变动净残值率或变动净残值不正确，可手工修改其中的一个，另一个自动计算。

（4）输入变动原因："调整暂估价格"。

（5）单击"保存"按钮即完成该变动单操作。卡片上相应的项目（原值、净残值、净残值率）根据变动单而改变。

固定资产原值发生变动，也需要制作记账凭证。如果选项中选择了"业务发生后立即制单"，可以立即制作记账凭证；也可以在批量制单中制作记账凭证。需要注意的是，变动单不能修改，只有当月可删除重做，所以应仔细检查后再保存。

2. 原值减少

原值减少的操作与原值增加的操作方法基本相同，可参见相关内容。

3. 部门转移

资产在使用过程中，因内部调配而发生的部门变动，如果不对其处理，将影响到部门的折旧计算。

（1）选择"卡片"→"变动单"→"部门转移"命令，打开"固定资产变动单——部门转移"对话框，如图 9-26 所示。

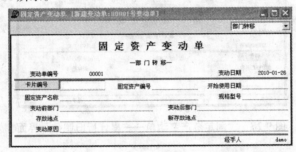

图 9-26　"固定资产变动单——部门转移"对话框

（2）输入卡片编号，系统自动列出资产的名称、开始使用日期、规格型号、变动前部门、存放地点。

（3）参照选择或输入变动后的使用部门。

（4）输入变动原因。

（5）单击"保存"按钮，卡片上相应的项目根据变动单而改变。

4. 使用状况调整

固定资产的使用状况分为在用、未使用、不需用 3 种。固定资产在使用过程中，使用状况会由于各种原因发生变化，这种变化会影响到固定资产折旧的计算，因此应及时调整。操作流程如下。

（1）选择"卡片"→"变动单"→"使用状况调整"命令，打开"固定资产变动单——使用状况调整"对话框，如图 9-27 所示。

图 9-27　【固定资产变动单—使用状况调整】界面

（2）输入卡片编号，系统自动列出资产的名称、开始使用日期、规格型号、变动前部门、存放地点。

（3）参照选择或输入变动后使用状况。

（4）输入变动原因。

（5）单击"保存"按钮，卡片上相应的项目根据变动单而改变。

5. 折旧方法调整

一般来说，固定资产在使用过程中特别是一年之内，折旧计提方法很少改变，如有特殊情况需要改变，系统提供了调整功能。操作步骤如下。

（1）选择"卡片"→"变动单"→"折旧方法调整"命令，打开"固定资产变动单——累计折旧调整"对话框如图 9-28 所示。

图 9-28　"固定资产变动单——累计折旧调整"界面

（2）输入卡片编号，系统自动列出资产的名称、开始使用日期、规格型号、变动前折旧方法。

（3）参照选择变动后折旧方法。

（4）输入变动原因。

（5）单击"保存"按钮，卡片上的折旧方法根据变动单而改变。

折旧方法调整的当月开始系统就按调整后的折旧方法计提固定资产折旧。

提　示：

所属类别是"总提折旧"的资产，调整后的折旧方法不能是"不提折旧"，所属类别是"总不提折旧"的资产折旧方法不能调整。

6. 使用年限调整

资产在使用过程中，资产的预计使用年限可能由于意外损害、重估、大修理等原因需要调整。

（1）选择"卡片"→"变动单"→"使用年限调整"命令，打开"固定资产变动单——使用年限调整"对话框，如图 9-29 所示。

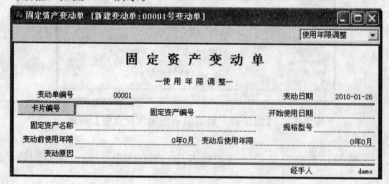

图 9-29　"固定资产变动单——使用年限调整"对话框

（2）输入卡片编号，系统自动列出资产的名称、开始使用日期、规格型号、变动后使用年限。

（3）输入变动后使用年限。

（4）输入变动原因。

（5）单击"保存"按钮，卡片上的使用年限根据变动单而改变。

提　示：

进行使用年限调整的固定资产在调整的当月就按调整后的使用年限计提折旧。

其他项目的调整可参照上述方法进行，在此不一一举例。

7. 变动单管理

变动单管理是对系统制作的变动单进行综合管理。具体操作如下。

（1）选择"卡片"→"变动单"→"变动单管理"命令，打开"变动单"窗口。

（2）在"变动单"窗口可对系统制作的变动单进行查看、修改、删除等操作。操作方式与卡片管理基本相同，请参阅卡片管理的内容。

9.2.4　批量管理

（1）选择"卡片"→"批量变动"命令，打开"批量变动单"窗口，在"变动类型"下拉列表框中选择需变动的类型。

（2）选择批量变动的资产，有两种方法，即手工选择和条件选择。

①手工选择：如果需批量变动的资产没有共同点，则可在"批量变动单"窗口内，直接输入卡片编号或资产编号，也可使用参照按钮，将资产一个一个增加到批量变动表内进行变动。

②条件选择：指通过一些查询条件，将符合该条件集合的资产挑选出来进行变动。如果要变动的资产有共同之处，可以通过条件选择的方式选择资产，而不用一一增加。单击"条件筛选"按钮，打开"条件筛选"对话框。在该对话框中输入筛选条件集合后，单击"确定"按钮，则批量变动表中自动列示按条件筛选出的资产。

（3）输入变动内容及变动原因后，单击"保存"按钮，可将需变动的资产生成变动单。

9.2.5　资产评估

随着市场经济的逐步发展，企业在经营活动中，根据业务需要或国家要求，需要对部分或全部资产进行评估或重估，而其中固定资产评估是资产评估很重要的部分。固定资产评估简称为资产评估。

资产评估主要完成的功能包括：将评估机构的评估数据手工输入或定义公式输入系统；根据国家要求手工输入评估结果或根据定义的评估公式生成评估结果；对评估单进行管理。

无论是资产评估还是评估单管理，都要在"资产评估"中进行操作。选择"卡片"→"资产评估"命令，都可打开"资产评估"。

资产评估功能提供的可评估资产内容包括原值、累计折旧、净值、使用年限、工作总量、净残值率，用户可以根据需要选择。资产评估包括以下 3 个步骤。

（1）选择要评估的项目。进行资产评估时，每次要评估的内容可能不一样，根据需要从系统给定的可评估项目中选择。在"资产评估"窗口中单击"增加"按钮，打开"评估资产选择"对话框，在左侧"可评估项目"列表中选择要评估的项目（图 9-30）。

原值、累计折旧和净值 3 个中只能选两个，并且必须选择两个，另一个通过公式"净值＝

原值－累计折旧"推算得到。

（2）选择要评估的资产。每次要评估的资产也可能不同，可以选择以手工选择方式，或以条件选择方式，挑选出要评估的资产。

（3）制作资产评估单。选择评估项目和评估资产后，必须输入评估后数据或通过自定义公式生成评估后数据，系统才能生成评估单，评估单显示评估资产所评估的项目在评估前和评估后的数据。

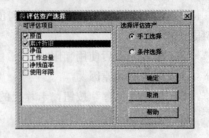

图 9-30　"评估资产选择"对话框

当表中列出的资产有一个项目发生变化，表示该资产已评估，"评估状态"一列就会自动显示"√"标记。若评估结束后，某一资产的"评估状态"中标志为空，表示该资产在评估前后没有变化，应将该资产移出。

（4）选择评估资产，生成评估数据。通过定义公式，自动生成评估后数据。评估后的数据和评估前的数据有数据关系或评估后的数据有共同点的情况下，可通过定义公式自动生成评估后的数据。

如果评估后的数据没有规律，可以用手工的办法将评估后数据输入评估变动表。

（5）评估单完成后，单击"保存"按钮。卡片上的数据根据评估单而改变。当评估变动表中评估后的原值和累计折旧的合计数与评估前的数据不同时，单击"制单"按钮，通过记账凭证将变动数据传输到总账系统。

提 示：

评估后的数据必须满足以下公式：原值－净值＝累计折旧≥0；净值≥净残值率×原值；工作总量≥累计工作量。

学习任务 9.3　固定资产管理子系统期末处理

任务引入

会计主管王晴向负责固定资产的财务人员介绍固定资产管理子系统期末处理的相关问题，并指导他们具体的业务操作。

9.3.1　折旧的计提

自动计提折旧是固定资产管理子系统的主要功能之一。系统每期计提折旧一次，根据输入系统的资料自动计算每项资产的折旧，自动生成折旧分配表，然后制作记账凭证，将本期的折旧费用自动登记入账。

影响折旧计算的因素有：原值、累计折旧、净残值（率）、折旧方法、使用年限、使用状况。在使用过程中，上述因素可能产生变动，也就是前面所讲到的变动单，它们发生变动调整后应遵循以下一些原则。

（1）系统提供的直线法计算折旧时总是以净值作为计提原值，以剩余使用年限为计提年限计算折旧，充分体现平均分摊的思想［平均年限法（一）除外］。

（2）本系统发生与折旧计算有关的变动后，加速折旧法在变动生效的当期以净值为计提原值，以剩余使用年限为计提年限计算折旧，以前修改的月折旧额或单位折旧的继承值无效。直线法以原公式计算（因公式中已考虑了价值变动和年限调整）。

（3）当发生原值调整、累计折旧调整、净残值（率）调整时，当月计提的折旧额不变，下月按变化后的值计算折旧。

（4）折旧方法调整、使用年限调整、工作总量调整当月按调整后的值计算折旧。

1. 输入工作量

当账套内有一项或几项固定资产选择采用工作量法计提折旧时，为了准确计算本月折旧，每月计提折旧前必须输入这些资产当月的工作量，否则该类固定资产将不能计提折旧。操作步骤如下。

（1）选择"处理"→"工作量输入"命令，屏幕显示的是登录当月需要计提折旧并且折旧方法是工作量的所有固定资产的工作量信息。

（2）在"本月工作量"栏输入本月工作量。当某些资产的本月工作量与上月相同时，选中该区域，单击"继承上月工作量"按钮，"累计工作量"显示的是截至本次工作量输入后的资产的累计工作量。

（3）单击"保存"按钮即完成工作量输入工作。

查询各期间的工作量可以在此单击窗口下方的下拉框选取，最近一次计提折旧的期间标为"最新"。

提 示：

输入的本期工作量必须保证使累计工作量小于等于工作总量。当选择继承上月工作量情况下，如果上期期末累计工作量加上本期继承值大于工作总量，则系统不执行继承上月工作量，而是根据自动公式"本月工作量＝工作总量－上期期末累计工作量"计算，然后在本月工作量后的单元格内标上星号，如果对自动计算的值不满意，可手工修改。

2. 计提折旧

执行此功能，系统将自动计提各个资产当期的折旧额，并将当期的折旧额自动累加到累计折旧项目。

`任务布置`——

为固定资产计提 2010 年 1 月份的折旧，并查看折旧清单及折旧分配表。

`任务实施`——

（1）选择"处理"→"计提本月折旧"命令，系统弹出提示对话框，单击"是"按钮，打开计提折旧过程界面。

（2）折旧计提完毕，系统显示折旧清单及折旧分配表。单击折旧清单右上角或折旧分配表左上角下拉框，可选择查看各期间折旧清单和折旧分配表，包括全年的数额。折旧分配可按类别或部门分配。

平时想查看折旧清单和折旧分配表，选择"处理"→"折旧清单"或"折旧分配表"命令即可。

本系统在一个期间内可以多次计提折旧，每次计提折旧后，只是将计提的折旧累加到月初的累计折旧，不会重复累计。如果上次计提折旧已制单并传递到账务系统，则必须删除该凭证才能重新计提折旧。计提折旧后又对账套进行了影响折旧计算或分配的操作，必须重新计提折旧，否则系统不允许结账。

9.3.2 制单

1. 制作记账凭证

制作记账凭证即制单。固定资产系统和账务系统之间存在着数据的自动传输，该传输通过制作记账凭证传送到账务系统来实现。系统需要制单或修改凭证的情况包括：资产增加（输入新卡片）、资产减少、卡片修改（涉及原值或累计折旧时）、资产评估（涉及原值或累计折旧变化时）、原值变动、累计折旧调整、计提折旧。如果在"选项"中设置了"立即制单"，则在上述变动单完成后，自动调出内容不完整的凭证供修改制单。如果在选项部分设置的是"不立即制单"，则可在以后进行批量制单。

批量制单功能可同时将一批需制单业务连续制作凭证传输到账务系统，避免了多次制单的烦琐。

任务布置

对固定资产进行批量制单。

任务实施

（1）选择"处理"→"批量制单"命令，打开"批量制单"对话框。窗口批量制单表中列示的内容是截至本次制单，所有本系统应制单而没有制单的业务。

（2）在"批量制单"对话框"制单选择"选项卡中进行制单选择，"制单设置"选项卡参照输入会计科目，单击"制单"后打开"凭证录入"窗口。

如该单据在其他系统已制单或发生其他情况不应制单，可在"批量制单"对话框选中该行后单击"删除"按钮，将该应制单业务从表中删除。

（3）单击"保存"凭证左上角显示"已制单"字样。所有凭证保存完毕退出。

制作凭证必须保证借方和贷方的合计数与原始单据的数值是相等的。利用折旧分配表制作凭证时，该表中所有默认的借贷方的数据不允许修改，所有默认的项目（从卡片得到）不能修改，不能增、删分录。制单完毕，批量制单表为空。如果在选项中选择了应制单业务没有制单不允许结账，则只要本表中有记录，该月不能结账。

2. 查询、修改、删除凭证

选择"处理"→"凭证查询"命令，系统显示出系统制作传输到账务的所有凭证的列表。在此可以查看、修改和删除凭证。

修改本系统的凭证时，能修改的内容仅限于摘要，系统默认分录的金额与原始单据相关，不能修改。已制作的凭证不能直接修改金额，只能采用删除或红字对冲的方式修改。本系统制作的传送到账务系统的凭证的修改和删除只能在本系统完成，账务系统不能删除和修改本系统制作的凭证。如果要删除已制作凭证的卡片、变动单、评估单或重新计提、分配折旧，进行资产减少的恢复等操作，必须先删除相应的凭证，否则系统禁止这些操作。

9.3.3 对账和结账

1. 对账

固定资产管理子系统提供的对账功能是指与账务处理系统对账，以保证系统账套的固定资产数值和账务系统中固定资产科目的数值相等。两个系统的资产价值是否相等，通过执行本系统提供的对账功能实现，对账操作不限制执行的时间，任何时候均可进行对账。系统在执行月末结账时自动对账一次，给出对账结果，并根据初始化或选项中的判断确定不平情况下是否允许结账。

只有系统初始化或选项中选择了与账务对账，本功能才可操作。

对账操作十分简单，只要单击桌面上的"对账"图标或选择"处理"→"对账"命令即可，对账完后系统显示对账结果。

2. 结账

当固定资产系统完成了本月全部制单业务后，可以进行月末结账。月末结账每月进行一次，结账后当期数据不能修改，如果必须修改结账前的数据，只能使用恢复结账前状态。结账前，将不能处理下期的数据；结账前一定要进行数据备份，否则数据一旦丢失，将造成无法挽回的后果。

任务布置——

对东风公司 2010 年的固定资产管理子系统进行结账工作。

任务实施——

（1）选择"处理"→"月末结账"命令，认真阅读系统提示，如图 9-31 所示。

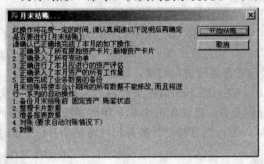

图 9-31　"月末结账"对话框

（2）单击"开始结账"按钮开始结账。稍候，系统提示与账务对账结果。

（3）单击"确定"按钮，系统提示"结账成功完成"。

9.3.4　反结账

恢复月末结账前状态又称"反结账"，是固定资产管理子系统提供的一个纠错功能。如果由于某种原因，在结账后发现结账前的操作有误，而结账后不能修改结账前的数据，可使用此功能恢复到结账前状态去修改错误。

（1）以要恢复的月份登录，如要恢复到 12 月底，则以 12 月份登录。

（2）在"工具"菜单中单击"恢复月末结账前状态"按钮，系统弹出提示信息，提醒要恢复到的日期，单击"是"按钮，系统即执行本操作，完成后自动以原登录日期打开，并提示该日期是否是可操作日期。

提　示：

（1）不能跨年度恢复数据，即本系统年末结转后，不能利用本功能恢复年末结转前状态；

（2）因为成本管理系统每月从本系统提取折旧费用数据，所以一旦成本管理系统提取了某期的数据，该期不能反结账；

（3）恢复到某个月月末结账前状态后，本账套内对该结账后所做的所有工作都无痕迹删除。

学习任务 9.4　应用操作

1. 实训目的

通过实训掌握固定资产管理子系统的学习内容。

2. 实训内容

(1) 固定资产系统子账套的设置；

(2) 固定资产系统的初始化；

(3) 固定资产折旧的计提；

(4) 固定资产卡片的输入。

3. 实训资料

(1) 子账套及选项。

账套启用日期为 2010 年 12 月 31 日。按平均年限法（一）计提折旧，折旧分配周期为 1 个月，类别编码方式为 2112，固定资产编码方式按"类别编码＋部门编码＋序号"自动编码，卡片序号长度为 3；要求与账务系统进行对账，固定资产对账科目为 1501 固定资产，累计折旧对账科目为 1502 累计折旧，在对账不平情况下允许月末结账；业务发生后要立即制单，月末结账前一定要完成制单登账业务；已注销的卡片 5 年后删除；固定资产默认入账科目为 1501，累计折旧默认入账科目为 1502；当月初已计提月份＝可使用月份－1 时，要求将剩余折旧全部提足。

(2) 资产类别（表 9-1）。

表 9-1　资产类别表

编码	类 别 名 称	净残值率	计提属性
01	房屋及构筑物	5％	总计提
011	房屋	5％	总计提
012	构筑物	5％	总计提
02	通用设备	5％	正常计提
021	生产用设备	5％	正常计提
022	非生产用设备	5％	正常计提

(3) 部门及对应折旧科目（表 9-2）。

表 9-2　部门及对应折旧科目

部　　门	对应折旧科目
行政部	管理费用
财务部	管理费用
仓储部	制造费用

(4) 增减方式设置。

默认系统提供的常用增减方式。

（5）原始卡片（表 9-3）。

表 9-3　原始卡片

名称	编号	部门	增加方式	年限	开始使用日期	原值（万元）	累计折旧（万元）
办公楼	011	行政部	在建工程转入	40	2005.11.01	12	1.425
复印机	012	行政部	直接购入	6	2008.11.20	1.5	0.475
微机	021	财务部	直接购入	5	2009.11.30	0.6	0.114

注：对应折扣科目名称都是"管理费用"。净残值率均为 5%，使用状况均为"在用"，折旧方法均采用平均年限法（一）。

4. 实训要求

（1）建立华达公司固定资产管理系统子账套；

（2）对华达公司固定资产管理子系统进行初始化设置；

（3）公司新购入一台设备，原值为 10 000 元，预计使用年限为 5 年，预计净残值率为 5%，采用年限平均法（一），2010 年 12 月 10 日开始使用，输入固定资产卡片；

（4）计提 2010 年 12 月的固定资产折旧。

项目 10　工资管理子系统

理论知识目标

1. 掌握工资管理子系统初始化。
2. 掌握工资管理子系统日常处理。
3. 掌握工资管理子系统期末处理。

实训技能目标

1. 掌握工资变动、所得税扣缴和银行代发的方法。
2. 掌握工资的分摊、月末处理的操作。

学习任务 10.1　工资管理子系统初始化

任务引入

会计主管王晴向负责工资管理的财务人员介绍工资管理子系统初始化的相关问题。

10.1.1　工资管理子系统

用户需要做一次性的初始设置，如工资账套的建立、工资类别的设置、人员附加信息的设置、人员类别的设置、工资项目的设置、银行名称的设置和人员档案的设置等内容。此后，每月只需对有变动的地方进行修改，系统将自动进行计算，汇总生成各种报表。因此，在使用工资管理子系统前，应当先整理好需要设置的工资项目及核算方法，并准备好人员的档案数据、工资数据等基本信息。

10.1.2　相关设置

1. 建立工资账套

建立一个完整的工资账套，是系统正常运行的根本保证。工资账套和系统管理中的账套是两个不同的概念，系统管理中的账套是针对整个系统的，而工资账套是针对工资管理子系统的，它是第一次进入工资管理子系统时，根据工资账套向导逐步完成的。

任务布置

会计主管王晴演示如何建立工资账套。

任务实施

（1）选择"开始"→"程序"→"用友 ERP—U8"→"财务会计"→"工资"命令，注册工资管理，进入工资管理子系统，系统弹出如图 10-1 所示对话框。

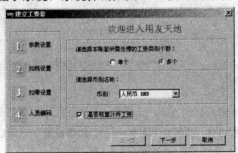

图 10-1　"建立工资套——1. 参数设置"对话框

① "请选择本账套所需处理的工资类别个数"。

a. 如企业按周或一月发多次工资，或者是企业中有多种不同类别（部门）的人员，工资发放项目不尽相同，计算公式亦不相同，但需进行统一工资核算管理，应选择"多个"工资类别。

b. 如果企业中所有人员的工资统一管理，而人员的工资项目、工资计算公式全部相同，那么选择"单个"工资类别可提高系统的运行效率。

② "选择币别名称"和"是否核算计件工资"，系统根据此参数判断是否显示计件工资核算的相关信息。

a. 根据本参数判断是否在工资项目设置中显示"计件工资"项目；

b. 根据本参数判断是否在人员档案中显示"核算计件工资"选项；

c. 根据本参数判断是否显示"计件工资标准设置"功能菜单；

d. 根据本参数判断是否显示"计件工资方案设置"功能菜单；

e. 根据本参数判断是否显示"计件工资统计"功能菜单。

（2）参数设置完毕后，单击"下一步"按钮，打开如图 10-2 所示对话框，可选择是否从工资中代扣所得税。这里选择代扣所得税。

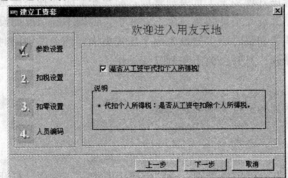

图 10-2　"建立工资套——2. 扣税设置"对话框

（3）单击"下一步"按钮，打开"建立工资套——3. 扣零设置"对话框，按本处要求，选择扣零至角（图 10-3）。

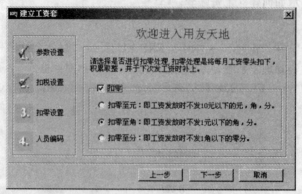

图 10-3　"建立工资套——3. 扣零设置"对话框

（4）单击"下一步"按钮，打开图 10-4 所示对话框，选择人员编码长度。可自由选择，但最长不超过 10 位。

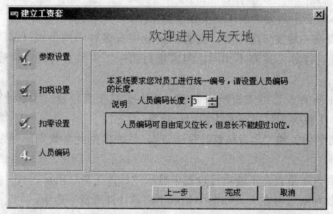

图 10-4　"建立工资套——4. 人员编码"对话框

（5）单击"完成"按钮，工资账套创建完成。

2. 设置工资类别

工资管理子系统提供处理多个工资类别管理，新建账套时或在系统选项中选择多个工资类别时，可使用此功能。工资类别是指在一套工资账中，根据不同情况而设置的工资数据管理类别，如企业中将正式职工和临时职工分设为两个工资类别，两个类别同时对应一套账务。系统提供了对工资类别的新建、打开、关闭和删除的操作。

任务布置

会计主管王晴演示如何进行工资类别设置。

任务实施

（1）新建工资类别。

①选择"系统菜单"→"工资类别"→"新建工资类别"命令，打开"新建工资类别"对话框，在文本框中输入"正式"（图 10-5）。

②单击"下一步"按钮，选择部门和下级部门（图 10-6），完毕后单击"完成"按钮，新工资类别创建完成。

图 10-5 "新建工资类别"对话框　　　　　图 10-6 "新建工资类别"对话框

（2）打开和删除正式职员工资类别。

①选择"系统菜单"→"工资类别"→"打开工资类别"命令，选择要打开的工资类别"正式"（图 10-7），单击"确定"按钮。

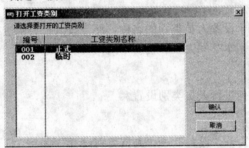

图 10-7 "打开工资类别"对话框

②选择"系统菜单"→"工资类别"→"删除工资类别"命令，选择要删除的工资类别"正式"，单击"确定"按钮即可删除。

特别要注意：只有主管才有删除工资类别的权力，且工资类别删除后数据不可再恢复，使用时需慎重。

3. 设置人员附加信息

人员附加信息设置可用于增加人员信息，丰富人员档案的内容，便于对人员进行更加有效的管理。

增加设置人员的性别、民族、婚否、学历等附加信息。

任务布置——

会计主管王晴演示如何进行人员附加信息设置。

任务实施——

（1）选择"系统菜单"→"设置"→"人员附加信息设置"命令，打开"人员附加信息设置"对话框。

（2）单击"增加"按钮，输入"性别"或从参照栏中选择系统提供的信息名称。

（3）再次单击"增加"按钮，保存新增名称"性别"并继续增"民族""婚否""学历"，如图 10-8 所示。人员附加信息最多允许增加到 100 个。

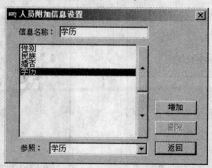

图 10-8　"人员附加信息设置"对话框

（4）单击"删除"按钮，可删除光标所在行的附加信息。已使用过的人员附加信息不可删除，但可以修改。

（5）单击"返回"按钮，即回到工资管理子系统。

4. 设置人员类别

设置人员类别主要用于设置人员类别的名称，便于按人员类别进行工资汇总计算。

增加设置人员类别：基本车间人员、辅助车间人员、管理人员。

任务布置──

会计主管王晴演示如何进行人员类别设置。

任务实施──

（1）执行"系统菜单"→"设置"→"人员类别设置"命令，打开"类别设置"对话框。

（2）单击"增加"按钮，输入本账套管理的人员类别"基本车间人员"，新增人员类别名称将在人员类别名称栏内显示。人员类别名称长度不得超过 10 个汉字或 20 位字符。

（3）单击"增加"按钮，保存新增类别，并继续增加"辅助车间人员""管理人员"（图10-9）。

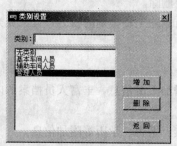

图 10-9　"类别设置"对话框

（4）单击"删除"按钮，删除光标所在行的人员类别。已经使用的人员类别不允许删除；人员类别只剩一个时将不允许删除。

（5）单击"返回"按钮，返回工资管理子系统。

5. 设置工资项目

设置工资项目就是定义工资项目的名称、类型和宽度，可根据需要自由设置工资项目，如基本工资、岗位工资、副食补贴、扣款合计等。

在多类别工资管理时，关闭工资类别后，才能新增工资项目。

任务布置 ——

会计主管王晴演示如何进行工资项目的设置。

任务实施 ——

增加工资项目"奖金"，数字型，长度＝10，小数位数＝2，增项。

（1）选择"系统菜单"→"设置"→"工资项目设置"命令，打开"工资项目设置"对话框。

（2）单击"增加"按钮，在工资项目列表末增加一空行，可设置工资项目。

（3）可直接输入工资项目"奖金"，也可在"名称参照"中选择工资项目名称"奖金"，设置新建工资项目的类型为"数字"、长度＝"10"、小数位数＝"2"和增减项＝"增项"，如图10-10 所示。

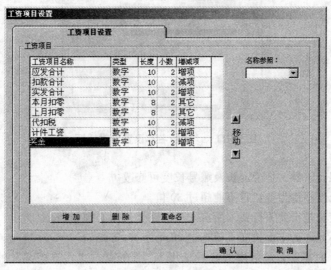

图 10-10　"工资项目设置"对话框

增项直接计入"应发合计"，减项直接计入"扣款合计"；若工资项目类型为字符型，则小数位数不可用，增减项为"其他"。

单击界面上的向上、向下移动箭头可调整工资项目的排列顺序。

（4）单击"确认"按钮保存设置，若放弃设置则单击"取消"按钮返回。

（5）单击"重命名"按钮，可修改工资项目名称；

（6）选择要删除的工资项目，单击"删除"按钮，确认后即可删除。

提　示：

（1）项目名称必须唯一；

（2）工资项目一经使用，数据类型不允许修改；

（3）如果在"选项"设置中选择"是否核算计件工资"，则在此可以看到"计件工资"项目属性。

6. 设置银行名称

银行名称设置中可设置多个发放工资的银行,以适应不同的需要,如同一工资类别中的人员由于在不同的工作地点,需在不同的银行代发工资,或者不同的工资类别由不同的银行代发工资。

任务布置——

会计主管王晴演示如何进行银行名称的设置。

任务实施——

新增银行名称为招商银行,其他选项默认。

(1)选择"系统菜单"→"设置"→"银行名称设置"命令,打开"银行名称设置"对话框。

(2)单击"增加"按钮,输入银行名称"招商银行",确定银行账号长度及是否为定长,定义"录入时需要自动带出的账号长度",如图 10-11 所示。

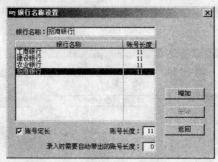

图 10-11 "银行名称设置"对话框

银行名称、银行账号、是否定长及账号长度可修改。

①银行账号长度不得为空,且不能超过 30 位。

②银行账号定长是指此银行要求所有人员的账号长度必须相同。

③银行名称不允许为空,长度不得超过 20 个字符。

若设置"录入时需要自动带出的账号长度",则在输入"人员档案"的银行账号时,从第二个人开始,系统根据用户在此定义的长度自动带出银行账号的前 N 位,提高用户输入速度。

(3)直接在"银行账号"处输入新账号,按回车键即可保存。

提　示:

(1)删除银行名称时,则同此银行有关的所有设置将一同删除,包括银行的代发文件格式的设置、磁盘输出格式的设置,和同此银行有关人员的银行名称和账号等;

(2)如果使用中国建设银行代发工资,则必须增加输入"中国建设银行"全称;

(3)如果使用招商银行网上银行系统中的加密文件格式,则必须增加输入"招商银行"名称,招商银行账号长度不得超出 18 位。

7. 设置人员档案

人员档案用于登记工资发放人员的姓名、职工编号、所在部门、人员类别等信息,处理员工的增减变动等。

任务布置

新增人员档案，人员编号为 001，姓名：王琳，部门编码为 1，部门名称为财务部，人员类别为管理人员，进入日期为 2010－12－1，计税，中方人员，代发银行名称：招商银行，银行账号：11001100000。

任务实施

（1）打开已建工资类别"正式"，选择"设置"→"人员档案"命令，进入功能界面。

（2）单击"增加"按钮，或选择右键菜单，显示人员档案增加界面。

（3）在"基本信息"标签中输入人员编号＝"001"、人员姓名＝"王琳"，所属部门编号＝"1"、部门名称＝"财务部"和人员类别＝"管理人员"、进入日期＝"2010－12－1"等相关信息，在"属性"中列表框选中"计税"、"中方人员"、"核算计件工资"复选框；选择代发工资银行的名称＝"招商银行"，输入银行账号＝"11001100000"（图 10-12）。

图 10-12　"人员档案"对话框

提　示：

人员编号不可重复，且与人员姓名必须一一对应，只有末级部门才能设置人员，人员类别必须选择；人员的"进入日期"不应大于当前的系统注册日期。

（4）输入完毕后，单击"确认"按钮保存。

学习任务 10.2　工资管理子系统日常处理

任务引入

会计主管王晴向负责工资的财务人员介绍工资管理子系统日常处理的相关问题。

工资管理子系统的日常业务处理主要包括工资变动、工资分钱清单、扣缴所得税、银行代发等的处理。

10.2.1 工资变动的处理

定义工资项目的计算公式是指对工资核算生成的结果设置计算公式。设置计算公式可以直观表达工资项目的实际运算过程，灵活地进行工资计算处理。

1. 公式设置

|任务布置|——

会计主管王晴向负责工资的财务人员介绍工资变动的处理。

|任务实施|——

（1）选择"系统菜单"→"设置"→"工资项目设置"→"公式设置"命令，打开"工资项目设置——公式设置"对话框。

（2）单击"工资项目"列表框中的"应发合计"，公式设置中自动出现应发合计公式的定义："应发工资＝基本工资＋浮动工资＋奖金"，如图 10-13 所示。

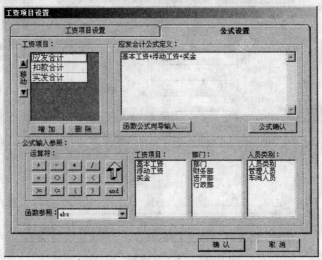

图 10-13　"工资项目设置——公式设置"对话框

在公式定义区，可以使用"函数公式向导输入""公式输入参照""工资项目"参照、"部门"参照和"人员类别"参照编辑输入该工资项目的计算公式。

根据已设置的项目设置公式，相同的工资项目可以重复定义公式，多次计算，以最后的运行结果为准。

提　示：

（1）定义工资项目计算公式要符合逻辑，系统将对公式进行合法性检查。

（2）应发合计、扣款合计和实发合计公式不用设置。

（3）函数公式向导只支持系统提供的函数。

（4）定义公式时要注意先后顺序，先得到的数据应先设置公式。应发合计、扣款合计和实发合计公式应是公式定义框的最后 3 个公式，且实发合计的公式要在应发合计和扣款合计公式之后。

2. 工资输入

输入公司职员"基本工资""浮动工资""奖金"的数据（表 10-1）。

表 10-1 创科公司职员工资数据

人员编号	基本工资（元）	浮动工资（元）	奖金（元）
001	1 000	700	300
002	1 000	300	200
003	1 200	700	200
004	1 200	500	230
005	1 200	400	200

（1）选择"系统菜单"→"业务处理"→"工资变动"命令，打开"卡片项目定义"窗口，系统显示所有人员所有工资项目。

（2）直接输入工资数据。在此只需输入"基本工资""浮动工资"和"奖金"项目的数据，其他数据项目由系统自动计算。

（3）输入完毕，单击工具栏"重新计算"按钮，系统打开如图 10-14 所示窗口。

图 10-14 "工资变动"窗口

3. 数据筛选

数据筛选是指按照某个项目的某个数据（可等于、大于、小于等）的值进行数据处理。单击"筛选"按钮，即打开"数据筛选"对话框。具体操作如下。

（1）输入筛选条件，从"工资项目"栏中选择部门、人员编号、人员类别、人员姓名。

（2）选择逻辑符号"＝"（等于）或"＜＞"（不等于）。

（3）从"值"栏目中选择对应的部门、人员编号、人员类别和人员姓名（图 10-15）。

（4）单击"且"或"或"选择条件之间的关系，继续增加下一条筛选条件。

（5）单击"确认"按钮后，系统将根据设置将符合条件的数据筛选出来。

图 10-15 "数据筛选"对话框

4. 数据替换

数据替换是指将符合条件使用的人员某个工资项目的数据，统一替换成某个数据。在"工资变动"窗口中单击"替换"按钮，即可使用该功能。具体操作步骤如下。

（1）在"将工资项目"栏内选择被替换项目名称，在"替换为"栏内输入替换表达式"基本工资＋100"（图 10-16）。

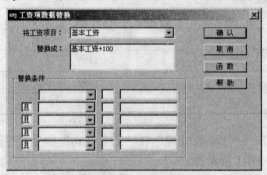

图 10-16　"工资项数据替换"对话框

（2）输入替换条件。

①界面左侧下拉框提供部门、人员类别、工资项目的参照。

②界面右侧选项窗可输入选中的项目对应的数据内容即条件。部门、人员类别可参照输入过滤条件。

③系统提供逻辑运算符的选择使用（＝，＜，＞，≥，≤，＜＞）。

④单击最左侧的逻辑选择框，可进行"且""或"的选择。

（3）单击"确认"按钮，系统将符合条件人员的相应工资项目内容进行替换。

提　示：

（1）所输入的替换表达式所含字符在此处需用双引号括起来；

（2）表达式中可包含系统提供的函数；

（3）如未输入替换条件而进行替换，则系统默认替换条件为本工资类别的全部人员。

5. 数据处理

"工资变动"窗口显示所有人员的所有项目供查看。可直接修改数据，也可以通过以下方法加快输入或修改。

（1）如果只需对某些项目进行输入，如输入水电费、缺勤扣款等，可使用项目过滤功能，选择某些项目进行输入。

（2）如果需输入某个指定部门或人员的数据，可先单击"定位"图标，让系统自动定位到需要的部门或人员上，然后输入。

（3）如果需按某个条件统一调整数据，如将人员类别等于干部的人员的书报费统一调为 50 元钱，这时可使用数据替换功能。

（4）如果需按某些条件筛选符合条件的人员进行输入，如选择人员类别为干部的人员进行输入，可使用数据筛选功能。

10.2.2　工资分钱清单的查看

工资分钱清单是按单位计算的工资发放分钱票面额清单，会计人员根据此表从银行取款并发给各部门。执行此功能必须在个人数据输入调整完之后，如果个人数据在计算后又做了修改，必须重新执行本功能，以保证数据正确。本功能有部门分钱清单、人员分钱清单、工资发放取款单 3 部分。

会计主管王晴向负责工资的财务人员介绍工资分钱清单的查看。

任务实施

（1）用户需要先进行票面额设置，然后再进行工资分钱清单的查询和打印（图 10-17）；

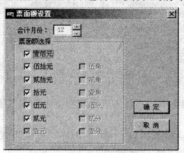

图 10-17　"票面额设置"对话框

（2）单击"设置"按钮，可设置工资分钱清单的票面组合；
（3）查询部门分钱清单，可按部门级别查询；
（4）查询人员分钱清单，可分部门查询；
（5）查询工资发放取款单，按工资类别查询。

10.2.3   所得税的扣缴处理

许多企业计算职工工资薪酬所得税的工作量较大，用友 U8 系统提供了个人所得税自动计算功能，用户只需自定义所得税率，系统将自动计算个人所得税，这样既减轻了用户的工作负担，又提高了工作效率。

任务布置

王晴介绍如何进行所得税的扣缴处理。

任务实施

（1）选择"系统菜单"→"业务处理"→"扣缴所得税"命令，打开"栏目选择"对话框，如图 10-18 所示。

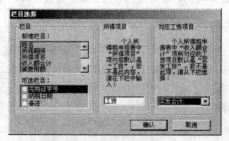

图 10-18　"栏目选择"对话框

扣缴所得税能查询到无权限的部门所得税数据，这里只受功能权限控制，不受数据权限控制。

（2）单击"确认"按钮打开"个人所得税"申报表窗口，如图 10-19 所示。

图 10-19 "个人所得税扣缴申报表"窗口

（3）在"个人所得税扣缴申报表"窗口中，单击"税率"按钮或从右键菜单中选择"税率表定义"命令，打开图 10-20 所示的对话框。

图 10-20 "个人所得税扣缴申报表——税率表"对话框

用户可以根据国家相关规定对基数、附加费用、应纳税所得额上限、税率以及速算扣除数进行修改。

提 示：

（1）对于外币工资类别，用户要输入外币汇率；

（2）若用户修改了"税率表"或重新选择了"收入额合计项"，则用户在退出个人所得税功能后，需要到数据变动功能中执行重新计算功能，否则系统将保留用户修改个人所得税前的数据状态。

10.2.4 银行代发的设置

银行代发即由银行发放企业职工个人工资，即以工资卡的方式发放。这种做法既减轻了财务部门发放工资工作的繁重，有效地避免了财务部门到银行提取大笔款项所承担的风险，又提高了对员工个人工资的保密程度。银行代发能查询到无权限的部门的工资数据，这里只受功能权限控制，不受数据权限控制。

任务布置

王晴介绍如何进行银行代发的设置。

任务实施

1. 银行代发一览表查看

选择"系统菜单"→"业务处理"→"银行代发"命令，打开"银行代发一览表"窗口（图 10-21）。

图 10-21　"银行代发"界面

2. 银行代发文件格式设置

根据银行的要求，设置提供数据中所包含的项目，以及项目的数据类型、长度和取值范围等。在"银行代发一览表"窗口中单击"格式"按钮，打开"银行文件格式设置"对话框，在此可根据银行的要求进行设置（图 10-22）。

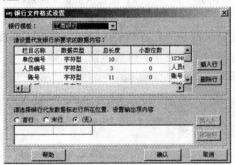

图 10-22　"银行文件格式设置"对话框

学习任务 10.3　工资管理子系统期末处理

任务引入

会计主管王晴向负责工资的财务人员介绍工资管理子系统期末处理的相关问题。

工资管理子系统的期末处理主要包括工资分摊、月末处理、反结账、统计分析、凭证查询等的处理。

10.3.1　工资分摊处理

工资分摊是指财务部门根据工资费用分配表，将工资费用按用途进行分配，并编制转账会计凭证，传递到总账系统供登账处理之用。工资分摊中能查询到无权限的部门工资数据，这里只受功能权限控制，不受数据权限控制。

任务布置——

王晴介绍如何进行工资分摊的处理。

任务实施——

对 2010 年 1 月的制造费用在财务部及行政部之间进行分摊，人员类别为"管理人员"，项目为"应发合计"，借方科目为"制造费用"，贷方科目为"应付职工薪酬"。

（1）选择"系统菜单"→"业务处理"→"工资分摊"命令，即可使用该功能。

（2）首先查看现有的计提费用类型是否满足需要，如果不能满足需要，单击"工资分摊"按钮，进入设置窗口，可新增、修改、查看、删除类型名称和分摊比率，在此增加"制造费用"类型（图 10-23）。

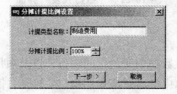

图 10-23   "分摊计提比例设置"对话框

（3）单击"下一步"按钮，打开"分摊构成设置"对话框，选择参与分摊的部门、人员类别、项目、借方科目及贷方科目，输入相关内容（图 10-24）。

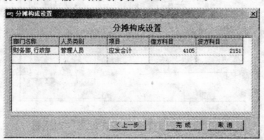

图 10-24   "分摊构成设置"对话框

（4）选择参与本次费用分摊计提的类型和参与核算的部门、计提费用的月份、计提分配方式和是否费用分摊明细到工资项目（图 10-25）。

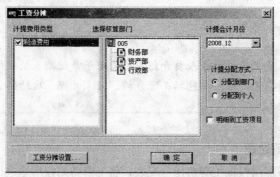

图 10-25   "工资分摊"对话框

（5）单击"确定"按钮显示工资分摊一览表，可以根据需要选择是否按"合并科目相同"或"辅助项相同的分录"显示一览表。

10.3.2　月末处理

月末处理是将当月数据经过处理后结转至下月。每月工资数据处理完毕后均可进行月末结转。由于在工资项目中，有的项目是变动的，即每月的数据均不相同，在每月工资处理时，均需将其数据清为零，而后输入当月的数据，此类项目即为清零项目，如职工的病事假扣款、奖金、工时、产量记录等。在进行工资管理子系统的月末处理时，可根据企业的实际情况进行清零项目的设置，但是清零项目设置不要太过随意，否则会增加工作量。

　任务布置——

王晴介绍如何进行月末处理。

　任务实施——

选择"业务处理"→"月末处理"命令，单击"确认"按钮，弹出系统提示，单击"是"按钮，系统将会提示月末处理完毕。

　提　示：

（1）月末结转只有在会计年度的1月至11月进行；

（2）若为处理多个工资类别，则应打开工资类别，分别进行月末结算；

（3）若本月工资数据未汇总，系统将不允许进行月末结转；

（4）进行期末处理后，当月数据将不再允许变动；

（5）月末结账后，选择的需清零的工资项系统将予以保存，不用每月再重新选择；

（6）月末处理功能只有主管人员才能执行。

10.3.3　反结账操作

在工资管理子系统结账后，发现还有一些业务或其他事项需要在已结账月进行账务处理，此时需要使用反结账功能取消"已结账"标记，该功能只能由账套（类别）主管执行。

　任务布置——

王晴介绍如何进行反结账的处理。

　任务实施——

（1）选择"系统菜单"→"业务处理"→"反结账"命令，即可使用反结账功能。

（2）选择要反结账的工资类别，确认即可。

有下列情况之一，不允许反结账：

①总账系统已结账；

②成本管理系统上月已结账；

③汇总工资类别的会计月份等于反结账会计月，且包括需反结账的工资类别。

本月工资分摊、计提凭证传输到总账系统，如果总账系统已制单并记账，需做红字冲销凭证后，才能反结账；如果总账系统未做任何操作，只需删除此凭证。

如果凭证已经由出纳签字（主管签字），需取消出纳签字（主管签字），并删除该张凭证后，才能反结账。

10.3.4 统计分析

任务布置 ──

王晴介绍如何进行统计分析。

任务实施 ──

1. 我的账表

我的账表是对工资系统中所有的报表进行管理，有工资表和工资分析表两种报表类型。如果系统提供的报表不能满足企业的需要，用户还可以启用自定义报表功能，新增账表夹和设置自定义报表。

（1）增加账表夹。

①在左侧账簿显示区单击鼠标右键，显示菜单包括新建专用账夹、新建公用账夹、删除账夹、重命名、设置账夹口令。

新建账夹是指用户自行新建的账夹，如新建公用账夹和新建专用账夹。新建账夹里放置的是用户自定义的报表和系统账夹下的基本报表经过编辑和修改后另存的报表，用户可以对新建账夹里的报表进行编辑和修改，并可直接保存。

②选择"新建专用账夹"或"新建公用账夹"，可新增专用或公用账夹；双击或选择"重命名"修改账夹名称；选择"设置账夹口令"，为账夹添加密码，主要用于加强含有保密信息的账表管理，限定这些报表使用者的权限。

③在新建账夹与新建账夹之间，用户可以将一份报表来回自由地拖放，实现报表的任意组合放置。但是对自定义账夹而言，则不能对其下属的基本报表进行任何拖放操作。必要时，只能先将基本报表另存到某个新建账夹下，再在新建账夹之间进行任意的拖放操作。

（2）设置自定义报表。选择报表夹，单击"增加"按钮，打开"自定义报表"对话框，用户可根据自己的需要创建自定义查询表，满足各种不同的查询需要。使用自定义报表功能前首先要了解自定义报表设置窗口描述。

（3）修改工资表。选择要修改的工资表，单击"修改表"按钮，打开"修改表"对话框。例如选择"部门工资汇总表"，表栏中是部门工资汇总表的构成项目，可增加或删除表栏项目。选择表栏项目，在栏目内容中编辑、修改。例如"应发合计"＝"选择相加项"＋"选择相减项"。

（4）重建工资表。单击"修改表"按钮，系统弹出重建表框，用户可选择需要重新生成的系统原始表，单击"确认"按钮即可重新生成系统原始表。

2. 工资表

用于本月工资的发放和统计，本功能主要完成查询和打印各种工资表的工作。工资表包括以下一些由系统提供的原始表：工资卡、工资发放条、部门工资汇总表、部门条件汇总表、工资发放签名表、人员类别汇总表、条件统计（明细）表和工资变动汇总（明细）表。下面以"部门工资汇总表"为例，介绍操作步骤。

（1）在工资表列表中选择"部门工资汇总表"，选择要查看的部门，单击"查看"按钮后显示部门工资汇总表（图10-26）。

（2）在"部门工资汇总表"中从"会计月份"下拉框中选择要查询的月份，可快速查询不同月份的部门工资汇总表。

（3）单击工具栏中的"级次"按钮，在弹出的选择窗口中可选择汇总表的部门级次。

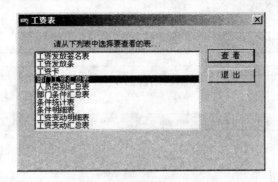

图 10-26　"工资表"对话框

3. 工资分析表

工资分析表是以工资数据为基础，对部门、人员类别的工资数据进行分析和比较，产生各种分析表，供决策人员使用。由系统提供的工资分析表有工资增长分析表、按月分类统计表、部门分类统计表、工资项目分析表、员工工资汇总表、按项目分类统计表、员工工资项目统计表、分部门各月工资构成分析和部门工资项目构成分析表。下面以工资项目分析表为例，介绍操作步骤。

（1）选择"系统菜单"→"统计分析"→"账表"→"工资分析表"命令。

（2）在打开的"工资分析表"对话框中选择"工资项目分析表"（图 10-27），单击"确认"按钮。

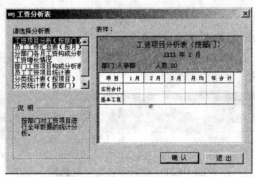

图 10-27　"工资分析表"对话框

（3）在"选择分析部门"中选择财务部（图 10-28），单击"确认"按钮。

（4）在打开的"分析表选项"对话框（10-29）中，从左侧项目中选择项目进行分析，单击"确认"按钮。

图 10-28　"选择分析部门"对话框

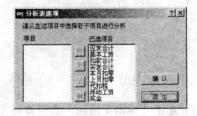

图 10-29　"分析表选项"对话框

（5）在打开"工资项目分析表（按部门）"中可以看到前面选择的各项内容（图10-30）。

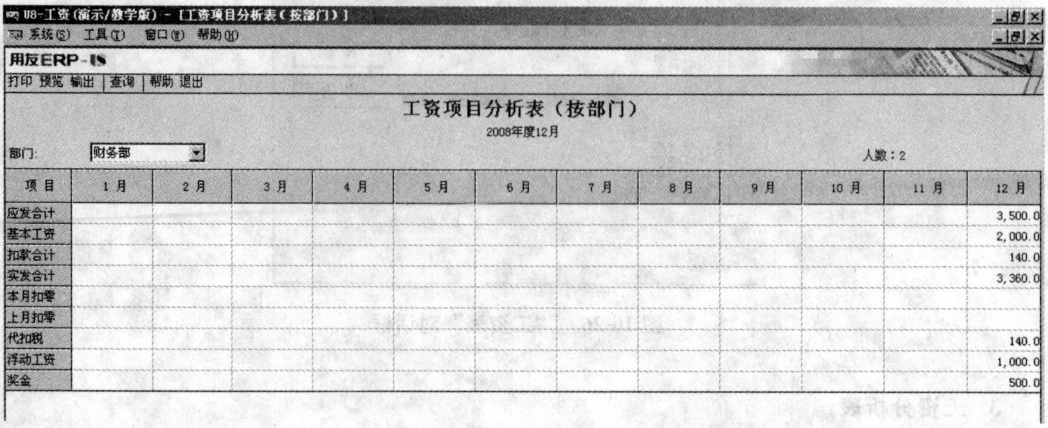

图 10-30　"工资项目分析表（按部门）"对话框

10.3.5　凭证查询

工资管理子系统传输到总账系统的凭证，通过"凭证查询"功能来删除和冲销。选择"统计分析"→"凭证查询"命令可以显示"凭证查询"对话框。

任务布置──

王晴介绍如何进行凭证的查询。

任务实施──

查找 2008 年 12 月份的制造费用凭证。

（1）选择输入所要查询的起始月份和终止月份，显示查询期间凭证列表，此处按默认的 12 月份（图10-31）。

图 10-31　"凭证查询"对话框

（2）选中一张凭证，单击"删除"按钮，系统弹出提示信息（图10-32），单击"是"按钮可删除标志为"未审核"的凭证。

（3）单击"冲销"按钮，系统弹出提示信息（图10-33），单击"是"按钮，则可对当前标志为"记账"的凭证进行红字冲销操作，自动生成与原凭证相同的红字凭证。

图 10-32　系统提示对话框

图 10-33　系统提示对话框

（4）单击"单据"按钮，系统打开生成凭证的原始凭证——"制造费用一览表"对话框（图 10-34）。

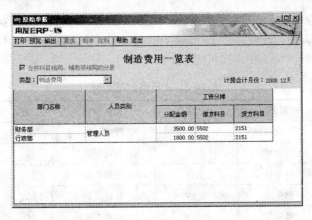

图 10-34 "制造费用一览表"对话框

(5) 单击"凭证"按钮，打开"转账凭证"对话框（图 10-35）。

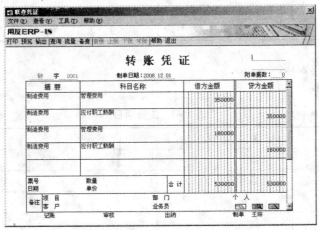

图 10-35 生成的转账凭证

学习任务 10.4 应用操作

1. 实训目的

通过实训掌握工资管理子系统的内容及操作方法。

2. 实训内容

(1) 基础设置；(2) 人员档案及类别；(3) 工资项目及公式。

3. 实训资料

(1) 基础设置。

工资类别个数为 1 个，核算币种为人民币 RMB，实行代扣个人所得税，不进行扣零处理，人员编码长度为 3 位。

(2) 人员档案及类别。

人员类别分为管理人员、基本生产人员、车间管理人员、销售人员 4 类。人员档案如下表（全部人员均为中方人员，计税，通过工商银行代发工资，个人账号为 11 位，按人员档案编号顺序为 10000101101 至 10000101110）（表 10-2）。

表 10-2　人员档案及类别

编号	姓名	所属部门	职员属性	职员类别	工龄	基本工资（元）
101	王娜	行政科	主管	管理人员	20	2 000
102	王洪	行政科	职员	管理人员	13	1 000
201	王宏	财务部	主管	管理人员	23	2 400
202	吴远清	财务部	出纳	管理人员	15	1 500
301	李新	销售部	业务员	销售人员	16	2 000
302	季红	销售部	主管	销售人员	15	1 100
401	宫力	采购部	主管	管理人员	16	1 200
402	肖可可	采购部	职员	车间管理人员	3	1 100
501	高涓涓	仓储部	主管	基本生产人员	19	1 000

（3）工资项目及公式。

① 工资项目（表 10-3）。

表 10-3　工资项目

项目名称	类型	长度	小数位数	工资增减项
基本工资	数字	10	2	增项
岗位工资	数字	10	2	增项
奖金	数字	10	2	增项
应发合计	数字	10	2	增项
代扣税	数字	8	2	减项
扣款合计	数字	8	2	减项
实发合计	数字	10	2	增项
计税基数	数字	8	2	其他

② 公式。

岗位工资：IFF（人员类别＝"企业管理人员"，500，550）。

奖金：IFF（人员类别＝"企业管理人员"，250，300）。

计税基数：基本工资＋岗位工资＋奖金。

银行设置与所得税项目：通过中国工商银行代发工资，单位编号为 110101010，输入日期为 2010.12.10。

所得税项目为：工资。

对应工资项目：计税基数。

工资分摊均指企业负担的部分，分摊计提月份为 1 月。

核算部门：行政科、财务部、销售组、采购部、仓储部。

计算公式：应付工资总额＝计税基数×100%，应付福利费＝计税基数×14%。

工资分摊（表 10-4）：

表 10-4　工资分摊

部门＼人员类别	人员类别	工资总额	
		借方	贷方
行政科	企业管理人员	550201	2151
供应组	企业管理人员	550201	2151
销售组	销售人员	513101	2151

项目 11　采购管理子系统

学习任务 11.1　采购业务处理流程

任务引入

公司任命会计人员张丽负责采购管理子系统的业务处理，但她对用友 U850 的采购业务处理还不是很熟悉，会计主管王晴对她进行了相关培训。

11.1.1　采购管理子系统主要功能

采购管理子系统主要功能是对采购业务进行核算与控制。采购业务处理涉及的功能模块主要有采购管理、应付系统、库存管理、存货核算、总账系统。采购业务类型主要有采购入库业务、采购开票业务、采购付款业务、采购退货业务、月末暂估入库业务。

不同类型企业采购业务核算方法也不相同，分实际成本法和计划成本法两类。在采购核算中，一要核算采购材料或商品的采购成本，在此应注意采购过程中运杂费的处理，工业企业运杂费计入采购成本，商业企业运杂费计入营业费用；二要核算采购过程中产生的税金；三要核算采购活动中产生的运杂费，需要考虑运费的抵扣问题；四要核算采购过程产生的往来款项。下面以按实际成本法核算的工业企业为例，介绍企业对采购活动的核算。

按实际成本计价时，企业需设置的账户主要有：原材料、物资采购、银行存款、应付账款、应付票据、预付账款、应交税费——应交增值税（进项税额）。企业由于材料的采购地点和结算方式的不同，材料的入库时间和货款的支付时间可能不一致。这样在账务处理时，会出现以下几种情况。

(1)"单货同到"，即结算凭证和发票等单据与货物同时到达。企业应根据结算凭证、发票账单等凭证在支付货款后借记"物资采购"和"应交税费——应交增值税（进项税额）"科目，贷记"银行存款"科目；材料验收入库后，根据收料单等凭证借记"原材料"科目，贷记"物资采购"科目；若尚未付款，则贷记"应付账款"或"应付票据"科目。

(2)"单到货未到"，即支付货款或已开出商业汇票，但材料未到或尚未验收入库。企业应根据结算凭证、发票账单等凭证借记"物资采购"和"应交税费——应交增值税（进项税额）"科目，贷记"银行存款"或"应付票据"科目；待材料收到后，再根据收料单等凭证，借记"原材料"科目，贷记"物资采购"科目。

(3)"货到单未到"，即材料已到，结算凭证未到，货款尚未支付。月末时做暂估处理，借记"原材料"科目，贷记"应付账款"科目；下月初，红字冲销，待下月单到时，按正常程序处理。

(4)预付货款采购材料。预付货款时，借记"预付账款"科目，贷记"银行存款"科目；材料到达时，根据发票账单所列金额，借记"物资采购"或"原材料"和"应交税费——应交增值税（进项税额）"科目，贷记"预付账款"科目。

11.1.2 采购业务处理流程

采购业务处理流程如图 11-1 所示。

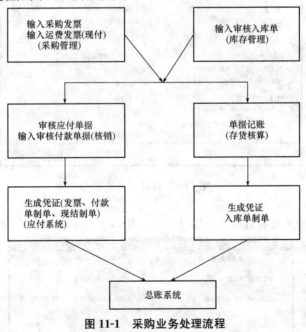

图 11-1 采购业务处理流程

学习任务 11.2 系统初始化

任务引入

王晴为其他会计人员解答了采购管理系统在初始化设置中应该注意的问题。

11.2.1 采购选项设置

系统选项也称系统参数、业务处理控制参数，是指企业业务处理过程中所使用的各种控制参数。系统参数的设置将决定用户使用系统的业务流程、业务模式、数据流向。用户进行选项设置之前，一定要详细了解选项开关对业务处理流程的影响，并结合企业业务需要进行设置。由于这些选项在日常业务开始后不能随意更改，用户最好在业务开始前进行全盘考虑，尤其一些对其他系统有影响的选项设置时更应考虑清楚。采购选项主要包括业务及权限控制、公共及参照控制、采购预警和报警设置。

任务布置——

会计主管王晴演示如何进行采购选项的设置。

任务实施——

选择"设置"→"采购选项"命令，打开"业务及权限控制"对话框，在此可进行选项设置。

（1）"业务选项"。"普通业务必有订单"可随时修改（图11-2）。

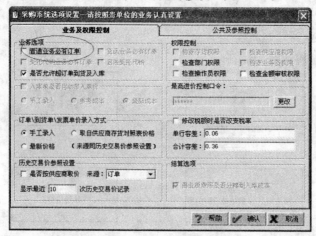

图 11-2　普通业务选项

（2）"受托代销业务必有订单"可随时修改（图11-3）。

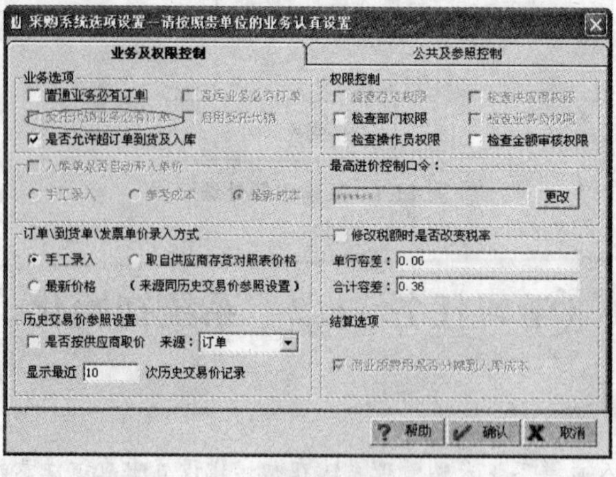

图 11-3　受托代销选项（一）

（3）"启用受托代销"（图 11-4）。选中该项表示企业有受托代销业务，采购系统菜单中会出现有关受托代销的单据、受托代销结算功能、受托代销统计功能。用户可在采购管理系统设置，也可在库存管理系统设置。在其中一个系统中设置，同时改变在另一个系统的选项。

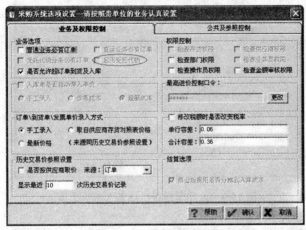

图 11-4　受托代销选项（二）

（4）"是否允许超订单到货及入库"（图 11-5）可随时修改。如不允许，则参照订单生成到货单、入库单，不可超订单数量。如允许，可超订单数量，但不能超过订单数量入库上限，即订单数量×（1＋入库上限），入库上限在存货档案中设置。

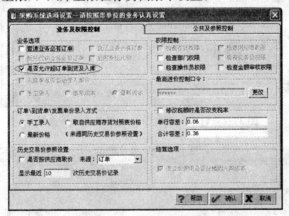

图 11-5　超订单到货选项

（5）"入库单是否自动带入单价"（图 11-6）。单选，可随时更改。只有在采购管理系统不与库存管理系统集成使用，即采购入库单在采购管理系统制单时可设置。

（6）"订单\到货单\发票单价录入方式"（图 11-7）。单选，可随时修改。

（7）"历史交易价参照设置"（图 11-8）。填制单据时可参照存货价格，最新价格的来源规则也在此设置，可随时更改。

（8）"最高进价控制口令"（图 11-9）。系统默认为"system"，可修改，也可为空。如设置口令则在填制采购单据时，当货物本币无税单价高于最高进价时，系统出现提示并要求输入控制口令，口令不正确不能保存采购单据。如不设置口令则在系统出现提示时，不需输口令，确定后即可保存。

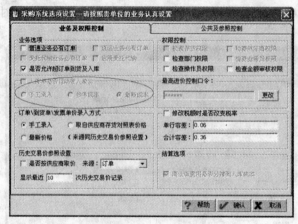

图 11-6　入库单是否自动带入单价选项

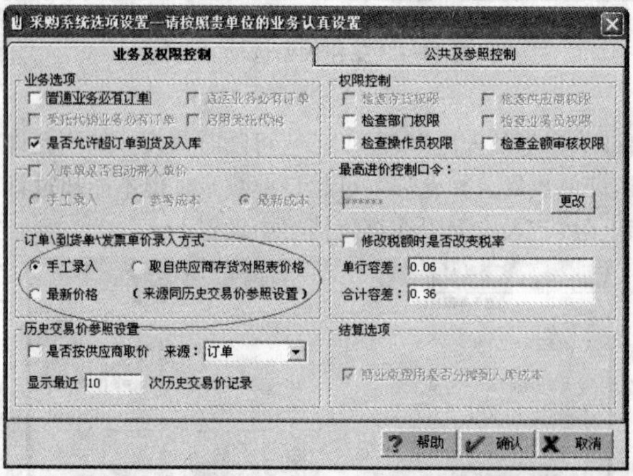

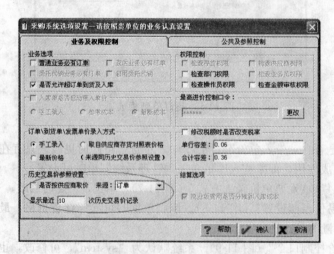

图 11-7　订单\到货单\发票单价录入选项

图 11-8　历史交易价参照设置选项

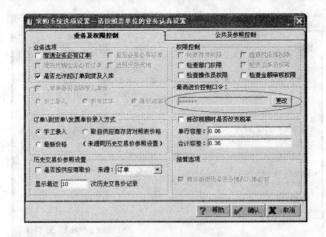

图 11-9 最高进价控制口令选项

（9）"修改税额时是否改变税率"（图 11-10）。默认为不选。税额一般不用修改，在特定情况下，如系统和手工计算的税额相差几分钱，用户可调整税额尾差。

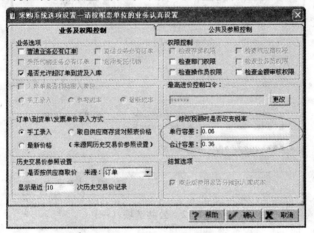

图 11-10 税率是否可变选项

（10）"结算选项"。商业版费用是否分摊到存货成本：选中该项则根据商业企业的特殊需求，由用户来决定采购费用是否要分摊到存货成本，只有商业版可选此项。

（11）"权限控制"。在此可以就采购管理系统是否进行档案的数据权限控制进行设置（图 11-11）。

①"系统启用"。

②公共及参照控制。单击"公共及参照控制"标签即可进行设置。

本系统启用的会计月、日期根据采购管理系统的启用月和会计月的第一日带入，不可修改。

在此主要介绍"公共选项"的以下参数。

①"供应商是否分类"显示建立账套时的设置，不可修改（图 11-12）。

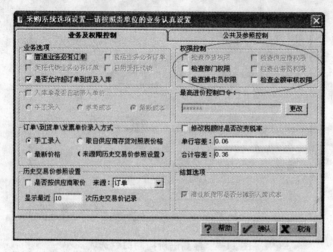

图 11-11　权限控制选项

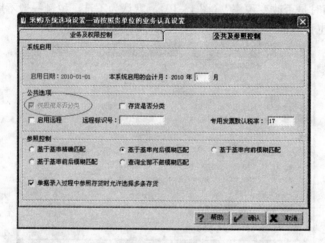

图 11-12　公共选项（一）

② "存货是否分类"显示建立账套时的设置，不可修改（图 11-13）。

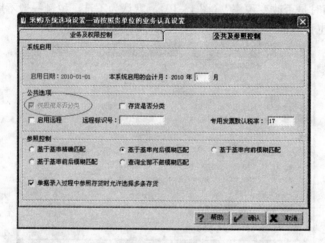

图 11-13　公共选项（二）

③ "专用发票默认税率"输入必填（图 11-14）。

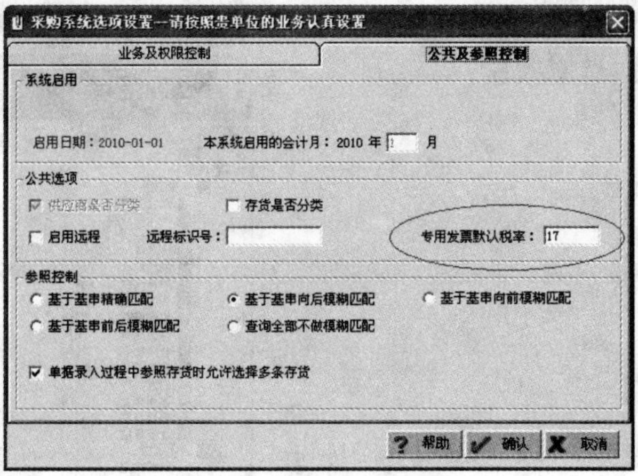

图 11-14　公共选项（三）

提　示：

（1）"受托代销业务必有订单"只有在建立账套时选择企业类型为"商业"的账套，而且在"设置"→"采购进项"→"业务及权限控制——启用受托代销"设置有受托代销业务时，才能选择此项。

（2）"启用受托代销"只有在建立账套时选择企业类型为"商业"的账套，该选项才可选。

（3）"专用发票默认税率"默认为"17"，可修改。用户采购制单时自动带入采购单据（订单、到货单、专用发票）的表头税率，可修改。普通发票的表头税率默认为"0"，运费发票的表头税率默认为"7"。

11.2.2　基础档案设置

用户需要进行基础档案的设置。基础档案如有无法设置的栏目，则是受系统参数的控制，应先到各产品的选项中设置。

任务布置——

会计主管王晴演示如何进行基础档案的设置。

任务实施——

确定基础档案的编码方案如下。

（1）选择"系统管理"→"账套"→"新建账套"→"分类编码方案"命令，确定基础档案的编码方案。

（2）选择"企业门户"→"设置"→"基础档案"→"基本信息"→"编码方案"命令。

（3）选择"设置"→"分类体系"→"存货分类""地区分类"或"供应商分类"命令（图 11-15）。

（4）选择"设置"→"编码档案"→"部门档案""职员档案""供应商档案""供应商存货对照表""存货档案""仓库档案""仓库存货对照表""收发类别""常用摘要""项目档案"或"计量单位"命令（图 11-16）。

（5）选择"设置"→"其他设置"→"采购类型""付款条件""发运方式""结算方式""外币设置"或"非合理损耗类型"命令。

（6）选择"设置"→"自定义项"命令（11-17）。

图 11-15　分类体系选项

图 11-16　编码档案选项

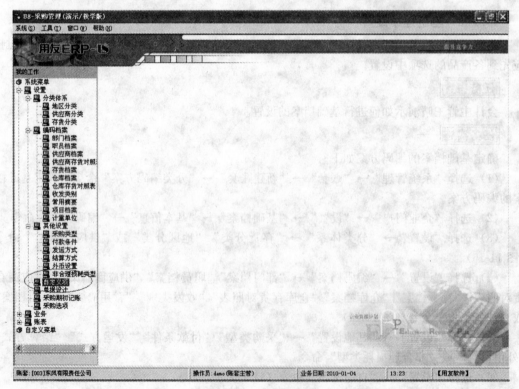

图 11-17　自定义选项

（7）选择"企业门户"→"设置"→"基础信息"→"单据设置"→"单据格式设置"命令（图 11-18）。

图 11-18　单据格式设置选项

11.2.3　收发类别设置

收发类别设置是为了用户对材料的出入库情况进行分类汇总统计而设置的，表示材料的出入库类型，用户可根据各单位的实际需要自由灵活地进行设置。

任务布置——

会计主管王晴演示如何进行收发类别设置。

任务实施——

收发类别的设置方法如图 11-19 所示。

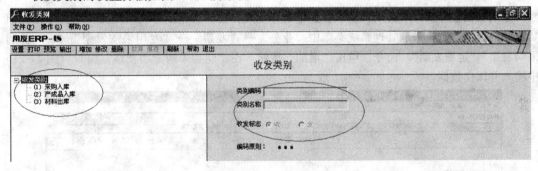

图 11-19　收发类别设置

11.2.4　期初数据输入和期初记账

任务布置——

会计主管王晴演示如何进行期初数据的输入和期初记账。

任务实施——

（1）账簿都有期初数据，以保证其数据的连续性。初次使用采购管理系统应先输入期初数据。期初数据包括以下几项。

①期初暂估入库。企业在期初会有暂估入库存货，若企业是第一次启用采购管理系统，则应在采购管理系统未进行采购期记账前输入上月月末暂估入库存货数据。选择采购管理系统菜单中的"业务"→"入库"→"入库单"命令，单击"增加"按钮，在"期初采购入库单"窗口（图 11-20）中输入并保存数据。

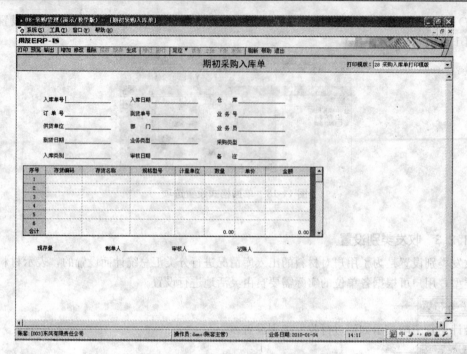

图 11-20　"期初采购入库单"窗口

　　②期初在途存货。本月期初还有在途中的存货数据要输入系统中，用以反映期初单已到但货未到的情况。选择采购管理系统菜单中"业务"→"发票"→"专用采购发票"（或"普通采购发票""运费发票"）命令，单击"增加"按钮，在"期初采购专用发票"窗口（图 11-21）中输入并保存数据。

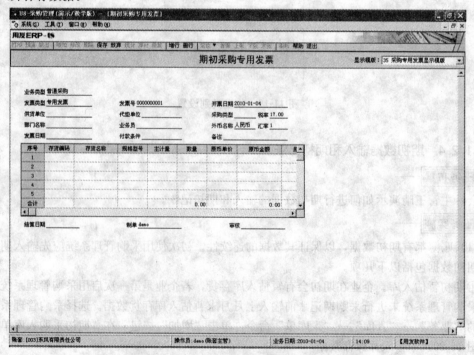

图 11-21　"期初采购专用发票"窗口

（2）将采购期初数据记入有关采购账。期初记账后，期初数据不能增加、修改，除非取消期初记账。

①输入期初单据后，选择"设置"→"采购期初记账"命令（图 11-22）。打开"采购期初记账"窗口，系统显示提示信息（图 11-22）。

②单击"记账"按钮系统开始记账。

③记账后，若取消记账，就单击"取消记账"，系统将期初记账数据设置为记账前状态。

图 11-22 "期初记账"对话框

学习任务 11.3 采购业务日常处理

任务引入

采购业务日常处理中入库单、采购发票、应付单据各应如何输入与审核，期末又该怎样处理？

11.3.1 采购入库单输入审核

采购入库单是根据采购到货签收的实收数量填制的单据。对于工业企业，采购入库单一般指采购原材料验收入库时所填制的入库单据。对于商业企业，采购入库单一般指商品进货入库时所填制的入库单据。

采购入库单按进出仓库方向分为蓝字采购入库单、红字采购入库单；按业务类型分为普通采购发票、受托代销入库单（商业）。红字入库单是采购入库单的逆向单据。在采购业务活动中，如果发现已审核的入库单数据有错误，也可以填制退货单（红字入库单）冲抵原入库单数据。

任务布置——

会计主管王晴演示如何输入采购入库单。

任务实施——

采购入库单的输入和审核的步骤如下。

（1）进入库存管理子系统，选择"系统菜单"→"日常处理"→"入库"→"采购入库单"命令，打开"采购入库单"窗口。

（2）单击"增加"按钮，进入单据输入状态（图 11-23）；可以生单的，单击"生单"按钮进行参照生单。

（3）输入单据表头和单据表体的各项内容。填写完毕，发现单据有错，可以直接将光标移到有关栏目进行修改。在单据保存前，可放弃当前单据，返回单据查询界面。

（4）保存单据，单据状态为未审核。未审核的单据可修改、删除。

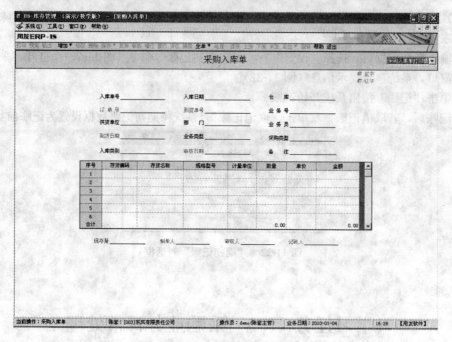

图 11-23 "采购入库单"窗口

（5）审核单据：未审核的单据可以单击"审核"按钮进行审核，单据状态为已审核的，不能修改、删除。已审核的单据为有效单据，可被其他单据、其他系统参照使用。

提 示：

已审核的单据如要修改、删除，应先弃审，弃审后单据状态为未审核，然后再对其修改、删除。

11.3.2 采购发票输入

采购发票是供应商开出的销售货物的凭证，系统将根据采购发票确认采购成本，并据以登记应付账款。

任务布置——

会计主管王晴演示如何输入采购发票。

任务实施——

采购发票按业务性质分为蓝字发票、红字发票。

采购发票按发票类型分为增值税专用发票、普通发票、运费发票。

（1）增值税专用发票。

①进入采购管理子系统，选择"系统菜单"→"业务"→"发票"→"采购专用发票"命令，打开"采购专用发票"窗口。

②单击"增加"按钮，进入单据输入状态（图 11-24），输入单据表头和单据表体的各项内容。

③输入完毕如发现单据有错，可以直接将光标移到相关栏目进行修改。

④保存单据。单据可以修改、删除。

⑤如果采购的同时支付款项，采购发票可以"现付"也可以"弃付"。

（2）普通发票。普通发票输入的方法类似增值税专用发票，但是普通发票的单价、金额都是含税的，普通发票的默认税率为 0（图 11-25）。

（3）运费发票。运费发票中的存货（只是为了操作而在存货中设置的运费项目）只能是在存货档案中设置属性为"应税劳务"的存货。采购运费也可现付（图 11-26）。

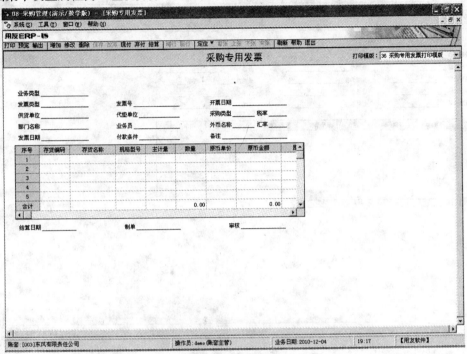

图 11-24　"采购专用发票"窗口

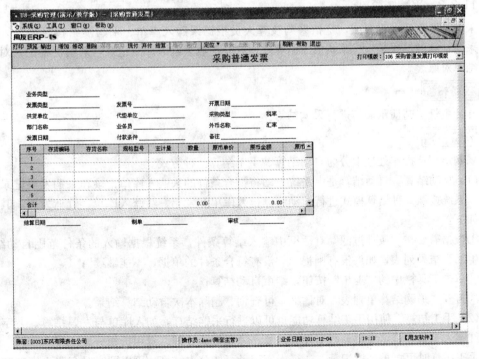

图 11-25　"采购普通发票"窗口

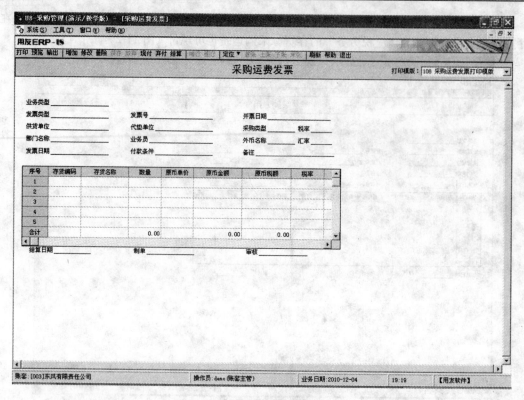

图 11-26 "采购运费发票"窗口

11.3.3 采购结算

采购结算也称采购报账,是指采购核算人员根据采购入库单、采购发票核算采购入库成本。采购结算的结果是生成采购成本结算单,它是记载采购入库单记录与采购发票记录对应关系的结算对照表。

任务布置——

会计主管王晴演示如何进行采购结算。

任务实施——

采购结算从操作处理上分为自动结算、手工结算两种方式。

(1)自动结算。自动结算是由系统自动将符合条件的采购入库单记录和采购发票记录进行结算。系统按照3种结算模式进行自动结算:入库单和发票、红蓝入库单、红蓝发票。其结算步骤如下:

①根据需要在"条件过滤"对话框中输入结算条件,系统根据输入的条件范围自动结算,并产生结算结果列表,如果没有则提示"没有符合条件的单据,不能继续";

②单击工具栏中的"退出"按钮,结束自动结算;

③打开"采购结算单列表"对话框,可查询、删除本次自动结算结果。

(2)手工结算。使用手工结算功能也可以进行采购结算,如入库单与发票结算、蓝字入库单与红字入库单、蓝字发票与红字发票结算、溢余短缺处理、费用折扣分摊。

手工结算时可拆单、拆记录,一行入库记录可能分次结算;可以同时对多张入库单和多张发票进行手工对账。手工结算支持到下级单位采购,付款给其上级主管单位的结算;支持三角债结算，即支持甲单位的发票可以结算乙单位的货物。

①进入采购管理子系统，选择"系统菜单"→"业务"→"采购结算"→"手工结算"命令，打开"手工结算"窗口。

②单击"选单"按钮，打开"结算选单"对话框，单击"过滤"按钮（图 11-27）过滤，单击"刷票"按钮刷新发票，单击"刷入"按钮刷新入库单，选择需要结算的发票和入库单后确定。

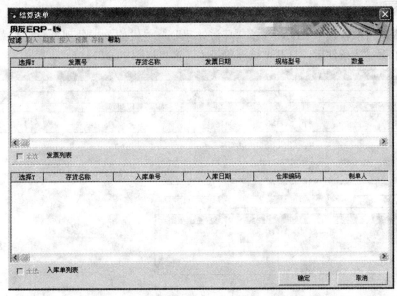

图 11-27　"结算选单"对话框

选单后返回"结算选单"对话框，上方带入发票记录、入库单记录，下方带出费用折扣存货发票记录、运费发票记录。

③入库数量与发票数量不符时，可输入溢余短缺数量、金额，将两者数量调平。

④费用分摊：用户可以把某些运费、挑选整理费等费用按会计制度摊入采购成本，单击"选单"按钮时手工选择费用折扣存货的发票记录，或单击"选单"按钮时选择运费发票记录，所选记录显示在下方的费用结算列表。

⑤选择分摊方式：按金额或是按数量，然后单击"分摊"按钮则将费用折扣分摊到入库单。

⑥进行结算：入库单、发票选择完毕后，单击"结算"按钮，系统自动将本次选择的数据进行结算。

⑦结算完毕后，系统把已结算的单据数据清除，可以继续进行其他采购结算。

⑧单击"关闭"按钮，退出手工结算。

⑨结算的结果可以在"结算单列表"功能中查看，也可以删除结算单后重新结算。

11.3.4　应付单据审核

（1）进入应付款管理子系统，选择"日常处理"→"应付单据处理"→"应付单据审核"命令，输入单据过滤条件后，打开"应付单据审核"窗口。

（2）选择需审核单据，单击"审核"按钮审核单据，也可双击打开某张单据再审核。

（3）审核后的单据可以通过单击"弃审"按钮取消审核。

11.3.5 付款单据输入审核

付款单据输入是将支付供应商款项和供应商退回的款项输入应付款管理子系统，包括付款单与收款单（即红字付款单）的输入。

任务布置——

会计主管王晴演示如何输入和审核付款单据。

任务实施

（1）进入应付款管理子系统，选择"日常处理"→"付款单据处理"→"付款单据录入"命令，输入单据过滤条件后，打开"结算单录入"窗口（图11-28）。

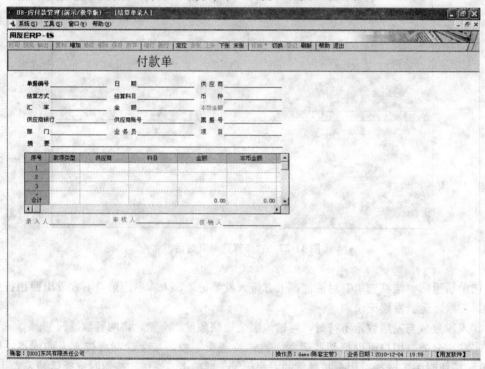

图11-28 "结算单录入"窗口

（2）在单据界面上，单击"增加"按钮可新增付款单，单击"切换"按钮则可新增收款单。依据栏目说明输入各个项目，输入完毕后单击"保存"按钮。

（3）单击"审核"按钮可对已保存单据进行审核。若审核后发现输入的单据有错误，可单击"弃审"按钮，单击"修改"按钮进行修改，也可单击"删除"按钮删除。

（4）对修改后的单据，单击"保存"按钮将其保存。

（5）审核完毕后，系统提示是否制单，可选择立即制单，也可选择在制单处理中统一进行制单。选择立即制单，则系统打开"凭证"窗口，可进行修改并保存。

11.3.6 生成记账凭证

发票、付款单、现结等原始单据可以由应付款管理子系统自动生成记账凭证，并转入总账系统。

任务布置——

会计主管王晴演示如何生成记账凭证。

任务实施——

（1）进入应付款管理子系统，选择"日常处理"→"制单处理"命令。

（2）选择制单类型：发票制单、结算单制单或现结制单。

（3）输入完查询条件，单击"确认"按钮，系统显示符合条件的所有未制单已经记账的单据。

（4）单击"制单"按钮，打开"凭证"窗口。输入制单日期，选择凭证类别，并输入其他各项内容。

（5）单击"保存"按钮，可将当前凭证传递到总账系统。

（6）通过"上翻"按钮或"下翻"按钮可查看上一张或下一张凭证。

11.3.7　月末暂估入库

可先输入入库单，然后在存货核算系统中做期末处理，期末处理时系统自动做暂估入库处理。在存货核算系统中选择"采购入库单（暂估记账）"生成月末暂估入库凭证。

学习任务 11.4　应用操作

1. 实训目的

通过实训掌握采购管理子系统的内容。

2. 实训内容

（1）采购发票；

（2）采购入库单。

3. 实训资料

2010 年 3 月 12 日，从达信公司采购甲材料 5 吨，单价 26 元，乙材料 5 吨，单价 31 元，运费 300 元，运费按重量分摊，材料验收入材料一库。

4. 实训要求

填写采购发票、运费发票和入库单。

项目 12　销售管理子系统

理论知识目标

1. 了解销售管理子系统工作原理和操作方法。
2. 了解销售管理子系统的业务处理流程。

实训技能目标

1. 掌握销售管理子系统初始化的方法。
2. 掌握销售业务日常处理的方法。

学习任务 12.1　销售业务处理流程

任务引入

公司派会计主管王晴对会计人员进行用友 U8 销售管理子系统的培训。

12.1.1　销售管理核算概述

销售管理是供应链的重要组成部分，提供了报价、订货、发货、开票的完整销售流程，支持普通销售、委托代销、分期付款、直运、零售、销售调拨等多种类型的销售业务，并可以对销售价格和信用进行实时监控。用户可以根据实际情况对系统进行定制，构建自己的销售业务管理平台。

销售管理分为 4 种业务类型。

（1）普通销售业务。普通销售业务指正常的销售业务，适用于大多数企业的日常销售业务。普通销售业务根据"发货—开票"的实际业务流程不同，可以分为两种业务模式：先发货后开票模式（即先输入发货单）和开票直接发货模式（即先输入发票）。系统处理两种业务模式的流程不同，但允许两种流程并存。系统判断两种流程的最本质区别是先输入发货单还是先输入发票。

（2）委托代销业务。委托代销业务指企业将商品委托他人进行销售，但商品所有权仍归本企业的销售方式。委托代销商品销售后，受托方与企业进行结算，并开具正式的销售发票，形成销售收入，商品所有权转移。

（3）直运业务。直运业务是指产品无须入库即可完成购销业务，由供应商直接将商品发给企业的客户。结算时，由购销双方分别与企业结算。直运业务包括直运销售业务和直运采购业务，没有实物的出入库，货物流向是直接从供应商到客户，财务结算通过直运销售发票、直运采购发票解决。直运业务适用于大型电器、汽车、设备等产品的销售。

（4）分期收款业务。分期收款发出商品业务类似于委托代销业务，货物提前发给客户，分期收回货款，收入与成本按照收款情况分期确认。分期收款销售的特点是：一次发货，当时不确认收入，在确认收入的同时配比性地转移成本。

对于工业企业，销售业务涉及的账户主要有"<u>主营业务收入、主营业务成本、库存商品、银行存款、应收账款、应收票据、预收账款、应交税费——应交增值税——销项税额</u>"等。

12.1.2　销售业务处理流程

销售业务处理涉及的功能模块主要有销售管理、应收系统、库存管理、存货核算、总账系统。销售业务类型主要有销售发货业务、销售开票业务、收款业务、销售退货业务等。

如采用开票直接发货模式，销售业务的处理流程如图 12-1 所示。

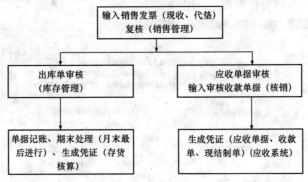

图 12-1　销售业务处理流程

学习任务 12.2　系统初始化

王晴对销售管理系统的初始化进行了讲解。

12.2.1　销售业务设置

（1）"业务控制"（图 12-2）。

①"是否有零售日报业务"。若选择有，系统增加"零售"菜单项，相关账表如销售收入明细账中包含零售日报的数据；否则，系统不能处理零售日报业务。此功能可以作为与前台销售收款系统的接口。

②"是否有销售调拨业务"。若选择有，系统增加"销售调拨"菜单项，相关账表如销售收入明细账中包含销售调拨单的数据；否则，系统不能处理内部销售调拨业务。

③"是否有委托代销业务"。若选择有，系统增加"委托代销"菜单项，增加委托代销明细账等账表；否则，系统不能处理委托代销业务。

④"是否有分期收款业务"。若选择有，填制销售单据时可选择分期收款业务类型，否则不可用。

⑤"是否有直运销售业务"。若选择有，可选择直运销售业务类型，否则不可用。销售管理的直运业务选项影响采购管理的直运业务。

⑥"是否销售生成出库单"。若选择有，销售管理的发货单、销售发票、零售日报、销售调拨单在审核/复核时，自动生成销售出库单，并传到库存管理和存货核算。库存管理不可修改出库数量，即一次发货全部出库；否则，销售出库单由库存管理参照上述单据生成，不可手工填制。在参照时，可以修改本次出库数量，即可以一次发货多次出库；生成销售出库单后不可修改出库数量。

⑦"销售是否必填批号"。若选择是，则批次管理的存货，在销售管理开具发货单、销售发票、零售日报、销售调拨单时，批号为必填项；否则，批号在销售管理时可指定也可不指定。销售管理指定后，库存管理不能修改，未指定则由库存管理指定。如选中"是否销售生成出库单"，则批号只能在销售管理指定，用户不可修改。

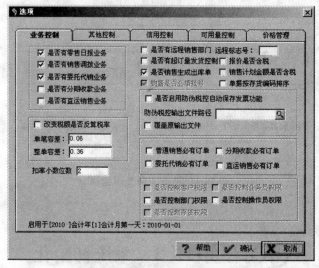

图 12-2 "业务控制"选项

(2)"其他控制"（图 12-3）。增发货单、退货单、发票默认选项：可以设置新增发货单、退货单、发票时首先打开销售订单、销售发货单的参照对话框或是不打开对话框，方便用户的操作。设置参数后，用户也可取消打开对话框，直接使用工具栏上的"订单""发货"按钮打开参照对话框。

(3)"信用控制"与"可用量控制""价格管理"。"信用控制"（图 12-4）进行客户、部门、业务员的信用控制范围的设置。"可用量控制"包括可用量检查公式、可用量控制公式、超可用量控制。"价格管理"设置取价方式、报价参照、价格政策、最低售价控制。

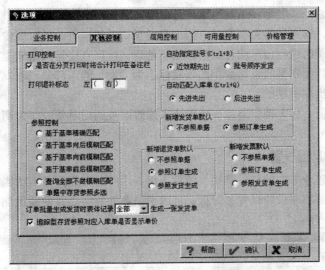

图 12-3　"其他控制"选项

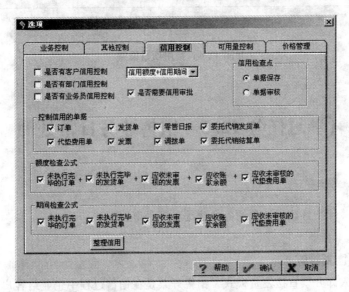

图 12-4　"信用控制"选项

12.2.2　销售类型设置

企业在处理销售业务时，可根据自身的实际情况自定义销售类型，以便于按销售类型对销售业务数据进行统计和分析。本功能完成对销售类型的设置和管理，可以根据业务的需要方便地增加、修改、删除、查询、打印销售类型（图 12-5）。

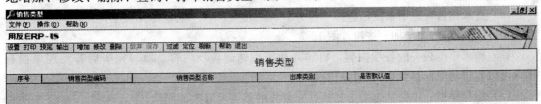

图 12-5　销售类型设置

（1）销售类型编码、名称：不能为空，且不能重复。

（2）出库类别：输入销售类型所对应的出库类别，以便销售业务数据传递到库存管理子系统和存货核算子系统时进行出库统计和财务制单处理。可以直接输入出库类别编号或名称，也可参照输入法。出库类别是收发类别中的收发标志为"发"的那部分，收发标志为"收"的收发类别是不能作为出库类别的。

（3）是否默认值：标志销售类型在单据输入或修改被调用时是否作为调用单据的销售类型的默认取值。

12.2.3 费用项目设置

企业在处理销售业务中的代垫费用、销售支出费用时，应先行在本功能中设置这些费用项目。本功能完成对费用项目的设置和管理，可以根据业务的需要方便地增加、修改、删除、查询、打印费用项目（图12-6）。

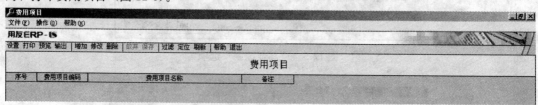

图 12-6　费用项目设置

学习任务 12.3　销售业务日常处理

任务引入

王晴对销售管理子系统的日常业务处理进行了讲解。

12.3.1　销售发票输入

销售发票输入即开票直接发货模式。销售开票是在销售过程中企业给客户开具销售发票及其所附清单的过程，它是销售收入确认、销售成本计算、应交销售税金确认和应收账款确认的依据，是销售业务的重要环节。销售发票分销售专用发票和销售普通发票。

任务布置

会计主管王晴演示如何输入销售发票。

任务实施

（1）进入销售管理子系统，选择"业务"→"开票"→"销售专用发票"（或"销售普通发票"）命令，单击"增加"按钮（图12-7）。

（2）输入单据表头的各项内容，再输入单据表体的各项内容。填写完毕后若发现单据有错，可以直接将光标移到有关栏目进行修改。

（3）保存单据，单据状态为未复核。未复核的单据可修改、删除。

（4）如果在销售的同时收到款项，可以单击"现结"按钮，输入收款单据。

（5）如果在销售的同时有代垫运杂费等代垫费用，可以通过单击"代垫"按钮，输入代垫费用单，并审核代垫费用单。

（6）复核单据：未复核的单据可以复核，复核后单据状态为已复核，不能修改、删除。已复核的单据为有效单据，可被其他单据、其他系统参照使用。已复核的单据可以弃复，弃复后单据状态为未复核。

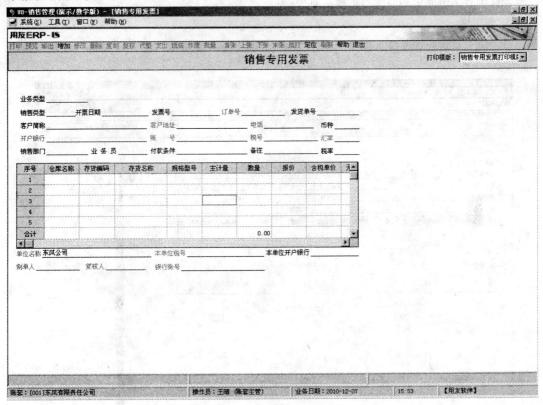

图 12-7 销售发票输入

提 示：

在复核发票后，系统会自动产生一张销售发货单，如果在销售选项中选择了"销售生成出库单选项"，系统还会自动产生一张销售出库单。

12.3.2 收款单输入、审核

收款单输入是将已收到的客户款项或退回客户的款项，输入应收款管理子系统，包括收款单与付款单（即红字收款单）的输入。

收款单输入和审核的操作与付款单输入和审核基本相同，在此不再叙述。

12.3.3 应收单据审核

应收单据审核窗口类似于应付单据审核窗口，在此不再叙述。

12.3.4 销售发货单输入

发货单是销售方给客户发货的凭据，是销售发货业务的执行载体。先发货后开票时，销售发货单可以手工增加，也可以参照销售订单填制；开票直接发货时，销售发货单根据销售发票自动生成。先发货后开票时，销售发货单可以修改、删除、审核、弃审、关闭、打开；开票直接发货时销售发货单不可以修改、删除、弃审，但可关闭、打开。先发货后开票时，已审核未关闭的销售发货单可以参照生成销售发票。

任务布置——

会计主管王晴演示如何输入销售发货单。

任务实施——

（1）进入销售管理系统，选择"业务"→"发货"→"发货单"命令，单击"增加"按钮（图 12-8）。

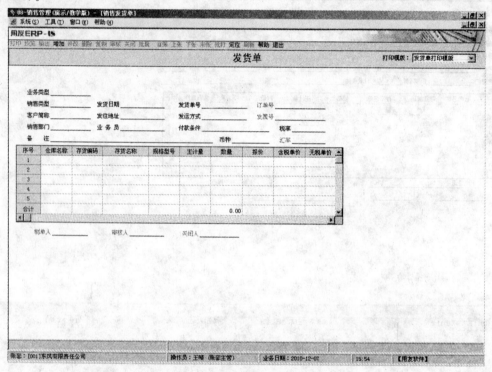

图 12-8　销售发货单输入

（2）输入单据表头的各项内容，再输入单据表体的各项内容。填写完毕后若发现单据有错，可直接将光标移到有关项目进行修改。

（3）保存单据，状态为未审核。未审核的单据可以修改、删除。

（4）审核单据：未审核的单据可以审核，已审核的单据为有效单据，可被其他单据、其他系统参照使用。

提　示：

单据状态为已审核，不能修改、删除。已审核的单据可以弃审，弃审后单据状态为未审核。

在销售发票输入窗口单击"发货"按钮，输入客户，单击"显示"按钮，显示待参照的发货单，选择相应单据后确认，保存该发票，并复核。

12.3.5 销售退货

销售退货业务是指客户因货物质量、品种、数量等不符合要求而将已购货物退回本企业的业务。销售退货时需要输入退货单（红字发货单）和红字销售发票，其处理办法类似于发货单和销售发票的输入，只不过数量和金额为红字（负数）。

12.3.6 记账凭证生成

销售发票、收款单、现结等原始单据可以由应收款管理子系统自动生成记账凭证，并传入总账系统。在生成凭证时分别选择发票制单、结算单制单或现结制单。

学习任务 12.4 应用操作

1. 实训目的

通过实训掌握销售管理子系统的开票直接发货模式和先发货后开票模式。

2. 实训内容

（1）发货单填写；

（2）销售发票填写；

（3）代垫费用单的输入和处理。

3. 实训资料

（1）2010 年 3 月 19 日销售给宏大集团甲产品 15 件，含税单价 93.6 元，用 No. 20100313 支票垫付运杂费 200 元，所有款项暂欠。2010 年 3 月 20 日收到 No. 20100320 转账支票一张，结清所有款项。

（2）2010 年 3 月 19 日销售给宏大集团甲产品 500 件，含税单价 93.6 元，货物已发出，开具的增值税专用发票编号为 1080319，收到 No. 1080319 转账支票一张，结清所有款项。

4. 实训要求

（1）开票直接发货模式下的发货单、销售发票、代垫费用单的输入和处理流程。

（2）先发货后开票模式下的发货单、销售发票、代垫费用单的输入和处理流程。

项目 13 库存管理子系统

理论知识目标

1. 了解库存管理子系统的主要功能。
2. 了解库存管理子系统的业务流程。
3. 掌握库存管理子系统的日常业务处理。

实训技能目标

1. 掌握系统初始化设置。
2. 掌握入库、出库、调拨等单据的输入或生成。
3. 熟悉各种账表的查询操作。
4. 掌握月末结账的业务处理。

学习任务 13.1 库存管理子系统业务流程

任务引入

公司任命会计人员宋涛负责库存管理子系统的业务处理。会计主管王晴首先对宋涛进行库存管理子系统的主要功能和流程的培训。

13.1.1 库存管理子系统主要功能

库存管理子系统主要从实物方面对存货的入库、出库和结余加以反映和监督。系统根据输入的各种入库单和出库单，可输出反映存货收发存情况的出入库流水账、库存台账等账簿，可进行各种统计分析，输出存货收发存的汇总情况。

库存管理子系统的主要任务是向采购管理子系统传递采购入库情况，向销售管理子系统提供可供销售货物的现存量，向存货核算子系统传递出入库单据情况，对存货收、发、存数量信息进行全面管理。

库存管理子系统可以单独使用，也可以与采购管理子系统、销售管理子系统、存货管理子系统集成使用。

库存管理子系统功能结构如图 13-1 所示。

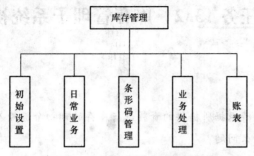

图 13-1　库存管理子系统功能结构

（1）初始设置。设置重要系统选项，建立存货收发类别、仓库、存货档案等基础信息，输入存货期初结存资料，建立起本企业的库存管理系统使用环境。

（2）日常收发存业务处理。根据采购、销售业务形成的存货收发业务，输入相关单据，并对输入或其他系统传入的各类存货收发单据进行审核等进一步处理。除管理采购、销售业务形成的入库和出库业务外，还可以处理仓库间的调拨业务和盘点业务等。

（3）条形码管理。用户进行条形码规则设置、规则分配、条形码生成等操作。

（4）库存账表及统计分析。提供出入库流水账、库存台账、代管账等账簿记录查询，各类存货储备分析表查询，按不同分类表查询，按不同分类方法对存货进行统计分析，提供各类收、发、存数量汇总表查询。

（5）期末处理。在库存管理子系统内部以及与存货核算子系统对账无误的基础上，进行期末结账，将本期相关数据结转下期，实现上下会计期间的衔接。

13.1.2　库存管理子系统业务流程

库存管理系统业务流程如图 13-2 所示。

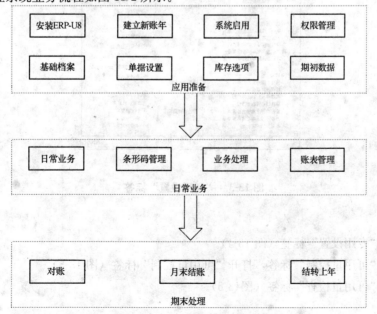

图 13-2　库存管理业务处理流程

学习任务 13.2　库存管理子系统初始化

任务引入

会计主管王晴安排宋涛根据所提供的资料进行库存的期初余额输入。库存管理子系统在初始化设置中都应该注意什么问题?

13.2.1　库存选项设置

系统选项也称系统参数。第一次进入库存管理系统时,应进行系统的参数设置,系统参数的设置将决定企业使用系统的业务模式、业务流程、数据流向,有些选项在日常业务开始后不能随意更改,企业应在业务开始前进行全盘考虑,结合实际业务需要进行设置。

库存管理系统选项包括通用设置、专用设置、可用量控制、可用量检查等内容。

任务布置

会计主管王晴指导宋涛进行库存管理子系统选项的设置。

任务实施

(1) 选择"系统菜单"→"初始设置"→"选项"命令,打开"通用设置"标签 (图 13-3)。

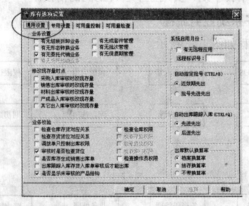

图 13-3　"通用设置"标签

(2) 单击"专用设置"标签 (图 13-4)。

(3) 单击"可用量控制"标签,打开"可用量控制"标签 (图 13-5)。

(4) 单击"可用量检查"标签 (图13-6)。

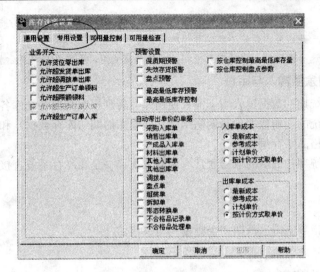

图 13-4　"专用设置"标签

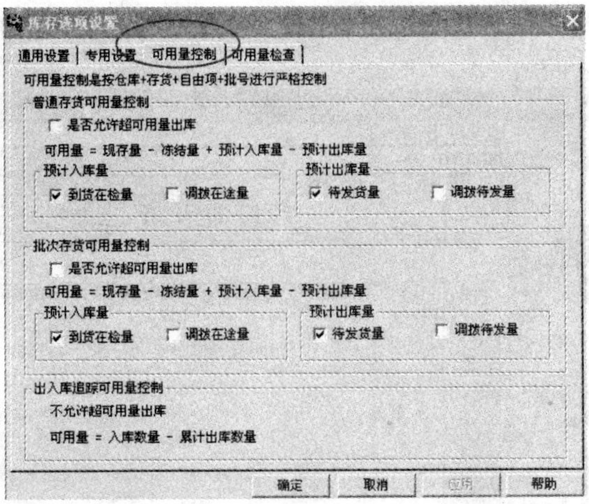

图 13-5　"可用量控制"标签

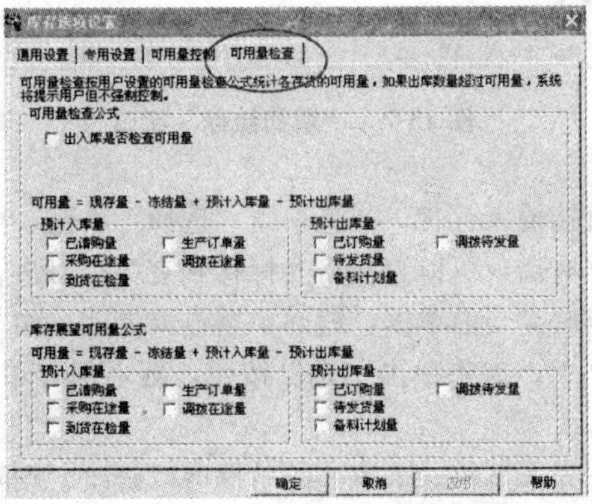

图 13-6　"可用量检查"标签

【注意事项】

（1）在相关业务已开始后，最好不要随意修改业务控制参数。

（2）在进行库存选项修改前，应确定系统相关功能没有使用，否则系统将提示警告信息。

13.2.2 期初余额输入与审核

库存管理子系统期初数据输入用于输入使用库存管理子系统前各仓库各存货的期初结存情况。库存管理子系统的期初数据包括期初结存（即仓库的期初库存数据）和期初不合格品（即期初未处理的不合格品结存量）。

库存管理子系统期初数据的取得通常有两种方式：一是在库存系统直接输入；二是从存货系统取数。

任务布置

会计主管王晴指导宋涛进行期初余额输入与审核。

任务实施

（1）库存系统直接输入。

①选择"初始设置"→"期初数据"→"期初结存"命令，打开"期初结存"窗口（图13-7）。

②选择输入结存的仓库。

图13-7 "期初结存"窗口

③单击"修改"按钮直接输入存货，或者单击"选择"按钮，可批量增加存货（图13-8）。

④填写完毕若发现单据有错，可以直接将光标移到有关栏目进行修改。

⑤在单据保存前，可以放弃当前单据，返回单据查询界面；如未保存退出，系统提示"此单据尚未保存，确定退出吗？"，如果单击"是"按钮，则不保存单据退出；单击"否"按钮，则返回输入窗口（图13-9）。

⑥保存单据，单据状态为未审核。未审核的单据可以修改、删除。

⑦审核单据：未审核的单据可以审核，单击"审核"按钮。单据状态为已审核，不能修改、删除。有日常业务的，期初结存不能弃审（图13-10）。

⑧已审核的单据可以弃审，弃审后单据状态为未审核（图 13-11）。

（2）从存货系统取数。

①如果库存管理系统和存货核算系统同时启用，它们的期初数据可以共享，在存货核算系统中输入期初数据后，用户可以从库存管理系统取期初数并与其对账，即

库存系统 ←——存货系统
　　　　　取数

②选择"初始设置"→"期初数据"→"期初结存"命令，先选仓库，再取数。

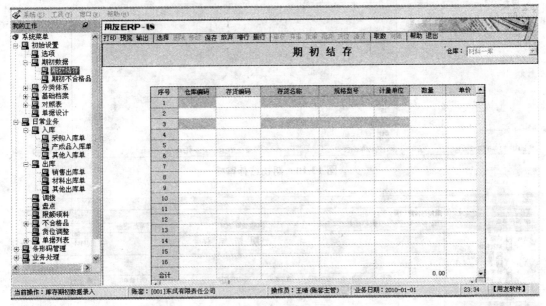

图 13-8　期初结存录入

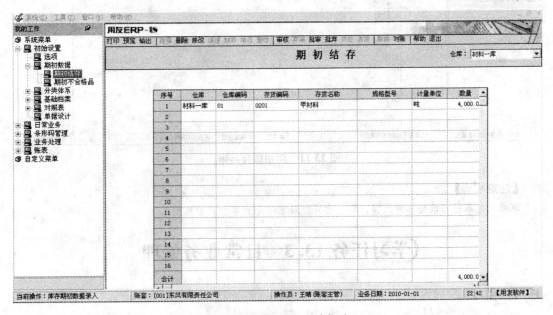

图 13-9　返回"期初结存"窗口

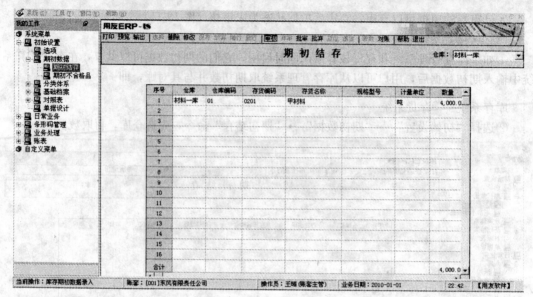

图 13-10　期初结存审核

图 13-11　期初结存弃审

【注意事项】

取数只能取出当前仓库的数据，即一次只能取出一个仓库的期初数据。

学习任务 13.3　日常业务处理

任务引入

会计主管王晴安排宋涛根据所提供的资料进行库存入库、出库、调拨及月末处理等业务。怎样处理入库、出库、调拨、盘存等业务？

13.3.1 入库业务处理

库存管理子系统日常业务处理主要是根据出入库进行收发货处理，包括入库、出库、调拨、盘点、账表业务处理和期末结账等业务处理。

手工方式与计算机方式下库存管理的业务处理基本相同，不同的是计算机方式下系统能够提供大量准确、实时的存货信息供企业决策及进行存货的优化管理，这一点在手工方式下很难实现。

入库业务是仓库收到采购或生产的货物，仓库保管员将验收货物的数量、质量、规格型号等，确认验收无误后入库，并登记库存账。

在库存管理系统输入或生成采购入库单、产成品入库单或其他入库单。

任务布置

会计主管王晴指导宋涛进行采购入库单和产成品入库单的输入。

任务实施

1. 采购入库单输入

采购入库单是根据采购到货签收的实收数量填制的单据。采购入库单按进出仓库方向分为蓝字采购入库单、红字采购入库单；按业务类型分为普通采购入库单、受托代销入库单（商业）。

采购入库单可以在库存管理系统中根据到货单、采购发票等单据生成，也可以直接输入。采购入库单生成或输入后，应对其进行审核。选择"系统菜单"→"日常业务"→"采购入库单"，即可打开"采购入库单"窗口（图 13-12）。

采购入库单输入审核操作步骤，见项目 11 采购管理子系统。

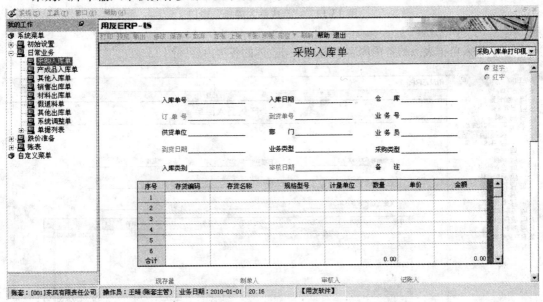

图 13-12 "采购入库单"窗口

2. 产成品入库单输入

产成品入库单一般指产成品验收入库时所填制的入库单据。只有工业企业才有产成品入库单，商业企业没有此单据。产成品一般在入库时无法确定产品的总成本和单位成本，所以在填制产成品入库单时，一般只有数量，没有单价和金额。

产成品入库单输入审核步骤如下。

（1）进入库存管理子系统，选择"系统菜单"→"日常业务"→"入库"→"产成品入库单"命令，单击"增加"按钮，打开"产成品入库单"窗口（图 13-13）。可以生单的，单击"生单"按钮进行参照生单。

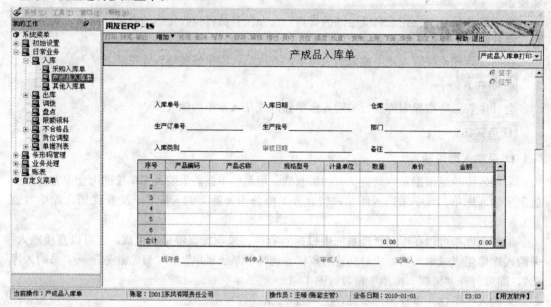

图 13-13　"产成品入库单"窗口

（2）输入单据表头的各项内容，输入单据表体的各项内容（图 13-14）。

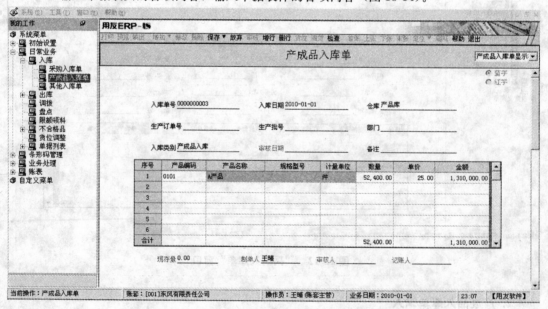

图 13-14　输入内容

（3）输入完成后若发现单据有错误，可以直接进行修改。

（4）在单据保存前，可以放弃当前单据，返回"单据查询"对话框；如未保存退出，系统提示"此单据尚未保存，确定退出吗？"如单击"是"按钮，则不保存单据直接退出；否则返回"产成品入库单"窗口。

（5）保存单据，单据状态为未审核。未审核的单据可以修改、删除。

（6）审核单据：未审核的单据可以审核，单据状态为已审核的，不能修改、删除。已审核的单据为有效单据，可被其他单据、其他系统参照使用。有下游单据生成的，系统视为该单据已执行，不能弃审。

（7）弃审单据：已审核的单据可以弃审，弃审后单据状态为未审核。

13.3.2 出库业务处理

出库业务是企业由于销售产品、原材料或部门领用存货等业务引起的存货减少业务。

在库存管理子系统中，输入或生成销售出库单、材料出库单或其他出库单。

任务布置——

会计主管王晴指导宋涛进行销售出库单和材料出库单的输入。

任务实施——

1. 销售出库单输入

销售出库单是销售业务的主要凭据。销售出库单按进出仓库方向分为蓝字销售出库单、红字销售出库单；按业务类型分为普通销售出库单、委托代销出库单、分期收款出库单。

当库存管理系统和销售管理系统集成使用时，销售出库单可以在发货单、销售发票等单据审核后自动生成，也可以手工输入生成。销售出库单生成或输入后，应对其进行审核。

销售出库单输入审核步骤如下。

（1）进入库存管理子系统，选择"系统菜单"→"日常业务"→"出库"→"销售出库单"命令。

（2）如果"销售管理"未启用可直接填制销售出库单，否则不可手工填制。与"销售管理"集成使用时只能使用"生单"进行参照生单（图13-15）。

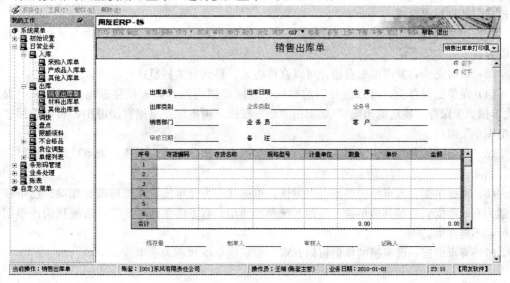

图 13-15 "销售出库单"窗口

（3）单击"GSP"按钮可出现生单列表（图13-16）。

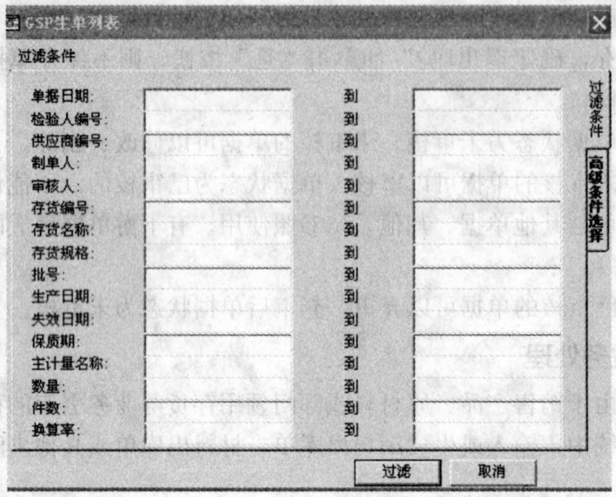

图13-16 "GSP生单列表"对话框

（4）销售出库单可以修改、删除、审核、弃审。

【注意事项】

（1）在"销售管理"指定的批次、生产日期、失效日期、入库单号等，在"库存管理"不可修改。

（2）建议用户由仓库管理部门指定以上内容，避免因发生错误而不能及时出库。

2. 材料出库单输入

对于工业企业，材料出库单是领用材料时所填制的出库单据，当从仓库中领用材料用于生产时，就需要填制材料出库单。只有工业企业才有材料出库单，商业企业没有此单据。

材料出库单输入审核步骤如下。

（1）进入库存管理子系统，选择"系统菜单"→"日常业务"→"出库"→"材料出库单"命令。

材料出库单可以手工增加，可以配比出库，可以参照《物料需求计划》的生产订单生成，或根据限额领料单生成。

（2）在"材料出库单"窗口（图13-17）中输入单据表头的各项内容，输入单据表体的各项内容。

（3）填写完毕，发现单据有错，可以直接将光标移到有关栏目进行修改。

（4）在单据保存前，可以放弃当前单据，返回单据查询；如未保存退出，系统弹出提示"此单据尚未保存，确定退出吗?"如单击"是"按钮，则不保存单据直接退出；否则返回"材料出库单"窗口。

（5）单击"保存"按钮（图13-18），保存单据，单据状态为未审核。未审核的单据可以修改、删除。

（6）审核单据：未审核的单据可以审核，单据状态为已审核，不能修改、删除。已审核的单据为有效单据，可被其他单据、其他系统参照使用。有下游单据生成的，系统视为该单据已执行，不能弃审。

（7）弃审单据：已审核的单据可以弃审，弃审后单据状态为未审核。

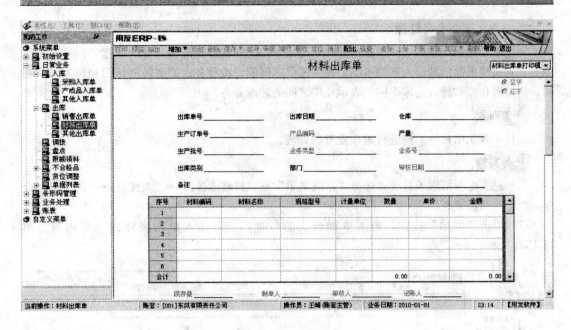

图 13-17 "材料出库单"窗口

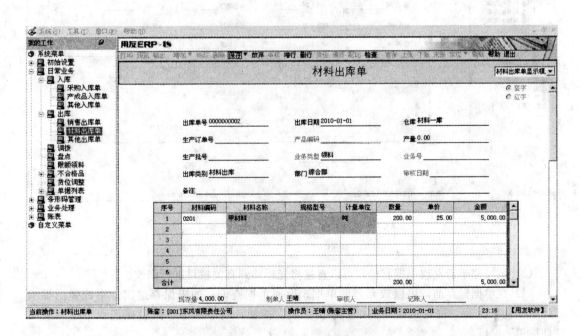

图 13-18 材料出库单保存

【注意事项】

(1) 材料出库业务是工业企业特有的。

(2) 材料出库单是在领用原材料时所填制的出库单据。

(3) 限额领料单分单后系统自动生成一张或多张材料出库单,可以一次领料,多次签收。

13.3.3 调拨业务处理

调拨单是指用于仓库之间存货的转库业务或部门之间的存货调拨业务的单据。同一张调拨单上，如果转出部门和转入部门不同，表示部门之间的调拨业务；如果转出部门和转入部门相同，但转出仓库和转入仓库不同，表示仓库之间的转库业务。

任务布置——

会计主管王晴指导宋涛进行调拨业务的处理。

任务实施——

（1）进入库存管理子系统，选择"系统菜单"→"日常业务"→"调拨"→"调拨单"命令，可输入调拨业务。

（2）单击"增加"按钮，输入单据表头的各项内容，输入单据表体的各项内容（图13-19）。

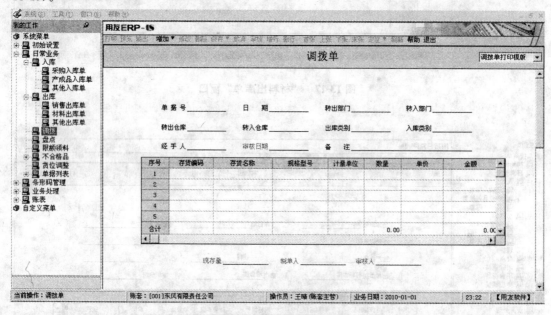

图 13-19 "调拨单"窗口

（3）填写完毕若发现单据有错，可以直接将光标移到有关栏目进行修改。

（4）在单据保存前，可以放弃当前单据，返回单据查询；如未保存退出，系统弹出提示"此单据尚未保存，确定退出吗？"，如单击"是"按钮，则不保存单据直接退出；否则返回"调拨单"窗口。

（5）保存单据（图13-20），单据状态为未审核。未审核的单据可以修改、删除。

（6）审核单据：未审核的单据可以审核，单据状态为已审核，不能修改、删除。已审核的单据为有效单据，可被其他单据、其他系统参照使用。有下游单据生成的，系统视为该单据已执行，不能弃审。

（7）弃审单据：已审核的单据可以弃审，弃审后单据状态为未审核。

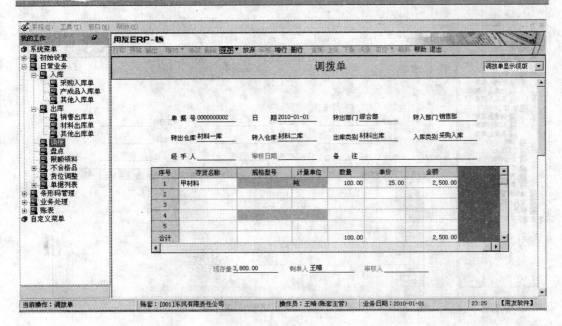

图 13-20　调拨单保存

【注意事项】

　　根据生产订单生成调拨单，可以解决将车间作为虚拟仓库进行处理的业务，即从仓库领料时，先制作调拨单，将材料调拨到车间的仓库，车间用料时再从车间的仓库做材料出库单或限额领料单进行领料。

13.3.4　盘点业务处理

　　为了保证企业库存资产的安全和完整，做到账实相符，企业必须对存货进行定期或不定期的清查，查明存货盘盈、盘亏、损毁的数量以及造成的原因，并据以编制存货盘点报告表，按规定程序，报有关部门审批。

　　经有关部门批准后，应进行相应的账务处理，调整存货账的实存数，使存货的账面记录与库存实物核对相符。

　　盘点时系统提供多种盘点方式，如按仓库盘点、按批次盘点、按类别盘点、对保质期临近多少天的存货进行盘点等，还可以对各仓库或批次中的全部或部分存货进行盘点，盘盈、盘亏的结果自动生成其他出入库单。

任务布置

会计主管王晴演示盘点业务的处理。

任务实施

　　（1）进入库存管理子系统，选择"系统菜单"→"日常业务"→"盘点"命令，打开"盘点单"窗口。

　　（2）单击"增加"按钮，系统增加一张空白盘点单（图 13-21）。

　　（3）输入盘点表头栏目，指定盘点仓库。

　　（4）可直接输入要盘点的存货，也可单击"盘库"、"选择"按钮批量增加存货。系统将自动带出对应存货不同自由项、批次的账面数量、账面件数、账面金额等。

　　（5）单击"保存"按钮，保存盘点单（图 13-22）。

图 13-21   "盘点单"窗口

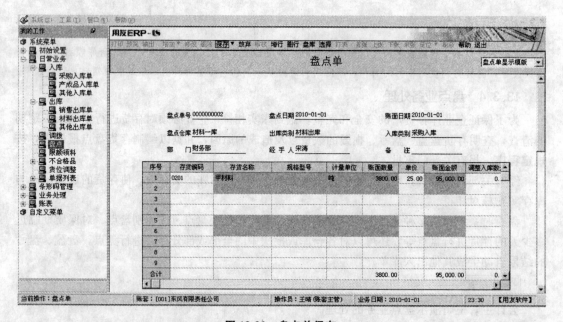

图 13-22   盘点单保存

（6）将盘点单打印出来，到仓库中进行实物盘点。

（7）对盘点单进行审核。

【注意事项】

（1）上次盘点仓库的存货所在的盘点表审核之前，不可再对此仓库此存货进行盘点，否则系统提示错误。

（2）盘点前应将所有已办理实物出入库的单据处理完毕，否则账面数量会不准确。

13.3.5 账表查询和月末结账

库存管理系统中账表管理可以为企业提供存货的各种有用信息，主要包括：各种存货现存量表、库存台账、货位账、入库跟踪表、存货分布表、收发存汇总表等。

月末结账时将每月的出入库单据逐月封存，并将当月的出入库数据记入有关账表中。结账只能每月进行一次。结账后本月不能再填制单据。进行月末结账时操作和采购管理子系统、销售管理子系统相似。只有在采购管理、销售管理月末结账后，才能进行库存管理子系统月末结账，当库存管理子系统月末结账后，才能进行存货核算子系统月末结账。

1. 账表查询

库存管理子系统能提供出入库流水账、库存台账、各类库存现存量查询等账簿记录查询，提供各类收发存汇总表查询。

任务布置——

会计主管王晴演示账表查询。

任务实施——

（1）库存现存量查询。

①选择"系统菜单"→"账表"→"库存账"→"现存量"命令，进行库存现存量查询（图 13-23）。

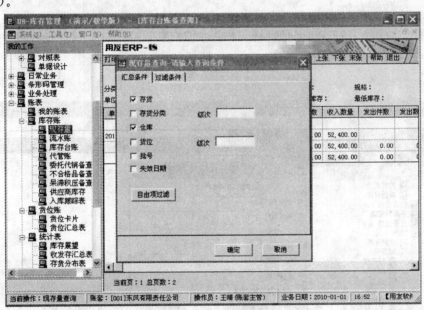

图 13-23 "现存量查询"对话框

②选择适当的汇总条件和过滤条件，单击"确定"按钮，可得到库存现存量结果（图 13-24）。

（2）**库存台账查询。**

①选择"系统菜单"→"账表"→"库存账"→"库存台账"命令，进行库存台账查询（图 13-25）。

②输入库存台账的查询条件，单击"确定"按钮，可得到查询结果（图 13-26）。

（3）收发存汇总表查询。

①选择"系统菜单"→"账表"→"统计表"→"收发存汇总表"命令，进行收发存汇总表查询（图 13-27）。

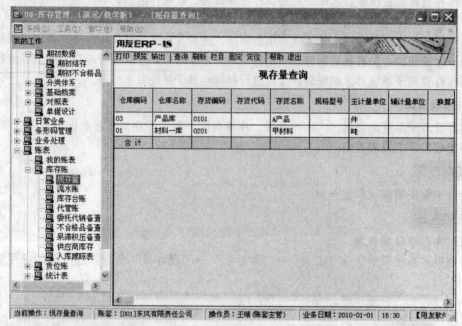

图 13-24　现存量查询结果

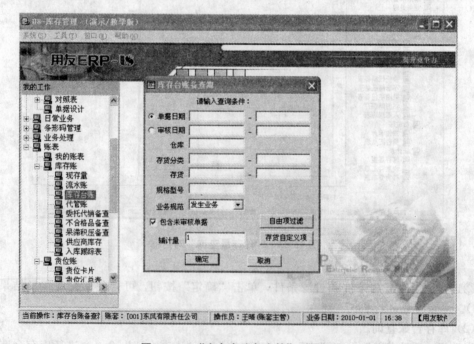

图 13-25　"库存台账备查簿"对话框

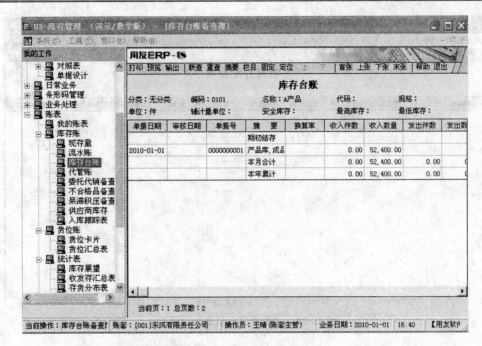

图 13-26　库存台账查询结果

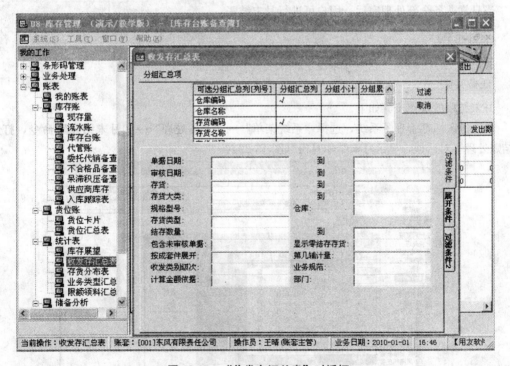

图 13-27　"收发存汇总表"对话框

②输入收发存汇总的查询条件，单击"过滤"按钮，可得到收发存的汇总查询结果。

③收发存汇总表按照仓库进行分页查询，一页显示一个仓库的收发存汇总表，所有仓库的收发存汇总表通过汇总功能查询（图 13-28）。

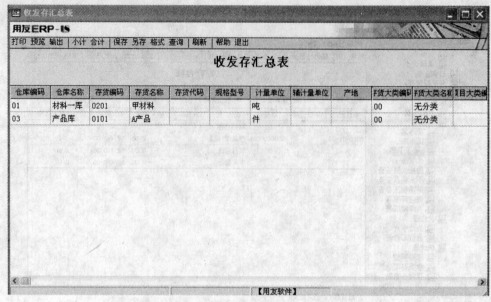

图 13-28 "收发存汇总表"对话框

2. 月末结账

当日常业务全部处理完后,用户可进行月末结账。

任务布置——

会计主管王晴演示月末结账。

任务实施——

月末结账的操作步骤如下。

(1) 进入库存管理子系统,选择"系统菜单"→"业务处理"→"月末结账"命令,打开"结账处理"对话框,显示月末结账月份(图 13-29)。

图 13-29 "结账处理"对话框

（2）选择要结账的月份 2010-01 单击"结账"按钮，系统开始进行合法性检查。如果检查通过，系统立即进行结账操作；如果未通过检查，系统会提示不能结账的原因（图 13-30）。

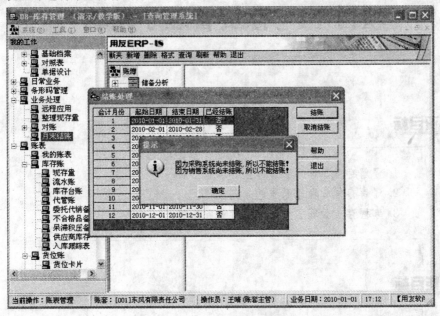

图 13-30　月末结账的提示信息

（3）当某月结账发现错误时，可单击"取消结账"按钮取消结账，然后再进行该月业务处理，最后再结账。

【注意事项】

（1）结账前用户应检查本会计月工作是否已全部完成，只有在当前会计月所有工作全部完成的前提下，才能进行月末结账，否则会遗漏某些业务。

（2）不允许跳月结账，只能从未结账的第一个月逐月结账；不允许跳月取消月末结账。只能从最后一个月逐月取消。

（3）没有期初记账，将不允许月末结账。

（4）上月未结账，本月单据可以正常操作，不影响日常业务的处理，但本月不能结账。

（5）月末结账后将不能再做已结账月份的业务，只能做未结账月的日常业务。

（6）月末结账之前一定要进行数据备份，否则数据一旦发生错误，将造成无法挽回的后果。

（7）如果用户认为目前的现存量与单据不一致，可选择"系统菜单"→"业务处理"→"整理现存量"命令将现存量调整正确。

（8）本功能与系统中所有功能的操作互斥，即在操作本功能前，应确定其他功能均已退出；在网络环境下，要确定本系统所有的网络用户退出了所有的功能。

项目 14　存货管理子系统

理论知识目标

1. 了解存货管理子系统的主要功能。
2. 了解存货管理子系统的业务流程。
3. 掌握存货管理子系统的日常业务处理。

实训技能目标

1. 掌握存货管理子系统初始化设置。
2. 掌握入库、出库等单据的处理。
3. 熟悉期末处理的核算。
4. 掌握月末结账的业务处理。

学习任务 14.1　存货管理子系统业务流程

任务引入

会计人员宋涛刚刚接手存货管理子系统的业务处理，会计主管王晴先对宋涛进行存货管理子系统主要功能和流程的培训。

14.1.1　存货管理子系统主要功能

存货是指企业在生产经营过程中为销售或耗用而储存的各种资产，包括商品、产成品、半成品、在产品以及各种材料、燃料、包装物、低值易耗品等。

存货的核算是企业会计核算的一项重要内容，进行存货核算应做到：正确计算存货购入成本，促使企业努力降低存货成本；反映和监督存货的收发、领退和保管情况；反映和监督存货资金的占用情况，促进企业提高资金的使用效果。

存货管理与核算可以分为两部分，一是库存管理，二是存货核算，前者负责现有库存的管理，包括入库、出库和转库业务，后者接收来自库存管理形成的各种单据，进行存货的收发存的核算，因此二者关系紧密。在会计信息系统中，二者可合二为一，也可单独运行，主要视企业业务量的规模以及管理的需要而定。

存货核算子系统是从资金的角度管理存货的出入库业务，主要用于核算企业的入库成本、出库成本、结余成本，反映和监督存货的收发、领退和保管情况，并提供各类存货收、发、存账簿和存货资金的占用情况及增减变动情况，对存货进行明细核算。

库存管理子系统主要从实物方面对存货的入库、出库和结余加以反映和监督。

存货管理业务处理涉及的功能模块主要有库存管理、存货核算、总账系统。库存管理业务类型主要有采购入库业务、产成品入库业务、销售出库业务、材料出库业务等。

存货管理系统功能结构如图 14-1 所示。

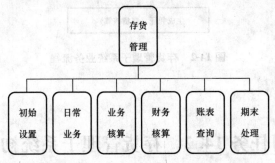

图 14-1 存货管理系统功能结构

（1）系统初始设置。设置重要参数选项，指定存货科目、对方科目等基础信息及期初数据输入，建立起本企业的存货核算系统使用环境。

（2）日常业务处理。在与采购、销售、库存等子系统集成使用时，本系统主要完成从其他系统传过来的不同业务类型下的各种存货的出入库单据、调整单据的查询及单据部分项目的修改、成本计算。在单独使用本系统时，完成各种出入库单据的增加、修改、查询及出入库单据的调整、成本计算。

（3）业务核算。对单据进行出入库成本的计算、结算成本的处理、产成品成本的分配、期末处理。

（4）财务核算。根据各类存货收发业务单据、对存货业务处理形成的单据和企业对存货科目及对方科目的设置，完成记账凭证生成、修改、查询等操作，并将自动生成的凭证传入总账系统。

（5）账表查询。提供存货总账、明细账、出入库流水账、入库汇总表、出库汇总表、收发存汇总表、差异分摊表等多种账表，以及存货周转率分析、库存资金占用分析、入库成本分析等分析表的查询。

（6）期末处理。在与库存管理系统、总账系统对账无误的基础上，进行期末结账，将本期相关数据结转下期，实现上下会计期间的衔接。

14.1.2 存货管理子系统业务流程

存货管理子系统业务流程如图 14-2 所示。

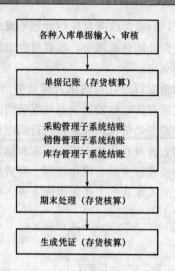

图 14-2　存货管理子系统业务流程

学习任务 14.2　存货管理子系统初始化

任务引入

宋涛要根据所提供的资料进行存货的初始化设置和期初余额输入，该怎样操作？

14.2.1　库存选项设置

系统选项也称系统参数。第一次进入存货管理子系统时，应进行系统的参数设置，定义企业所使用存货管理子系统的选项，包括核算方法、控制方式、最高最低控制。

任务布置

会计主管王晴指导宋涛进行存货管理子系统选项设置。

任务实施

（1）选择"系统菜单"→"初始设置"→"选项"命令，可以看到选项包括选项查询、选项输入（图 14-3）。

（2）选择"系统菜单"→"初始设置"→"选项"→"选项查询"命令，即可进行选项的查询操作。选项查询可以任意查询，与其他功能不会产生互斥（图 14-4）。

（3）若需要修改选项，则需要选择"系统菜单"→"初始设置"→"选项"→"选项录入"命令，进行选项的编辑、修改操作。选项输入时，会与某些功能互斥，用户应在退出这些功能界面后进行选项的修改、编辑操作。选择各项业务范围（图 14-5），并单击"确认"按钮保存。

经常使用的存货核算选项有核算方式、暂估方式。

①核算方式。

a. 按仓库核算：按仓库设置计价方式，并且每个仓库单独核算出库成本。不同仓库，相同存货可按不同计价方式核算成本，即按用户在仓库档案中设置的计价方式进行核算。

b. 按部门核算：按仓库中的所属部门设计价方式，并且相同所属部门的各仓库统一核算出库成本。不同部门，相同存货可按不同计价方式核算成本，即按用户在仓库档案中设置的部门计价方式进行核算。

c. 按存货核算：无论部门或仓库，相同存货按相同计价方式核算成本，即按用户在存货档案中设置的计价方式进行核算。

一般来说，同种存货不论其所属仓库、所属部门，核算口径应是一致的，因此很多企业采用按存货核算方式。

②暂估方式。

a. 月初回冲：月初回冲是指月初时系统自动生成红字回冲单，报销处理时，系统自动根据报销金额生成采购报销入库单。

b. 单到回冲：单到回冲指报销处理时，系统自动生成红字回冲单，并生成采购报销入库单。

c. 单到补差：单到补差是指报销处理时，系统自动生成一笔调整单，调整金额为实际金额与暂估金额的差额。

与采购系统集成使用时，如果明细账中有暂估业务未报销或本期未进行期末处理，暂估方式将不允许修改。

图 14-3　存货管理选项设置

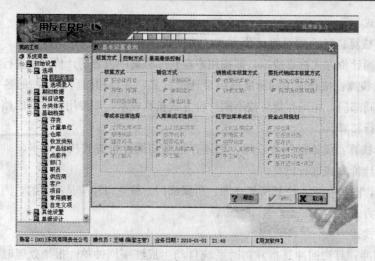

图 14-4　存货管理选项查询

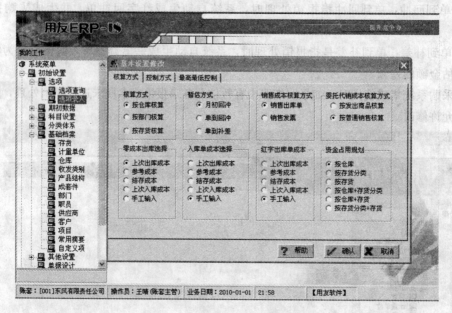

图 14-5　存货管理选项录入

14.2.2　期初余额输入与记账

存货期初数据输入模块用于使用系统前各存货的期初结存情况。期初余额和库存的期初余额分开输入。库存和存货的期初数据分别输入处理，库存和存货核算就可分别先后启动，即允许先启动存货再启动库存或先启动库存再启动存货。存货的期初数据可与存货核算的期初数据不一致，系统提供两边互相取数和对账的功能。

当使用存货核算时，如果不需要输入期初差异，可在直接输入期初余额、分期收款发出商品余额、委托代销商品余额后，进行期初记账；如果需要输入期初差异，则应保存期初余额并退出，进入差异输入，输入完差异后，再进行期初余额记账。期初记账后，用户可能进行日常业务核算。

任务布置——

会计主管王晴演示存货期初余额的输入与记账。

任务实施——

（1）选择"系统菜单"→"初始设置"→"期初数据"→"期初余额"命令，打开"期初余额"对话框（图 14-6）。

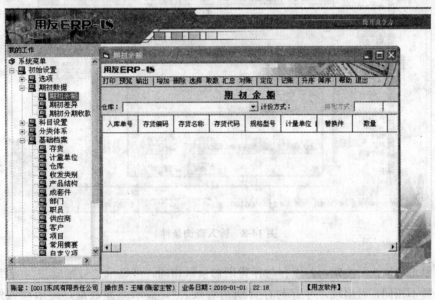

图 14-6 "期初余额"对话框

（2）选择要输入期初余额的仓库/部门/存货，输入期初余额，也可单击"选择"按钮，进行批量选择存货快速输入，还可以单击"取数"按钮，从库存系统取期初数（图 14-7）。

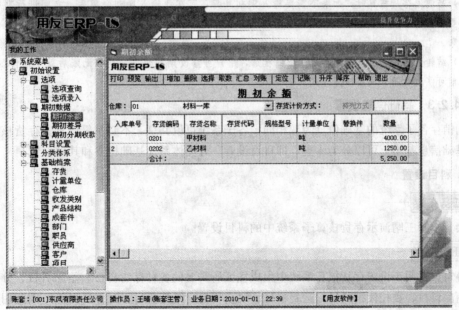

图 14-7 期初余额输入

（3）输入此仓库/部门/存货的期初余额，并保存。保存后，可以单击"对账"按钮，输入查询条件（图14-8）。

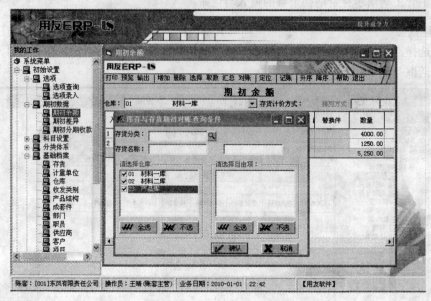

图14-8　输入查询条件

（4）单击"确认"按钮，若库存与存货期初余额相同，可显示"对账成功"。若库存与存货期初余额不相同，可出现"库存与存货期初对账表"，显示差异数量，提示检查修改期初余额。

（5）当期初余额输入完毕后，可单击"记账"按钮，则用户可以进行日常处理。

【注意事项】

（1）当使用存货核算时，如果不需要输入期初差异，可在此输入期初余额后，立即进行期初记账；如果需要输入期初差异，则应保存期初余额并退出，进入差异输入，输入完差异后，再对期初余额进行期初记账。

（2）结转上年后，存货是期初记账前的状态，用户可修改期初数据，期初记账后就不能修改了。期初记账前可修改计价方式及核算方式。

14.2.3　基础信息设置

购销存各子系统的基础信息大致相同，各子系统可以共享，不必重复设置。存货核算子系统的基础信息基本上可以分为4类，即科目设置、分类体系、基础档案和其他设置。

1. 科目设置

任务布置

会计主管王晴演示存货核算子系统中的科目设置。

任务实施

科目设置用于设置存货核算系统中生成凭证所需要的各种存货科目、差异科目、分期收款发出商品科目、委托代销科目、运费科目、税金科目、结算科目、对方科目等，因此用户在制单之前应先将此模块中存货科目设置正确、完整，否则无法生成科目完整的凭证。

设置科目后，在生成凭证时，系统能够根据各个业务类型将科目自动生成会计分录，如果没有设置科目，则在生成凭证后，科目就需要手工输入。

（1）存货科目设置。

①选择"系统菜单"→"初始设置"→"存货科目"命令，打开"存货科目"对话框（图14-9）。

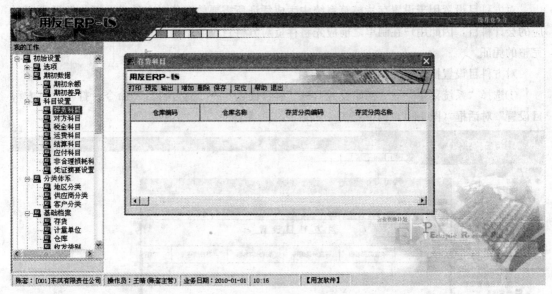

图 14-9　存货科目设置

②单击"增加"按钮，输入所需要设置的存货科目、差异科目、分期收款发出商品科目、委托代销科目等并保存（图14-10）。

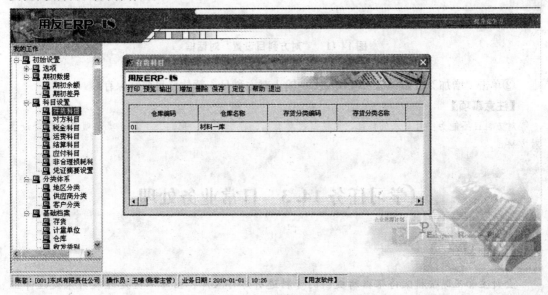

图 14-10　存货科目设置

【注意事项】

（1）在进行存货科目设置时，仓库和存货分类不可以同时为空。

（2）同一仓库的同一存货分类不可重复设置。

（3）同一仓库的不同存货分类不可有包含关系。

（2）对方科目设置。

对方科目设置用于设置存货核算系统中生成凭证所需要的存货对方科目，即收发类别所对应的会计科目，因此用户在制单之前应先将存货对方科目设置正确、完整，否则无法生成科目完整的凭证。

对方科目设置操作步骤如下：

①选择"系统菜单"→"初始设置"→"科目设置"→"对方科目"命令，打开"对方科目设置"对话框（图14-11）；

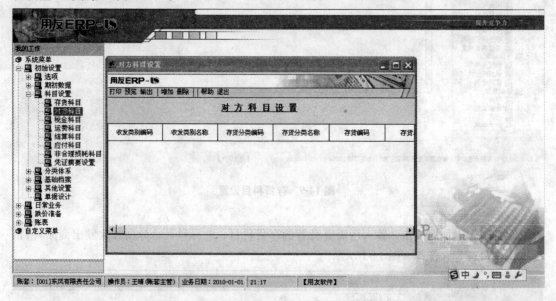

图14-11　"对方科目设置"对话框

②单击"增加"按钮，选末级收发类别输入对方科目、暂估科目，并保存。

【注意事项】

对方科目不能为空且是末级科目，可根据收发类别、存货分类、部门、项目分类、项目和存货设置对方科目。

学习任务14.3　日常业务处理

任务引入

会计主管王晴安排宋涛根据所提供的资料进行库存入库、出库单据处理及月末处理等业务。怎样处理入库、出库单据及月末处理等业务？

14.3.1 入库单据处理

存货管理子系统日常业务处理主要是进行日常存货出入库单据查询及单据部分项目修改、出入库单据记账、成本核算和财务核算等。

在与采购、销售、库存等系统集成使用时，存货核算子系统主要完成从系统传过来的不同业务类型下各种存货的出入库单据、调整单据的查询及单据部分项目的修改、成本计算。

在单独使用存货核算子系统时，完成各种出入库单据的增加、修改、查询及出入库单据的调整、成本计算。

任务布置

会计主管王晴指导宋涛进行入库单据的处理。

任务实施

入库业务包括：企业外部采购物资形成的采购入库单、生产车间加工产品形成的产成品入库单，以及盘点、调拨单、调整单、组装、拆卸等业务形成的其他入库业务。

在存货管理子系统，对各种入库单可以进行查询及部分项目修改，对各种入库单记账、生成凭证，并将记账凭证传递到总账系统。

1. 采购入库单输入审核

采购入库单输入、审核操作步骤，见项目十一采购管理子系统。

（1）单独使用存货管理子系统的情况下，可选择"系统菜单"→"日常业务"→"采购入库单"命令，在"采购入库单"窗口（图 14-12）中直接输入采购入库单。

（2）与其他系统集成的情况下，可对传递过来的采购入库单进行入库金额的修改。

（3）对已审核确认的有金额的采购入库单记账，确认入库成本；对没有入库金额的采购入库单进行暂估成本输入，确认成本后，系统对其进行结算成本处理。

（4）对已记账的采购入库单进行制单，传递至总账，月末可与总账对账。

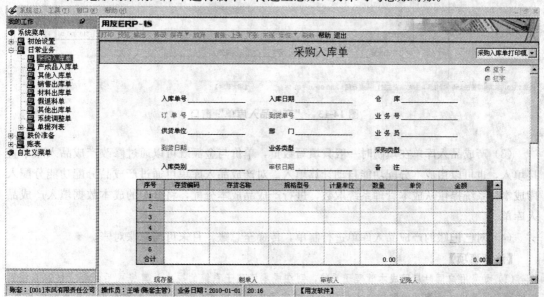

图 14-12 "采购入库单"窗口

【注意事项】

（1）若库存系统已启用，则采购入库单只能由库存子系统输入，在存货管理子系统进行查看、修改金额；若库存系统没有启用，采购系统启用，则采购入库单在采购系统输入，在存货管理系统进行成本核算；若采购系统与库存系统都没有启用，则采购入库单由存货核算系统进行输入。

（2）若未启用采购系统，暂估处理不能进行。

（3）对采购入库单数量的修改只能在该单据填制的系统进行。

（4）输入时，如果存货、供应商、客户档案已输入停用日期，则参照时不能再显示此存货、供应商、客户信息，不允许再做任何业务处理。

2. 产成品入库单输入审核

产成品入库单输入审核操作步骤，见项目十三库存管理子系统。

（1）单独使用存货管理子系统的情况下，可选择"系统菜单"→"日常业务"→"产成品入库单"命令，直接输入产成品入库单。

（2）与库存集成的情况下，存货管理子系统接收从库存系统传递的产成品入库单（图14-13）。

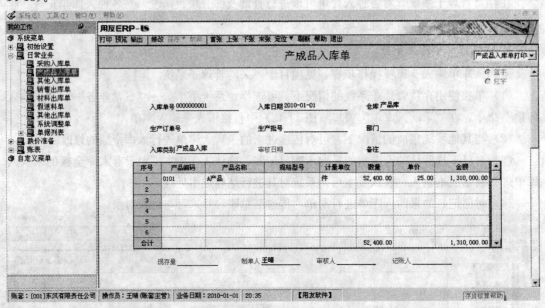

图 14-13　"产成品入库单"窗口

（3）产成品入库单在填制时一般只填写数量，单价与金额既可以通过修改产成品入库单直接填入，也可以由成本分配功能自动计算填入。对产成品入库单可通过产成品分配功能分配入库成本。系统提供从成本管理系统取数，进行产成品成本分配，将分配的成本数据填入产成品入库单。

（4）对已记账的产成品入库单进行制单，传递至总账，月末可与总账对账。

【注意事项】

（1）如果用户同时启用成本管理子系统，则在成本管理子系统的成本计算完成后，存货核算系统可以通过产成品成本分配功能取得成本管理子系统中产成品的成本，对产成品入库单进行批量分配成本，填入入库单。也可手工输入产成品总成本，进行成本分配。

（2）与库存管理子系统集成使用，产成品入库单由库存管理子系统输入，本系统不允许增加产成品入库单，只能修改单价和金额。

（3）对于库存系统填制的产成品入库单，只能由库存系统修改数量，也只能由库存系统进行删除。

（4）输入时，如果存货、供应商、客户档案已输入停用日期，则参照时不能再显示此存货、供应商、客户信息，不允许再做任何业务处理。

（5）如果在"是否检查仓库存货对照关系选项"中选择"是"，则系统输入存货时，不但要检查操作员对存货的权限，还检查仓库和存货对照表。

（6）本月正在进行期末处理或已期末处理后，不允许增加本月单据。

14.3.2 出库单据处理

出库业务是企业由于销售产品、原材料或部门领用存货等业务引起的存货减少业务。

出库业务包括：销售出库形成的销售出库单，车间领用材料形成的材料出库单，以及盘点、调整、调拨、组装、拆卸等其他出库业务。

在存货管理子系统，对各种出库单可以进行查询及部分项目修改，对各种出库单记账、生成凭证，并将记账凭证传递到总账系统。

任务布置——

会计主管王晴指导宋涛进行出库单据处理。

任务实施——

1. 销售出库单输入审核

销售出库单输入审核操作步骤，见项目十三库存管理子系统。

（1）单独使用存货管理子系统的情况下，选择"系统菜单"→"日常业务"→"销售出库单"命令，在图 14-14 所示窗口中输入数据。

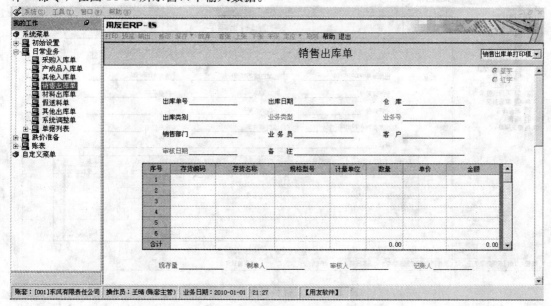

图 14-14 "销售出库单"窗口

（2）与其他系统集成的情况下，可对传递过来的销售出库单进行单价、金额的修改。

（3）依据所选择的成本核算方法，对销售出库成本进行核算，记账。

（4）对已记账的销售出库单进行制单，传递至总账，月末可与总账对账。

【注意事项】

（1）如果与库存管理子系统或销售子系统集成使用，销售出库单不可在本系统中输入。

（2）用户若在系统选项中选择出库成本核算为销售出库单，出库成本核算依据为销售出库单。

（3）所有销售出库单的单价、金额都可在存货系统修改，对数量的修改只能在该单据填制的系统进行。

（4）若库存系统没有启用，销售系统启用，则销售出库单在销售系统输入，在存货核算子系统进行查看。

（5）若库存系统与销售系统都没有启用，则销售出库单由存货核算子系统进行输入。

（6）输入时，如果存货、供应商、客户档案已输入停用日期，则参照时不能再显示此存货、供应商、客户信息，不允许再做任何业务处理。

（7）本月正在进行期末处理或已期末处理后，不允许增加本月单据。

2. 材料出库单输入审核

材料出库单输入审核操作步骤，见项目十三库存管理子系统。

（1）单独使用存货核算子系统的情况下，选择"系统菜单"→"日常业务"→"材料出库单"命令并输入相关数据（图 14-15）。

（2）与库存系统集成的情况下，可对传递过来的材料出库单进行成本核算。

（3）依据所选择的成本核算方法，对材料出库成本进行核算、记账，若与成本管理子系统集成使用，则成本管理子系统从存货管理子系统提取材料出库的数据。

（4）对已记账的材料出库单进行制单，传递至总账，月末可与总账对账。

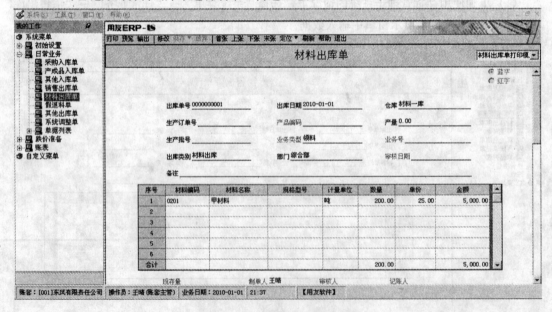

图 14-15 "材料出库单"窗口

【注意事项】

（1）如果与库存管理子系统集成使用，材料出库单不可在本系统中输入。

（2）输入时，如果存货、供应商、客户档案已输入停用日期，则参照时不能再显示此存货、供应商、客户信息，不允许再做任何业务处理。

（3）增加、修改、删除单据时，系统将按仓库、存货、部门、操作员进行权限检查。

（4）本月正在进行期末处理或已期末处理后，不允许增加本月单据。

14.3.3 单据记账

单据记账用于将用户所输入的单据登记存货明细账、差异明细账、差价明细账、受托代销商品明细账、受托代销商品差价账。

先进先出、后进后出、移动平均、个别计价这 4 种计价方式的存货在单据记账时进行出库成本核算；全月平均、计划价/售价法计价的存货在期末处理进行出库成本核算。

任务布置——

会计主管王晴指导宋涛进行单据记账。

任务实施——

单据记账的步骤如下。

（1）进入存货管理子系统，选择"系统菜单"→"业务核算"→"正常单据记账（或特殊单据记账）"命令，选择要记账单据，确认后，可对单据进行记账。

（2）系统显示"未记账单据一览表"，选择所要记账的单据或在工具栏单击"全选"按钮，再单击"记账"按钮，系统自动记账。

（3）记账后，也可利用恢复记账功能将已登记明细账的单据恢复到未记账状态。

14.3.4 生成凭证

生成凭证用于对本会计月已记账单据生成凭证，并可对已生成的所有凭证进行查询显示，所生成的凭证可在账务系统中显示及生成科目总账。

入库单据和出库单据在记账后由系统自动生成相应的记账凭证，并转入总账系统中。

任务布置——

会计主管王晴演示生成凭证的处理。

任务实施——

生成凭证的步骤如下。

（1）进入存货核算管理系统，选择"系统菜单"→"财务核算"→"生成凭证"命令。

（2）选择所需生成的"凭证类型"，单击工具栏"选择"按钮，在"查询条件"中用户可以根据需要选择需生成凭证的单据类别，单击"确认"按钮。

（3）选择要生成凭证的记录，单击"生成"按钮或"合成"按钮。

（4）显示所生成的凭证，用户可以修改凭证类别、凭证摘要、借方科目、贷方科目、金额，可以增加或删除借贷方记录，但应保证借贷方金额相等，并等于所选记录的金额。

（5）生成凭证后，单击"确认"按钮保存此凭证。

14.3.5 期末处理和月末结账

当日常业务全部处理完后，用户可进行期末处理。期末处理功能是：计算按全月平均方式核算的存货的全月平均单价及本会计月出库成本；计算按计划价/售价方式核算的存货的差异率/差价率及其会计的分摊差异/差价；对已完成日常业务的仓库、部门或存货做处理标志。如果使用了采购管理子系统、销售管理子系统和库存管理子系统，应在采购管理、销售管理和库存管理子系统中做结账处理后才能进行。

手工会计处理中，都有结账的过程，在计算机会计处理中也应有这一过程，以符合会计制度的要求。结账只能每月进行一次，结账后本月不能再填制单据。

1. 期末处理

任务布置——

会计主管王晴演示期末处理。

任务实施——

期末处理步骤如下。

（1）进入存货管理子系统，选择"系统菜单"→"业务核算"→"期末处理"命令，进行期末处理。

（2）选择要处理的仓库、部门或存货，系统自动显示相应期末处理的会计月份。

（3）如果要对期末处理后结存数量为零、结存金额不为零的存货，自动生成出库调整单，则可以选择"结存数量为零金额不为零自动生成出库调整单"选项，选择该项，期末处理后系统将显示零数量/成本一览表。

（4）单击"确认"按钮，即可对所选对象进行期末处理。

（5）系统提供恢复期末处理功能，但是在总账结账后将不可恢复，可以通过选择"已期末处理仓库"来恢复期末处理。

【注意事项】

（1）进行期末处理之前，用户应仔细检查是否本月业务还有未记账的单据；用户应做完本会计月的全部日常业务后，再做期末处理工作。

（2）本月的单据如果用户不想记账，可以放在下个会计月进行记账，算下个会计月的单据。

（3）期末成本计算每月只能执行一次，如果是在结账日之前执行，则当月的出入库单将不能在本会计期间输入。

2. 月末结账

任务布置——

会计主管王晴演示月末结账。

任务实施——

当日常业务全部处理完后，用户可进行月末结账。月末结账的操作步骤如下：

（1）进入存货管理子系统，选择"系统菜单"→"业务核算"→"月末结账"命令，进行月末结账，系统显示月末结账月份。

（2）选择月末结账，单击"确认"按钮，系统开始进行合法性检查。如果检查通过，系统立即进行结账操作；如果未通过，系统会提示不能结账的原因。

（3）当某月结账发现错误时，可用"取消结账"命令取消结账，然后再进行该月业务处理，最后再结账。

【注意事项】

(1) 结账前用户应检查本会计月工作是否已全部完成，只有在当前会计月所有工作全部完成的前提下，才能进行月末结账，否则会遗漏某些业务。

(2) 结账只能由有结账权的人进行。

(3) 如果和库存系统、采购系统、销售系统集成使用，必须在库存系统、采购系统、销售系统结账后，存货管理子系统才能进行结账。

(4) 只能对当前会计月进行结账，即只能对最后一个结账月份的下一个会计月进行结账。

(5) 月末结账之前用户一定要进行数据备份，否则数据一旦发生错误，将造成无法挽回的后果。

(6) 月末结账后将不能再做当前会计月的业务，只能做下个会计月的日常业务。

(7) 当某月账结错了时，可用"取消结账"按钮取消结账状态，然后再进行该月业务处理，最后再结账。

学习任务 14.4　应用操作

1. 初始设置资料

(1) 系统启用。

账套主管李明注册进入企业门户，在基本信息的系统启用功能中，以 2010 年 3 月 1 日启用存货管理子系统和库存管理子系统。

(2) 科目设置。

①存货科目（表 14-1）。

表 14-1　存货科目

仓库编码	仓库名称	存货分类编码	存货分类名称	存货科目编码	存货科目名称
1	原材料库	01	原材料	1211	原材料
2	产成品库	02	产成品	1243	库存商品

②对方科目设置（表 14-2）。

表 14-2　对方科目设置

收发类别编码	收发类别名称	存货分类编码	存货分类名称	对方科目编码	对方科目名称
11	采购入库	01	原材料	1201	材料采购
21	销售出库	02	产成品	1243	主营生产成本
22	生产领料	01	原材料	410101	基本生产成本

③税金科目（表 14-3）。

表 14-3　税金科目

存货编码	存货名称	科目编码	科目名称
001	A 材料	21710101	进项税额
002	B 材料	21710101	进项税额

④存货期初余额（表14-4）。

表14-4　存货期初余额

仓库	存货编码	存货名称	计量单位	数量	单价（元）	金额（元）
原材料库	001	A材料	吨	60	3 180	190 800
原材料库	002	B材料	件	1 800	75	135 000
产成品库	201	甲产品	台	200	1 650	330 000
产成品库	202	乙产品	台	180	1 380	248 400

库存管理子系统期初数据从存货核算子系统取数。

库存选项设置中允许超可用量发货。

2. 日常业务处理

东风公司2010年3月份发生下列经济业务。

（1）3月1日，汇给金枝公司前欠货款36 270元。

操作向导：王芳在应付款管理子系统输入付款单，审核后生成凭证。

（2）3月2日，市场部张扬向玉叶公司订购B材料300件，单价75元，要求3月6日到货。

操作向导：张扬在采购管理系统中输入采购订单，保存后审核。

（3）3月3日，玄武公司订购甲产品30台，双方协议单价2 900元，要求3月10日发货。

操作向导：张扬在销售管理子系统中输入销售订单并审核。

（4）3月6日，收到玉叶公司发来B材料300件验收入库，同时收到采购专用发票，货款22 500元，增值税3 825元，共计26 325元。

操作向导：张扬在采购管理子系统参照订单生成采购到货单；在库存管理子系统参照到货单生成采购入库单；王芳在存货管理子系统进行正常单据记账，然后在财务核算功能中生成记账凭证。

（5）3月8日，收到白虎公司汇来前欠货款78 220元。

操作向导：王芳在应收款管理子系统输入收款单，审核后立即生成记账凭证。

（6）3月10日，根据协议约定，向玄武公司发运甲产品30台，开出3245号转账支票代垫运费1 200元。当天开出销售专用发票。

操作向导：张扬在销售管理子系统参照订单输入发货单并审核，然后输入并审核代垫费用单，参照输入销售专用发票并审核；王芳在应收款管理子系统审核销售专用发票及代垫费用单，再进行发票制单、应收制单和应收单制单；张扬在库存管理子系统根据发货单生成销售出库单并审核；王芳在存货核算系统对销售出库单进行记账，然后在财务核算功能中生成记账凭证。

（7）3月13日，生产部门领用A材料20吨，单价3 180元，B材料300件，单价75元，用于产品生产。

操作向导：张扬在库存管理子系统中输入材料出库单并进行审核；王芳在存货核算子系统对材料出库单进行正常单据记账，然后在财务核算功能中生成记账凭证。

（8）3月14日，向金枝公司订购A材料5吨，单价3 200元。

操作向导：张扬在采购管理子系统输入采购订单，保存后审核。

（9）3月16日，收到玄武公司汇来代销商品款30 607.2元，货款50 000元，其余货款下月付清。

操作向导：王芳在应收款管理子系统输入收款单，审核后生成记账凭证并进行核销操作。

（10）3 月 17 日，朱雀公司订购甲产品 50 台，协议单价 2 850 元。

操作向导：张扬在销售管理子系统输入销售订单并审核。

（11）3 月 20 日，收到金枝公司发来的 5 吨 A 材料，验收无误后入库。

操作向导：张扬在采购管理子系统参照订单生成采购到货单；在库存管理子系统参照到货单生成采购入库单；王芳在存货核算子系统进行正常单据记账，然后在财务核算功能中生成记账凭证。

（12）3 月 21 日，收到金枝公司开来的采购专用发票，货款当即以银行存款结清，结算方式为汇票，票据号为 5168。

操作向导：张扬在采购管理子系统参照输入采购专用发票并进行现付、结算处理；王芳在应付款管理子系统中审核采购发票并进行现结制单。

（13）3 月 22 日，朱雀公司自备车辆提货，由产成品库发货，并开出销售专用发票，货款 142 500 元，增值税 24 225 元，共计 166 725 元，收到银行汇票交存银行，票据号 2196。按结存单价出库。

操作向导：张扬在销售管理子系统填制发货单并审核；填制销售专用发票，进行现结处理后复核；王芳在应收款管理子系统进行应收单据审核，查询时过滤条件应包括已现结发票，审核后立即制单。张扬在库存管理子系统根据发货单生成销售出库单并审核；王芳在存货核算子系统对销售出库单进行记账，然后在财务核算功能中生成记账凭证。

（14）3 月 27 日，零售甲产品 8 台，含税单价 3 450 元，乙产品 10 台，含税单价 2 580 元，货款均已收存银行。按结存单价出库。

操作向导：张扬在销售管理子系统填制发货单并审核；填制销售专用发票，进行现结处理后复核；王芳在应收款管理子系统进行应收单据审核，查询时过滤条件应包括已现结发票，审核后立即制单。张扬在库存管理子系统根据发货单生成销售出库单并审核；王芳在存货核算子系统对销售出库单记账，然后在财务核算功能中生成记账凭证。

3. 月末处理

（1）张扬进行采购管理、销售管理、库存管理子系统月末结账。

（2）王芳进行应收款、应付款、存货核算子系统月末结账。

（3）李明对各系统传递到总账系统的凭证进行审核、记账，对账后进行结账。

（4）将账套数据输出保存。

模块 3
用友通的理论与实践

公司新招聘了一名会计人员王涛，在会计主管王晴的鼓励下去参加初级会计电算化的考试。他发现考试使用的用友通软件和自己掌握的知识是略有点区别的，于是按照考试内容，梳理了自己的知识体系。

项目 15   会计电算化考试基本理论

理论知识目标

1. 熟悉会计电算化的工作环境和会计电算化软件的操作要求。
2. 掌握计算机的基本操作。

实训技能目标

掌握电算化的工作环境，以及计算机的基本操作相关习题。

学习任务 15.1   会计核算软件概述

任务引入

王涛打算报名参加会计电算化考试，通过了解他得知考证还需要掌握一些必要的理论知识，你能帮他顺利通过考试吗？

15.1.1   会计核算软件

1. 会计核算软件的定义

会计核算软件是指专门用于会计核算工作的计算机应用软件，包括采用各种计算机语言编制的用于会计核算工作的计算机程序。凡是能够相对独立地完成会计数据输入、处理和输出功能模块的软件，如财务处理软件、固定资产核算软件、工资核算软件等，均可视为会计核算软件。

企业应用的企业资源计划（ERP）软件中用于处理会计核算数据部分的模块，也属于会计核算软件范畴。

提　示：

会计核算软件属于计算机应用软件的范畴。

2. 会计核算软件的分类

（1）从软件功能的通用性上分类，会计核算软件可分为通用会计核算软件和专用会计核算软件。

①通用会计核算软件。其特点有：通用性强，适用于不同行业、不同规模、不同需求的企业；功能全面；设计有一个"初始化"模块，操作者在首次使用通用会计核算软件时，首先使用"初始化"模块，对本单位的所有会计核算规则进行设置，从而把一个通用会计核算软件转化为一个适合本单位核算情况的专用会计核算软件；软件质量高。

通用会计核算软件的优缺点如下。

a. 优点：与专用会计核算软件相比，通用软件有软件质量高、成效快、成本相对较低、系统维护量小并且维护有保障等优点。

b. 缺点：会计核算软件越通用，系统初始化的工作量就越大，计算机系统的资源占用和浪费就越严重，而用户单位的某些特殊核算要求也难以得到满足。

【注意事项】

对于通用的商品化会计核算软件，财政部做了严格的规定，要求商品化会计核算软件必须符合《会计核算软件基本功能规范》的要求，功能模块至少包括账务处理、报表管理在内的 3 个模块以上；会计处理结果正确无误；工作稳定易用，系统有受攻击后恢复到最近工作状态的能力，有数据备份功能等；有对输入数据正确性的基本逻辑判断能力。

②专用会计核算软件。也称为定点开发会计核算软件，是指由使用单位自行开发或委托其他单位开发，供本单位使用的会计核算软件。专用会计核算软件的优缺点：使用较方便，但仅适用于个别单位，而且功能与性能一般不及通用会计软件，开发周期长，成本昂贵。

专用会计核算软件的开发方式：自行开发，委托开发，联合开发。

（2）会计核算软件从其软件架构上分为单机集成系统、C/S 结构系统、B/S 结构系统 3 种。

（3）会计核算软件按照系统软件结构划分，分为单用户会计软件和网络会计软件。

（4）会计核算软件按照 ERP 的关系划分，分为独立型会计软件和非独立型会计软件。

15.1.2 会计核算软件的功能模块

按照《关于大力发展我国会计电算化事业的意见》及《会计核算软件基本功能规范》要求，会计核算软件基本功能子系统组成应包括：系统建立与初始设置、会计凭证编制输入与确认审核、账务处理、货币资金核算、工资核算、固定资产核算、材料核算、销售核算、应收应付款核算、成本与财务成果核算、会计报表生成与汇总，以及系统和数据的运行管理、维护管理、安全管理等。其结构如图 15-1 所示。

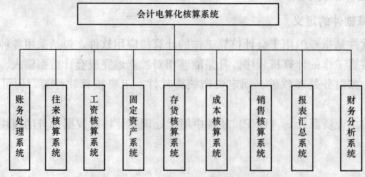

图 15-1 会计电算化核算系统结构图

学习任务 15.2　会计电算化的工作环境

任务引入

王涛了解了会计电算化的基本知识后还应该了解会计电算化的工作环境。

15.2.1　计算机的一般知识

1. 计算机分类

从用户应用角度分为微型计算机、服务器、终端计算机等。

（1）微型计算机。微型计算机是一台具有独立处理能力和存储功能的计算机，也称个人计算机，简称微机。微型计算机的应用范围最广，包括办公、商务和家庭。

（2）服务器。用于计算机网络系统，负责网络资源的管理、存储软件和数据，为用户共享网络资源提供服务。

（3）终端计算机。在计算机网络系统，用于访问服务器的资源，一般是一台普通的计算机，也称为工作站。

知识扩展　　　　　　　　　　　　　**修改账套**　　■　■　■

计算机是一种按程序自动进行信息处理的通用工具。世界上第一台计算机于 1946 年在美国问世。计算机的性能指标是衡量计算机系统功能强弱的主要指标，包括主计算机速度、字长和存储容量。计算机的应用领域主要有：处理、科学计算、过程控制、计算机辅助系统、计算机通信和智能。

2. 计算机的性能指标

计算机的性能指标是衡量计算机系统功能强弱的主要指标，包括以下几项。

（1）计算机速度。计算机速度也称主频或时钟频率。它是指计算机在单位时间里处理计算机指令的数量，是表示计算机运算速度的主要性能指标。时钟频率越高，计算机的运算速度越快。时钟频率的单位是兆赫（MHz）。

（2）字长。字长是计算机信息处理中能同时处理的二进制数据的长度。字长标志计算机的精度和处理信息的能力。一般个人计算机字长以 32 位、64 位为主，服务器的字长一般在 64 位、128 位甚至更长。

（3）存储容量。存储容量是指计算机的存储器所能存储的二进制信息的总量，它反映了计算机处理信息时容纳数据量的能力。存储容量以字节 b 为单位，一个数字或字母占 1 个字节，一个汉字占 2 个字节，其他计量单位还有 k、M、G 和 T。各计量单位间的关系如下：

1kb＝1 024b；1Mb＝1 024kb；1Gb＝1 024Mb；1Tb＝1 024Gb。

3. 计算机的应用领域

计算机的应用领域如下。

（1）信息处理。信息处理是指计算机对信息进行记录、整理、统计、加工、利用、传播等一系列活动的总称。信息处理是目前计算机最主要的应用领域。

（2）科学计算。科学计算是指用计算机完成科学研究和工程技术等领域中涉及的复杂的数据运算。科学计算是计算机最早应用的领域。

（3）过程控制。过程控制是指计算机实时采集检测数据，按最佳值迅速对控制对象进行自动调节，从而实现有效的控制。

（4）计算机辅助系统。计算机辅助系统是指利用计算机来帮助人类完成相关工作。常用的计算机辅助系统有计算机辅助设计、计算机辅助制造、计算机辅助教学等。

（5）计算机通信。计算机通信是计算机技术与通信技术相结合而产生的一个应用领域。计算机网络是计算机通信应用领域的典型代表。

（6）人工智能。人工智能是指利用计算机模拟人类的智能活动。

15.2.2　计算机硬件

计算机系统由硬件系统和软件系统组成。计算机硬件系统是组成一台计算机的各种物理设备，他们由各种具体的器件组成，是计算机进行工作的物质基础。

计算机硬件系统由运算器、控制器、存储器、输入设备和输出设备 5 个主要部分组成。人们通常把运算器、控制器和内存储器合称为主机，主机以外的设备统称为外部设备，外部设备包括外存储器、输入设备和输出设备。

1. 运算器

运算器是指在控制器控制下，完成加、减、乘、除运算和逻辑判断的计算机部件。

2. 控制器

控制器是整个计算机的指挥中心，它负责从存储器中取出指令，并对指令进行分析、判断后产生一系列的控制信号，去控制计算机各部件自动连续的工作。

运算器和控制器是 CPU 的主要组成部分。CPU 是中央处理器的简称，是计算机的核心部件，计算机的运算和控制功能都由 CPU 来完成。

3. 存储器

存储器是计算机系统中具有记忆能力的部件，用来存放程序和数据，分为内存储器和外存储器。

（1）内存储器。内存储器又称主存储器，简称内存或主存，一般用于临时存放正在运行的程序和正在处理的数据。其存储容量较少，但速度快。

目前，常见的内存每条容量为 1Gb、2Gb 和 4Gb。

（2）外存储器。外存储器又称辅助存储器，简称辅存或外存，一般用于存放大量暂时不用的程序和数据。其存储容量大，价格低，但存储速度较慢。

外存储器主要有软盘、硬盘、光盘、U 盘等。实行会计电算化单位的会计资料一般存储在外存储器中。

①软盘。软盘是一种涂有磁性物质的聚酯塑料薄膜圆盘，封装在专门的塑料套内。软盘可以随身携带，价格低，但存储容量小，存取速度慢。软盘通常用于存放一些容量比较小的数据，或启动计算机系统。软盘使用时应注意不要弯折，不要划伤盘片，避免高温、受潮等，也不能靠近磁性物质。

②硬盘。硬盘是计算机最主要的外存储器。其中移动硬盘通过机箱外部的 USB 接口与主机相连，携带方便，可用于数据备份和传递，解决了普通硬盘的某些缺陷。

③光盘。常用的光盘主要分为 3 类：只读型光盘（CD-ROM）、只写一次型光盘（CD-R）和可重写型光盘（CD-RW）。

④U 盘。U 盘也称为闪存盘，是 USB 接口与闪存技术结合的一种移动存储器。U 盘的附

加功能种类很多，如数据加密、系统启动、内置等。

4. 输入设备

输入设备是指向计算机存储器输入各种信息（程序、文字、数据、图像等）的设备。常用的输入设备有键盘、鼠标、扫描仪、条形码阅读器等。在会计电算化领域，会计人员一般用键盘来完成会计数据或相关信息的输入工作。

（1）键盘。键盘是最常用也是最主要的输入设备。键盘分为 4 个键区：主键盘区、功能键区、光标控制键区和数字键区。

（2）鼠标。鼠标是一种手持屏幕定位输入设备，由一根长线与主机相连，形似老鼠，因而得名。常用的鼠标主要分为机械式和光电式两类。

5. 输出设备

输出设备是指用来输出计算机处理结果的设备。常用的输出设备有显示器、打印机、绘图仪等。会计报表、账簿等一般可以用打印机按要求打印输出。

（1）显示器。显示器是微型计算机最常用的输出设备。分辨率、彩色数目和屏幕尺寸是显示器的主要指标。

（2）打印机。打印机也是一种常用的输出设备。打印机的种类比较多，根据工作原理的不同，常用的主要分为针式打印机、喷墨式打印机和激光式打印机 3 类。

①针式打印机。其主要特点是价格便宜、耐用，适用领域比较广，可以打印各种类型的纸张，但噪声较大，打印速度慢，而且打印效果一般。

②喷墨式打印机。其价格比较便宜，打印时噪声较小，但其使用的纸张要求较高，墨盒消耗较快

③激光式打印机。其打印速度快，无噪声，而且输出的字符和图形符号美观、圆滑，常用于排版印刷业或办公，但其价格较高。

15.2.3　计算机软件

计算机软件是指在计算机硬件上运行的各种程序及相应的各种文档资料。计算机软件可分为系统软件和应用软件两大类。

1. 系统软件

系统软件是指用于对计算机资源的管理、监控和维护，以及对各类应用软件进行解释和运行的软件。系统软件是计算机系统必备的软件。

系统软件主要包括操作系统、语言处理系统、数据库管理系统和服务程序等。

（1）操作系统。操作系统是计算机运行所必需的最基本的软件，负责管理和控制计算机的各种硬件和软件资源，为用户和其他软件使用计算机提供服务。

（2）语言处理系统。语言处理系统是用于处理软件语言等的软件，如编译程序等。计算机程序设计语言是人与计算机之间进行交流、沟通的语言。程序设计语言分为机器语言、汇编语言和高级语言 3 种。

（3）数据库管理系统。数据库管理系统是对数据库进行管理的一类软件，通常分为桌面数据库管理系统和大型数据库管理系统两大类。

（4）服务程序。服务程序主要包括故障检测程序、诊断程序以及调试程序。

2. 应用软件

应用软件是在硬件和系统软件的支持下，为解决各类具体应用问题而编制的软件。计算机

用户日常使用的绝大多数软件，如文字处理软件 Word、表格处理软件 Excel、游戏软件等都是应用软件，会计核算软件也属于应用软件。

计算机系统软件和应用软件之间没有明显的界线。系统软件是应用软件运行的基础，许多应用软件也是利用系统软件开发的。

15.2.4　计算机网络与安全

1. 计算机网络简介

（1）计算机网络的定义。计算机网络是现代计算机技术与通信技术相结合的产物。它是以硬件资源、软件资源和信息资源共享和信息传递为目的，在统一的网络协议控制下，将地理位置分散的许多独立的计算机系统连接在一起所形成的网络。

（2）计算机网络的功能。计算机网络的主要功能有：资源共享、信息传送和分布式处理。信息传送是计算机网络最基本的功能。

2. 计算机网络分类

按照网络的规模和距离，人们将计算机网络分为局域网和广域网。

（1）局域网。局域网结构简单、灵活，组建方便，费用低，传输速率高，可靠性高，应用比较广泛。

（2）广域网。广域网传输距离远，数据传输速度慢，可靠性不高，而且投资高，建设周期长。Internet（因特网）就是一个典型的广域网。

3. 计算机局域网

计算机局域网的应用非常广泛，多数会计核算软件采用计算机局域网体系结构。计算机局域网主要由计算机设备、网络连接设备和网络软件 3 部分组成。

（1）计算机设备。

①服务器。服务器是网络的核心设备，用于运行网络操作系统，负责网络资源管理，为用户共享网络系统的资源提供服务。

服务器可分为文件服务器、远程访问服务器、数据库服务器、打印服务器等，可以是一台专用或多用途的高档计算机。

②工作站。工作站也称客户机，负责用户信息的处理业务，是具有独立处理能力的个人计算机，通常是一台普通的计算机。

（2）网络连接设备。网络连接设备用于连接网络中的各种设备，主要包括网络适配器、集线器、中继器和传输线等。

（3）网络软件。网络软件主要由服务器操作系统、网络服务软件、工作站重定向软件、传输协议软件组成。其中最重要的是服务器操作系统。

4. 计算机安全隐患及对策

影响计算机安全的主要因素有：计算机系统本身的脆弱性、人为因素的破坏和计算机病毒等。

（1）系统故障风险。系统故障风险，是指由于操作失误，硬件、软件、网络本身出现故障而导致系统数据丢失甚至瘫痪的风险。

①操作失误。操作人员的业务水平、工作态度和操作流程的不合理都会造成操作失误。操作失误带来的损失可能是难以估量的。

常见的操作失误主要有：程序和数据的误删除、程序和数据位置的错误移动、系统参数错误的修改和配置，以及系统电源的误切断等。

②计算机硬件设备的故障。硬件故障轻则使计算机信息系统运行不正常、数据处理出错，重则导致系统完全不能工作，造成不可估量的巨大损失。

③计算机软件的故障。软件故障通常是由于程序编制错误而引起的。

软件越大，出现错误的几率也会越多。这些错误对于很大的程序来说是不可能完全排除的，因为在对程序进行调试时，不可能针对所有的硬件环境和数据进行测试。这些错误只有当满足它的条件时，才会表现出来，通常情况下难以发现。

（2）计算机网络系统的故障。计算机网络系统中故障的风险更高。服务器的故障会导致整个系统瘫痪，网络连接设备的故障造成系统不能正常运行。

（3）内部人员道德风险。内部人员道德风险主要指企业内部人员对信息的非法访问、篡改、泄密和破坏等方面的风险。

（4）系统关联方道德风险。系统关联方道德风险是指企业关联方非法侵入企业内部网，以删除数据、破坏数据、搅乱某项特定交易或事业等所产生的风险。企业关联方包括银行、供应商、客户等与企业有关联的单位和个人。

（5）社会道德风险。社会道德风险是指来自社会上的不法分子通过互联网对企业内部网的非法入侵和破坏。

（6）计算机病毒。计算机病毒是一种人为蓄意编制的具有自我复制能力并可以导致计算机系统故障的计算机程序。

计算机病毒具有很大的危害性，作为一种特殊的程序代码，同生物病毒有许多相似之处，表现出各种各样的特征，其主要特点如下。

①隐蔽性。计算机病毒通常嵌在正常程序中，没有发作时，一切正常，不易被发觉。计算机病毒通常隐藏在文件、文件夹、磁盘或其他区域内，这也导致用户难以发现。

计算机病毒隐藏的方式有很多。例如把自己传到 Windows 目录下，或者传到用户不会打开的回收站、系统临时目录内，然后将自己的名字改成系统的文件名，或者使它的名字和系统文件名相类似。用户运行的时候不会发现这个文件是一个病毒文件，它隐藏在后台不断运行，进行传播。

②传染性。传染性是计算机病毒的一个重要特征。病毒一旦侵入系统，就会自动寻找可以隐藏的程序或磁盘区域，然后通过修改别的程序将自身复制过去，从而逐步扩散。计算机病毒一般通过网络或者存储介质传播，包括软盘、硬盘、光盘等。目前，由于网络的飞速发展、网络传播信息和资讯的快速性，通过网络进行传播的病毒已经占了绝大多数。

③潜伏性。计算机病毒侵入系统后，并不一定立即发作，经过一段潜伏期，当某种条件或时机成熟后才开始发作。这样更不易被察觉，潜伏期越长，传染机会越多，如"黑色星期五"病毒，当系统日期为 13 号而且正好是星期五时发作。

④破坏性。无论何种病毒，一旦侵入就会对系统造成不同程度的破坏。计算机病毒的破坏性是多种多样的，如损坏数据，导致系统异常，或者使系统不能启动、窃取用户数据等。

保障计算机安全的对策有：不断完善计算机安全立法，不断创新计算机安全技术，不断加强计算机系统内部控制与管理。

在会计电算化条件下，加强内部控制和管理是保障会计电算化系统安全的最有效途径。

15.2.5　计算机病毒防范

1. 计算机病毒的传播途径

计算机病毒具有传染性，可以从一种存储介质复制到另一种存储介质。其传播途径主要有：通过软盘传播，通过硬盘传播，通过光盘传播，通过网络传播。

2. 计算机病毒的危害

计算机病毒的种类繁多，危害极大，对计算机信息系统的危害主要有以下 4 个方面：破坏系统和数据，耗费资源，破坏功能，删改文件。

3. 计算机病毒的防治

（1）计算机病毒的预防。防范计算机病毒的最有效方法是切断病毒的传播途径，主要应注意以下几点：

①不用非原始启动软件或其他介质引导机器，对原始启动盘实行写保护；

②不随便使用外来软盘或其他介质，对外来软盘或其他介质必须先检查后使用；

③做好系统软件、应用软件的备份，并定期进行数据文件备份，供系统恢复使用；

④要专机专用，要避免使用其他软件，如游戏软件，减少病毒感染机会；

⑤接收网上传送的数据要先检查后使用，接收邮件的计算机要与系统用计算机分开；

⑥定期对计算机进行病毒检查，对于联网的计算机应安装实时检测病毒软件，以防止病毒传入；

⑦如发现有计算机感染病毒，应立即将该台计算机从网上撤下，以防止病毒蔓延。

（2）计算机病毒的检测。计算机病毒的检测主要有两种方法：人工观察和利用杀毒软件检测。

人工观察法是通过观察系统出现的症状，初步确定系统是否已经受到病毒的侵袭。计算机病毒的种类比较多，其表现也不同，常见的主要症状如下：

①程序装入时间比平时长；

②磁盘访问时间比平时长；

③经常出现一些莫名其妙的信息或异常显示；

④有规律地发现异常信息；

⑤磁盘空间突然变小；

⑥程序和数据神秘丢失；

⑦发现可执行文件的大小变化或发现不知来源的隐藏文件；

⑧打印机速度变慢或打印异常字符；

⑨系统上的设备不能使用，如系统不再承认 C 盘；

⑩异常死机或突然重新启动。

计算机系统出现异常情况，可以利用杀病毒软件对系统做进一步的检测，并将病毒及时清除。

（3）计算机病毒的清除。为避免造成不必要的损失，清除计算机病毒时应注意以下几个问题。

①清除病毒前，最好备份所有重要数据，以防清除过程中破坏数据。

②清除病毒前，一定要用无毒的系统盘启动计算机。保证整个消毒的过程是在无毒的环境下进行的。否则，病毒会重新感染已消毒的文件。

③保存硬盘引导扇区，在系统不能启动时恢复。

④操作中应谨慎处理，对所读写的数据应进行多次检查核对，确认无误后再进行有关操作，特别是删除文件等。

计算机病毒清除的方法通常有两种：用杀毒软件清除；使用一些工具软件进行手动清除。

手动清除需要掌握较丰富的计算机软硬件知识，成功率不高，而且容易出错，一般用户应采用杀毒软件进行清除。

15.2.6　计算机黑客及防范

计算机黑客是指通过计算机网络非法进入他人系统的计算机入侵者。防止黑客进入的主要措施有：

(1) 通过制定相关法律加以约束；

(2) 在网络中采用防火墙、防黑客软件等防黑产品；

(3) 建立防黑客扫描和检测系统，一旦检测到被黑客攻击，迅速做出应对措施。

学习任务 15.3　会计电算化基本要求

王涛经过前面的学习了解了一些会计电算化的基本知识，根据考试大纲的要求还需要掌握一些有关会计电算化基本要求的知识。

15.3.1　会计电算化的法规制度

为了保证会计电算化工作健康开展，顺利完成会计电算化的历史任务，按照《会计法》的规定，财政部制定并发布了一系列制度、规范性文件，主要有：《关于大力发展我国会计电算化事业的意见》《会计电算化管理办法》《会计核算软件基本功能规范》《会计电算化工作规范》《会计档案管理办法》等。

1. 中华人民共和国会计法

1999 年 10 月 31 日，最新修订的《中华人民共和国会计法》(以下简称《会计法》)以法律的形式规定：使用电子计算机进行会计核算的，其软件及生成的会计凭证、会计账簿、财务会计报告和其他会计资料必须符合国家统一的会计制度规定。会计账簿的登记、更正也应当符合国家统一的会计制度的规定。

2. 会计基础工作规范

1996 年 6 月 17 日，财政部发布《会计基础工作规范》，其中对会计电算化工作作出了具体规范。

3. 会计档案管理办法

1998 年 8 月 21 日财政部制定的《会计档案管理办法》规定：采用电子计算机进行会计核算的单位，应当保存打印出的纸质会计档案。具备采用磁带、磁盘、光盘微缩胶片等磁性介质保存会计档案条件的，由国务院业务主管部门统一规定，并报财政部、国家档案局备案。

15.3.2　会计电算化的基本要求

1. 会计核算软件的基本要求

根据《会计法》和国家统一的会计制度规定，会计核算软件的设计、应用、维护应当符合以下基本要求。

(1) 会计核算软件设计应当符合我国法律、法规、规章的规定，保证会计数据合法、真实、准确、完整，以便及时正确地反映企业经营状况，支持企业进行科学的预测、决策，提高企业经济效益和防范经济风险的能力。

（2）会计电算化软件应该具有适应不同会计制度、支持不同会计科目体系的能力，以便适用不同类型企业、事业单位会计核算的需要。

（3）会计核算软件功能设计至少能覆盖手工核算的全过程，应该包括建立会计核算初始环境、设置账户并进行系统初始化、制录会计凭证（原始凭证和记账凭证）、审核、账务处理（分类记账、分类汇总）、生成发生额余额表、编制生成财务会计报告、生成并输出会计纸质账表凭证档案资料。上述功能是按照会计业务的纵向流程进行分解的会计软件功能；此外，还应包括同层次不同业务的横向功能模块，功能过程更复杂，功能模块更多，但都应该覆盖。

（4）会计核算软件应该按照国家统一的会计制度的规定划分会计期间，分期结算账目和编制会计报表，以利于正确评估企业经济状况，评价企业经营业绩，发现问题并及时解决。

（5）会计核算软件应具有支持选用会计制度所允许使用的不同核算方法的能力，以便企业、事业单位根据制度允许和单位核算需要选用不同的会计核算方法。

（6）会计核算软件中的文字输入、屏幕提示和打印输出必须采用中文，需要时可以同时提供少数民族文字或者外国文字对照。

（7）会计核算软件必须提供人员岗位及操作权限设置的功能，并且具有相悖会计岗位控制能力，以便实施会计工作岗位与职责控制、内部处理的授权控制、数据处理权限控制，防止错误、减少会计风险，使软件具有一定的岗位职责控制能力。

（8）会计核算软件必须是稳定、兼容的。在设计性能允许使用范围内，不得出现由于自身原因造成死机或者非正常退出等情况。

（9）会计核算软件应该满足易用性要求。软件易用性主要表现为操作界面简洁，简单易用，使用环境的支持功能丰富、实用，方便可靠。

（10）会计核算软件应当符合《信息技术　会计核算软件数据接口》（GB/T 19581—2004）的要求。企业和单位的会计报告信息是社会许多阶层和个人关心的信息，是具有很高共享价值的经济信息。因此，会计数据信息内容、格式应是标准化的，否则，不能实现信息交流与共享。

（11）会计核算软件应当具有较强的数据安全性，应该具有在机内会计数据被破坏的情况下，能利用现有数据恢复到最近状态。会计核算软件应该满足易用性要求。

2. 会计数据输入功能的基本要求

（1）会计核算软件应该具有功能完善的数据采集功能。

（2）会计核算软件应当具备以下初始化功能：

①具有支持设置操作人员岗位分工情况，包括操作人员姓名、操作权限、数据权限、操作密码等能力；

②具有支持输入会计核算所必需的期初数据、有关资料及设置各种参数的能力；

③具有支持选择会计核算方法的能力，包括记账方法、固定资产折旧方法、存货计价方法、成本核算方法等能力；

④具有定义自动生成记账凭证的能力，包括接受原始凭证数据自动生成记账凭证，接受业务信息子系统的电子数据自动生成记账凭证、内部结转凭证，以及会计制度允许的自动冲回凭证等；

⑤提供需要在本期进行对账的未达账项的能力；

⑥提供必要的方法对输入的初始数据进行正确性校验的能力。

（3）会计核算软件应当具备功能完善的会计凭证输入功能。会计凭证包括原始凭证和记账凭证。输入会计凭证时软件应提供以下功能支持：

①应当具备输入会计凭证类型、格式凭证的自动定义的能力；

②对会计凭证编号的连续性进行控制的能力；

③对输入会计凭证的数据完整性、正确性有基本的检错能力；

④下列数据项目输入时，应有必要的提示功能：

a. 正在输入的会计凭证编号是否与已输入的机内记账凭证编号重复；

b. 以编号形式输入会计科目的，应当提示该编号所对应的会计科目名称；

c. 正在输入的记账凭证中的会计科目借贷双方金额不平衡或没有输入金额的，应予以提示并拒绝执行；

d. 正在输入的记账凭证有借方会计科目而无贷方会计科目，或者有贷方会计科目而无借方会计科目的，应予以提示并拒绝执行；不得出现由于自身原因造成死机或者非正常退出等情况；

e. 正在输入的收款凭证借方科目不是"库存现金"或"银行存款"科目、付款凭证贷方科目不是"库存现金"或"银行存款"科目的，应以提示并拒绝执行。

（4）会计核算软件应该提供输入会计凭证的数据的审核与处理控制功能。严防对已审核凭证的机内数据进行修改。

①对已经输入但未登记会计账簿的机内会计凭证，提供修改和审核的功能；审核通过后的凭证要有严格的记录和控制能力，不能对其再修改。

②同一个人不能对同一张会计凭证拥有审核权和输入、修改的权限。软件应该有制止能力。

③软件要提供采用红字冲销法或者补充登记法进行更正的能力。发现已经输入并审核通过或者登账的记账凭证有错误的，应当采用红字冲销法或补充登记法进行更正，红字可用"－"表示。

④软件要提供生成的机内凭证在记账前的审核确认功能。采用直接输入原始凭证由会计核算自动生成记账凭证的，在生成正式机内记账凭证前，应当进行审核确认；其他业务子系统生成会计凭证数据，应当经审核确认后生成记账凭证。

3. 会计数据处理功能的基本要求

会计核算软件的数据处理功能，对应着手工会计核算中，从会计凭证的制证完成到形成各种会计信息的输出，承担着企业全部会计信息加工制造、生产出合格有效的会计信息的任务。具体包括：

（1）根据会计凭证登记会计账户的三级明细账（业务台账）、会计账户的二级分类明细账、整理汇总会计凭证登记总账；

（2）随时或定期扎账、结账，编制科目发生额汇总表、余额表，提供各种管理资料表；

（3）适时计提、分配各项资源耗费费用；

（4）期末结平各级各类账户，试算平衡，结出发生额、余额表；

（5）转抄整理、分类汇总计算各经营收入与费用，计算、分配财务成果；

（6）计算编制会计报告及各类管理资料。

4. 会计数据输出功能的基本要求

会计核算软件的数据输出功能的任务是将数据处理结果以合理合法且规范的格式，呈现给会计信息需求者。其输出功能、性能的要求如下。

（1）按照国家统一的会计制度规定的内容和格式，将机内原始凭证、记账凭证、日记账、明细账、总账、会计报告的电子数据文件打印输出的功能。同时提供电子数据电文形式的报表上报及机内原始凭证、记账凭证、科目发生额余额、会计报表等以数据标准接口格式输出的功能。

（2）提供查询、输出各种管理会计信息、原始凭证、记账凭证、日记账、明细账、总账、会计报表等信息的能力，并且操作和输出界面友好。

（3）按照内容重于形式的原则，对会计信息输出还做出以下规定：

①总分类账可以用总分类账户本期发生额、余额对照表替代；

②在保证会计账簿清晰的条件下，计算机打印输出的会计账簿中的表格线条可以适当减少；

③对于业务量较少的账户，会计软件可以提供会计账簿的满页打印输出功能。

15.3.3 会计电算化岗位及其权限设置的基本要求

1. 会计电算化岗位设置

会计电算化岗位是指直接管理、操作、维护计算机及会计核算软件的工作岗位，一般可分为以下基本岗位。

（1）电算化主管。其负责协调计算机及会计软件系统的运行工作。电算化主管可由会计主管兼任，采用中小型计算机和计算机网络会计软件的单位，应设立此岗位。

（2）软件操作员。其负责输入记账凭证和原始凭证等会计数据，输出记账凭证、会计账簿、报表和进行部分会计数据处理工作，要求具备会计软件操作知识，达到会计电算化初级知识培训的水平。

（3）审核记账员。其负责对输入计算机的会计数据（记账凭证和原始凭证等）进行审核，操作会计软件登记机内账簿，对打印输出的账簿、报表进行确认。此岗位要求具备会计和计算机知识，达到会计电算化初级知识培训水平，可由主管会计兼任。

（4）电算维护员。其负责保证计算机硬件、软件的正常运行，管理机内会计数据。此岗位要求具备计算机和会计知识，经过会计电算化中级知识培训。采用大型、小型计算机和计算机网络会计软件的单位，应设立此岗位，此岗在大中型企业中应由专职人员担任。维护员一般不对实际会计数据进行操作。

（5）电算审查员。其负责监督计算机及会计软件系统的运行，防止利用计算机进行舞弊。审查人员要求具备会计和计算机知识，达到会计电算化中级知识培训的水平，此岗位可由会计稽核人员兼任。

（6）数据分析员。其负责对计算机内的会计数据进行分析，要求具备计算机和会计知识，达到会计电算化中级知识水平，此岗位可由主管会计兼任。

上述电算化会计岗位中，软件操作岗位与审核记账、电算维护、电算审查岗位为不相容岗位。

2. 会计电算化岗位权限设置

会计电算化岗位及其权限设置一般在系统初始化时完成，平时根据人员的变动可进行相应调整。电算化主管负责定义各操作人员的权限。具体操作人员只有修改自己口令的权限，无权更改自己和他人的操作权限。

（1）电算化主管的职责。

①负责电算化系统的日常管理工作，监督并保证电算化系统的正常运行。

②制定岗位责任与经济责任的考核制度，负责对电算化系统各类人员的工作质量考评以及提出任免意见。

③负责计算机输出账表、凭证的数据正确性和及时性检查工作。

④建立电算化系统各种资源的调用、修改和更新的审批制度并监督执行。

⑤完善企业现有管理制度，充分发挥电算化的优势，提出单位会计工作的改进意见。

（2）软件操作员的责任。

①负责所分管业务的数据输入、数据处理、数据备份和输出会计数据的工作。

②严格按照操作程序操作计算机和会计软件。

③数据输入完毕，应进行自检核对工作，核对无误后交审核记账员复校记账。对审核员提出的会计数据输入错误，应及时修改。

④每天操作结束后，应及时做好数据备份并妥善保管。

⑤注意安全保密，各自的操作口令不得随意泄露，定期更换自己的密码。

⑥离开机房前应执行相应命令退出会计软件。

⑦操作过程中发现问题，应记录故障情况并及时向系统管理员报告。

⑧每次操作软件后，应按照有关规定填写上机记录。

⑨出纳应做到"日清月结"，现金出纳每天都必须将现金日记账的余额与库存现金进行核对；银行出纳每月都必须将银行存款账户余额与银行对账单进行核对。

⑩在由原始凭证直接输入计算机并打印输出的情况下，记账凭证上应有输入员的签名或盖章；收付款记账凭证还应由出纳人员签名和盖章。

（3）审核记账员的责任。

①审核原始凭证的真实性、正确性，不合规定的原始单据不作为记账凭证依据。

②对不真实、不合法、不完整、不规范的凭证退还给各有关人员更正修改后，再进行审核。

③对操作员输入的凭证进行审核并及时记账，打印出有关的账表。

④负责凭证的审核工作，包括各类代码的合法性、摘要的规范性、会计科目和会计数据的正确性，以及附件的完整性。

⑤对不符合要求的凭证和输出的账表不予签章确认。

⑥审核记账人员不得兼任出纳工作。

⑦结账前，检查已审核签字的记账凭证是否全部记账。

（4）电算维护员的责任。

①定期检查电算化系统的软件、硬件的运行情况。

②应及时对电算化系统运行中软件、硬件的故障进行排除。

③负责电算化系统升级换版的调试工作。

④会计电算化系统人员变动或会计科目调整时，负责电算化系统的维护。

⑤会计软件不能满足单位需要时，与本单位软件开发人员或商品化会计软件开发商联系，进行软件功能的改进。

（5）电算审查员的责任。

①负责监督计算机及会计软件系统的运行，防止有人利用计算机进行舞弊。

②审查电算化系统各类人员工作岗位的设置是否合理，制定的内部牵制制度是否合理，各类人员是否越权使用软件，防止有人利用计算机进行舞弊。

③发现系统问题，需及时向会计主管反映，提出处理意见。

（6）数据分析员的责任。

①负责对计算机内的会计数据进行分析。

②制定符合本单位实际情况的会计数据分析方法、分析模型和分析时间，为单位经营管理及时提供信息。

③每日、旬、月、年，都要对企业的各种报表、账簿进行分析，为单位领导提供必要的信息。

④企业的重大项目实施前，应通过历史会计数据的分析，为决策者提供翔实、准确、有根有据的事前预测分析报告；企业的重大项目实施过程中，应通过对有关会计数据的分析，提供项目实施情况分析报告；企业的重大项目实施后，应通过对会计数据的分析，提供项目总结的分析报告。

⑤根据单位领导随时提出的分析要求，及时利用会计数据进行分析，以满足单位经营管理的需要。

15.3.4 计算机代替手工记账的基本要求

1. 计算机代替手工记账的要求

计算机代替手工记账的基本要求有以下 4 个方面。

（1）配有适用的会计软件，并且计算机与手工进行会计核算双轨运行 3 个月以上，计算机与手工核算的数据相一致，且软件运行安全可靠。

（2）配有专用的或主要用于会计核算工作的计算机系统或网络系统。

（3）配有与会计电算化工作需要相适应的专职人员。其中上机操作人员已具备会计电算化初级以上专业知识和操作技能，取得财政部门核发的有关培训合格证书。

（4）建立健全了适用于会计电算化工作的内部管理制度。其中包括岗位分工与授权控制制度、软件操作与操作日志管理制度、会计电算化系统运行与安全管理制度、机房管理制度、会计档案管理制度、会计数据与软件维护和管理制度等。

2. 计算机代替手工记账的验收

计算机替代手工记账，必须经过严格认真的审查验收。企业、单位可以组织内部行家，也可聘请部分外部同行，对现在会计电算化的方方面面，对照条件进行认真的检查，总结、分析本单位会计电算化实际情况，肯定做得对的，找到不足，制订发扬和改进的方案，对是否实施计算机代替手工记账做出结论，写出已经达到计算机代替手工记账条件的验收报告交财政部门备案。

在计算机代替手工记账的验收中，除了把握前面的 4 项基本条件外，还应该特别注意以下几点。

（1）有统一的会计工作组织体制。会计电算化人员机构和单位会计组织、工作、待遇应完全融会到一起。

（2）有规范的核算工作流程，明确的岗位分工、职能设置、职权与资源配置。

（3）特别注意会计电算化制度建设，必须有一套切实可行的会计电算化制度。

（4）有严格的内部分工和牵制制度，有口令管理制度和遵守的习惯。

（5）有较高的系统安全、数据安全和信息风险防范意识。

15.3.5　会计电算化档案管理的基本要求

1. 会计电算化档案管理的意义和目标

（1）会计档案管理的重要意义。会计电算化档案直接或间接记录、反映了各单位工作或经营业绩好坏的信息；整体上，从会计资料中可以窥探到一个机关、企业、个人在一个时期的经济及业务活动状况；行业或领域的汇集会计信息可以反映出一个行业的兴衰，各方会计信息的汇总分析还可以反映国家一个时期的政治、经济、社会的运行活动状况。会计信息在社会信息中是极其重要的，也是各种敌对势力和另有所图者猎取的对象，我们一定要加强管理，注意安全，防止信息流失和信息失窃，以免造成难以挽回的社会、经济、政治损失。

（2）会计电算化档案管理的目标。我国《档案法》指出：加强对档案的管理和收集、整理工作，有效地保护和利用档案，为社会主义现代化服务是制定档案法的目的。在《会计档案管理办法》中提出了"加强会计档案管理，统一会计档案管理制度，更好地为发展社会主义市场经济服务"的目的。两法都明确指出了会计档案管理的目的是：保管好会计档案，为发展我国市场经济服务。

2. 会计电算化档案的内容与形式

（1）会计电算化档案的内容具体包括以下几项。

①会计凭证类：原始凭证、记账凭证、汇总凭证、其他会计凭证。

②会计账簿类：总账、明细账、日记账、固定资产卡片、辅助账簿、其他会计账簿。

③财务报告类：月度、季度、年度财务报告，包括会计报表、附表、附注、文字说明，以及其他财务报告。

④其他类：银行存款余额调节表、银行对账单、其他应当保存的会计核算专业资料、会计档案移交清单、会计档案保管清册、会计档案销毁清册。

⑤系统开发资料和会计软件系统也应视同会计档案保管。会计电算化档案还应当包括软件系统，设计、维护文档、操作使用的说明资料等。

⑥软件操作权限分配表、软件操作运行日志等，都是和会计核算工作直接或间接相关的重要责任记录，都应该列入会计档案进行管理。

（2）会计电算化信息的纸质文档形式。会计电算化档案的纸质档案形式，基本和手工会计一致，只是更加规范、清楚、整齐、准确。

（3）会计信息的电子数据文档形式。

①符合下列条件的数据电文，视为满足法律、法规规定的文件保存要求：

a. 能够有效地表现所载内容并可供随时调查取用；

b. 能够可靠地保证自最终形成时起，内容保持完整、未被更改。但是，在数据电文上增加背书以及数据交换、存储和显示过程中发生的形式变化不影响数据电文的完整性。

②符合下列条件的数据电文，是为满足法律、法规规定的文件保存要求：

a. 能够有效地表现所载内容并可供随时调查取用；

b. 数据电文的格式与其生成、发送或者接收时的格式相同，或者格式不相同但是能够准确表现原来生成、发送或者接收的内容；

c. 能够识别数据电文的发件人、收件人以及发送、接收的时间。

3. 会计电算化档案管理

（1）模拟手工会计档案的管理方式。该方式是传统会计档案的管理方式，即现在一般文书档案的管理模式，分年度按照会计档案的类别、品种，分别装订成册，加封面、标题、责任人员、时间等，压缝盖章，编号入档。该方式适合会计电算化输出的纸质会计档案的管理。

（2）电子档案管理方式。一个月或一年的会计档案数据，经过整理后存在一张或几张光盘或几盘磁带中，按时间顺序编号加注后，存放于防磁、防电、防"污染"的保险柜中。为了查询方便，一般将文档目录名称对照索引表打印输出两份，供查询和档案存放标注使用。会计档案要采取最高级别的安全保密措施，为防止意外，电子档案要有备份，分别存放在不同的地方。

知识扩展   会计电算化档案的保存期限   ■ ■ ■ ■

《会计档案管理办法》规定，会计档案保存期限分为永久和定期两类，定期保管期限分为3年、5年、10年、15年、25年5类，该办法规定的会计档案保存期限为最低保管期限。

对会计软件的全套文档资料以及会计软件程序，保管截止日期是该软件停止使用或有重大更改之后5年。

永久保存档案有企业和一般组织单位的年度财务报告（决算）（包括实质分析），财政总预算单位的《财政总决算》，行政、事业单位的《行政单位、事业单位决算》，税收会计的《税收年报（决算）》，会计档案保管清册，会计档案销毁清册。

---

4. 会计电算化档案管理

（1）建立完善的会计档案管理制度，对会计档案的保管、借用、复制、修改、销毁制度做出详细明确的规定，使之有章可循。

（2）会计电算化档案管理要严格按照财政部有关规定，专人负责，责任到人。

（3）对会计电算化档案管理要做到防磁、防火、防潮和防尘工作，重要会计档案应准备双份，存放在两个不同的地点。

（4）对采用存储介质保存的会计档案，要定期进行检查，定期进行复制，防止由于存储介质损坏而使会计档案丢失。

（5）严格执行安全和保密制度，会计档案不得随意堆放，严防毁损、散失和泄密。

（6）各种会计资料未经单位领导同意，不得外借和拿出单位。

（7）经领导同意借阅的会计资料，应该履行相应的借阅手续，经手人必须签字记录。存放在磁性介质上的会计资料借阅归还时，还应该认真检查有无损伤、篡改，有无感染病毒等。

学习任务 15.4   计算机基本操作

任务引入 ━━►

王涛经过前面的学习掌握了一些会计电算化的基本知识，根据考试大纲的要求还需要掌握一些计算机操作方面的知识。

15.4.1   计算机系统的基本操作

1. 计算机桌面系统的启动与关闭

计算机系统的启动分为冷启动和热启动两种方式。

（1）冷启动。冷启动是指在当前计算机系统处于关闭的状态下，启动计算机系统。

（2）热启动。热启动是指在计算机系统已经启动的状态下，启动计算机系统。计算机运行过程中，一般不需要热启动。热启动容易造成数据丢失、硬盘数据混乱等问题。只有在特殊情况下，如计算机系统无法正常关闭时，才对计算机系统进行热启动。

（3）关闭系统。计算机系统关闭前，首先应当保存数据，并退出所有正在运行的计算机软件。

2. 计算机网络系统的启动与关闭

（1）服务器的启动与关闭。在计算机网络系统中，只有当服务器启动后，工作站用户才能共享计算机网络系统的软硬件资源。

（2）工作站的启动与关闭。工作站的启动与关闭同一般的计算机系统类似，要求输入用户名和口令（密码），确认后才能登录到计算机网络系统。

15.4.2 　Windows 操作系统的基本操作

1. Windows 的启动与退出

（1）Windows 的启动。Windows 的启动非常简单，当计算机系统安装 Windows 后，在启动计算机系统时，自动进入 Windows 操作系统。Windows 启动后，首先看到的是 Windows 的桌面。

（2）Windows 的退出。在 Windows 运行期间，不能直接关闭计算机系统，否则可能会造成系统程序损坏或数据丢失。首先应当退出 Windows，在 Windows 退出时自动关闭计算机系统。退出 Windows 的方法是：

①首先单击桌面左下角的"开始"按钮，弹出"开始"菜单；

②然后选择"关闭计算机"命令，出现标题为"关闭计算机"的对话框；

③最后单击"关闭"按钮，Windows 将保存有关信息，然后退出，并自动关闭计算机系统。

2. Windows 的桌面环境

Windows 的桌面就像办公桌，上面可以放置一些图标和工具栏等，如文档、文件夹或程序等，可以方便地调用。桌面上的内容主要包括图标、任务栏和"开始"按钮等几个主要部分。

Windows 的设置不同，桌面的内容也会有所不同，用户可以重新定义桌面的配置，改变桌面的内容。

（1）图标。Windows 桌面上有许多图标，每个图标代表一个应用程序或文档的快捷方式。图标下的名字就是其所代表对象的名称，如"我的电脑"等。

图标为用户启动应用程序或打开文档提供了方便、快捷的操作方式。将鼠标指针移动到某一图标上双击，应用程序或文档就会自动打开。

（2）任务栏。Windows 任务栏通常位于屏幕底端，呈矩形长条状，是打开程序和浏览计算机的一种工具。

任务栏中主要包括"开始"按钮、快速启动按钮、活动窗口按钮和状态区域。

（3）"开始"按钮位于 Windows 任务栏的最左侧，其中包含 Windows 的全部命令，用于选择运行程序、打开文档、查看和修改计算机系统配置、查找文件以及关闭计算机等。

单击"开始"按钮就可以打开"开始"菜单。开始菜单的左侧为当前 Windows 常用的程序，下方为"所有程序"。当鼠标指针移动到"所有程序"选项时，Windows 将自动弹出当前已经安装的所有程序，用于查看和修改计算机的各种配置。"开始"菜单的右侧主要用于查看和修改计算机的各种配置等。"开始"菜单中的许多选项后有一个三角形标记，表示该菜单项下还有子菜单，单击就可以打开相应的程序。

3. 应用程序的启动与退出

Windows 下有多种方式启动和退出应用程序。

（1）应用程序的启动主要有以下几种方法。

①利用快捷方式。Windows 下，许多应用程序安装后，自动在桌面上建立相应的快捷方式图标。双击快捷方式图标，就可以启动相应程序。

②直接运行应用程序。双击"我的电脑"图标或打开"Windows 资源管理器"窗口，双击应用程序对应的程序文件，就可以启动相应的程序。

③打开与应用程序关联的文档。在 Windows 下，大部分文档与应用程序自动关联，如 DOC 文件与 Word 关联等。在打开这类文档时，系统就会自动运行与之关联的应用程序，并打开相应的文档。具体方法如下：双击桌面上"我的电脑"图标或打开"Windows 资源管理器"窗口，找到文档所在的文件夹，双击文档文件，就可以启动相应的程序。

④利用"开始"菜单中的"运行"命令。单击"开始"按钮，弹出"开始"菜单，选择其中的"运行"命令，打开"运行"对话框。如果能够记住程序的文件名，可以直接输入，也可以单击"浏览"按钮在计算机上查找应用程序，然后单击"确定"按钮启动运行。

（2）应用程序的退出。在 Windows 下，退出应用程序主要有以下 4 种方法：

①选择应用程序的"文件"→"关闭"命令；

②打开应用程序窗口的控制菜单框，选择"关闭"命令；

③单击应用程序窗口右上角的关闭按钮；

④按快捷键 Alt+F4，可以关闭窗口并退出应用程序。

（3）多任务间的切换。Windows 是一个多任务操作系统，可以同时启动多个应用程序。如在使用 Word、编制财务分析报告的同时，可以打开会计软件查阅有关账簿等。

每个应用程序启动后，自动在任务栏上建立一个活动窗口，单击活动窗口就可以在不同的任务间切换。

4. Windows 的窗口

（1）标题栏。每个窗口都有一个标题栏，位于窗口的第一行，用于显示窗口中正在运行的应用程序或文档的名称。

将鼠标指针指向窗口的标题栏，按下鼠标左键并移动鼠标，就可将其移动到其他位置。双击窗口的标题栏，可以使窗口在最大化和恢复之间切换。

（2）最大化、最小化和关闭按钮。窗口的右上角有 3 个按钮，用于控制窗口的大小和关闭。当鼠标指针指向某一个按钮时，就会显示该按钮的名称。

①最小化按钮。最小化按钮标有一个"一"号，单击最小化按钮，当前窗口最小化，但其仍处于激活状态，在任务栏上显示"×"号。

②最大化按钮。最大化按钮标有一个"□"符号，单击最大化按钮可将窗口放大到整个桌面。这时出现恢复按钮，用鼠标单击恢复按钮能将窗口恢复到原来大小。

③关闭按钮。单击关闭按钮关闭当前窗口并同时关闭其对应的应用程序，任务栏上相应窗口按钮消失。

（3）控制菜单框。控制菜单框位于窗口的左上角，通常有一个程序图标。单击图标出现控制菜单框，使用其中的命令便可以改变窗口的尺寸，移动窗口的位置，放大、缩小以及关闭窗口等。按 Alt+空格键也可以打开控制菜单框。

（4）菜单栏。菜单栏位于窗口标题栏的下一行，Windows 的菜单分级列出了许多菜单项，通常包含当前程序的主要功能，以便于用户完成指定的操作。

一般情况下，菜单栏上有若干个主菜单，当用鼠标单击或移动到某一个主菜单时，其下级菜单自动弹出，这种菜单称为下拉式菜单。单击某一个菜单项时，就可以进行相应的操作。

5. 文件窗口操作

（1）文件的复制。文件的复制是把文件复制到其他文件夹，这里称目标文件夹。文件复制后，原来的文件仍然存在，同时在目标文件夹内复制一个完全相同的文件夹。Windows 提供了多种文件复制方法，主要有以下几种。

①利用菜单。选定要复制的文件；选择"编辑"→"复制"命令；打开目标文件夹，选择"编辑"→"粘贴"命令。

②利用快捷菜单。选定要复制的文件；单击鼠标右键弹出快捷菜单；选择"复制"命令；打开目标文件夹，单击鼠标右键，在快捷菜单中选择"粘贴"命令。

③利用工具栏按钮。选定要复制的文件；单击工具栏中的"复制"按钮；打开目标文件夹，单击工具栏上的"粘贴"按钮。

④键盘操作。选定要复制的文件；按 Ctrl＋C 键复制；打开目标文件夹，按 Ctrl＋V 键粘贴。

⑤鼠标拖曳。选定要复制的文件；按住 Ctrl 键并拖动鼠标，这时出现一个"＋"号，移动鼠标到目标文件夹后，放开鼠标。

Windows 提供了一个剪切板，执行复制命令时，将要复制的文件的名称存入剪切板内；执行粘贴命令时，Windows 根据剪切板内文件的名称，将其复制到目标文件夹，在执行复制命令后，分别在这些目标文件夹下进行粘贴即可。

（2）文件的移动。文件移动是把文件从当前文件夹移到另一个文件夹，移动后原来的内容不再保留。同复制类似，移动主要有以下几种操作方法。

①利用菜单。选定要移动的文件；选择"编辑"→"剪切"命令；打开目标文件夹，选择"编辑"→"粘贴"命令。

②利用快捷菜单。选定要移动的文件；单击鼠标右键弹出快捷菜单，选择"剪切"命令；打开目标文件夹，单击鼠标右键，在快捷菜单中选择"粘贴"命令。

③利用工具栏按钮。选定要移动的文件；单击工具栏上的"剪切"按钮；打开目标文件夹，单击工具栏上的"粘贴"按钮。

④键盘操作。选定要复制的文件；按 Ctrl＋X 键剪切；打开目标文件夹，按 Ctrl＋V 键粘贴。

⑤鼠标拖曳（仅在同一磁盘才可）。选定要移动的文件，按住鼠标左键，移动到目标文件夹后，放开鼠标即可完成。

（3）文件的删除。在 Windows 资源管理器中也可以删除不再使用的文件。文件的删除主要有以下几种方法。

①利用键盘。选定要删除的文件；按键盘上的 Del 键，弹出一个"确认文件删除"对话框；若确认删除，单击"是"按钮，否则单击"否"按钮取消。

②利用菜单。选定要删除的文件，在"文件"菜单中选择"删除"命令。

③利用工具栏按钮。选定要删除的文件；单击工具栏的"删除"按钮。

④利用快捷菜单。选定要删除的文件；单击鼠标右键弹出快捷菜单；选择"删除"命令。

在 Windows 中，文件删除后，并不是真正地从磁盘上清除，而是将其文件名等信息放入

Windows 的"回收站"内。双击桌面上的"回收站"图标，打开回收站，可以看到已被删除的内容。

如果要恢复已经删除的内容，可以首先选择要恢复的文件或文件夹，然后单击"还原此项目"按钮，文件被恢复到其所在的文件夹；若要真正地删除其中的内容，单击其中的"清空回收站"按钮，文件就被彻底从磁盘上删除。

(4) 文件的重命名。文件名可以随时修改，但一次只能修改一个文件。文件的重命名主要有以下几种方法。

①利用菜单。选定要重命名的文件；选择"文件"→"重命名"命令；这时文件名处于编辑状态，文件名框中出现闪动的光标，输入新的文件名，然后回车即可。

②利用快捷菜单。选定要重命名的文件；单击鼠标右键弹出快捷菜单，然后选择"重命名"命令。

③直接改名。选定要重命名的文件，单击文件名后，文件名框中出现闪动的光标，然后即可输入新的名称。在上述操作过程中，若要取消操作，可单击工具栏的"撤消"按钮，或选择"编辑"菜单中的"撤消"命令。

15.4.3 文字处理软件 Word 的基本操作

1. Word 的启动与退出

(1) Word 的启动。在 Windows 下启动 Word 主要有以下几种方法。

①使用快捷方式。启动 Windows 后，如果在桌面上有 Microsoft Word 的快捷方式，双击该快捷键方式即可启动 Word。

②使用"开始"菜单。单击 Windows 桌面上的"开始"按钮，在弹出菜单的"所有程序"中选择"Microsoft Word"。

③利用"资源管理器"或"我的电脑"。在 Windows"资源管理器"或"我的电脑"中，双击 Word 文档，就可以在启动 Word 的同时打开这个文档。

(2) Word 的退出。

①选择 Word 的"文件"→"退出"命令。

②单击 Word 窗口的"关闭"按钮或按 Alt+F4 键。

③双击 Word 窗口左上角的控制菜单图表。

2. 文档管理

(1) 文档建立。在启动 Word 时，Word 会自动新建一个空白文档，默认的文件名为"文档1"。如果想建立一篇新的文档，可以使用菜单或工具栏中的按钮新建文档。利用菜单新建文档的步骤如下：

①选择"文件"→"新建"命令；

②在弹出的"新建"标签中单击"空白文档"按钮，即可创建一篇新文档。

利用工具栏按钮新建文档的方法是：选择"常用"→"新建"命令，Word 文档就可创建一篇新文档。

(2) 文档保存。在文档中输入内容后，要将其保存在磁盘上，便于以后查看文档或再次对文档进行编辑、打印。

①保存新建文档。选择"文件"→"保存"命令，或单击"常用"工具栏中的"保存"按钮，打开"另存为"对话框。在"文件名"中键入文件名，在"保存类型"选择要保存的类型，Word 默认的保存类型为 Word 文档，其扩展名为 .doc。在"保存位置"列表中选定用来

存储文档的驱动器或文件夹。单击"保存"按钮完成保存。

②保存当前文档。选择"文件"→"保存"命令，或直接单击"常用"工具栏中的"保存"按钮。在文档编辑过程中，应当及时保存，以免意外情况下丢失信息。如果当前文档已经命名，文档名称不变，只是保存其内容。

③换名保存文档。在 Word 中，可以用不同的文件名或不同的位置保存当前文档。选择"文件"→"另存为"命令，在"文件名"框中键入文件名，或在"保存位置"列表中选定文件夹，单击"保存"按钮即可。

（3）文档打开。编辑一篇已存在的文档，必须先打开文档。Word 提供了多种打开文档的方法。

①使用"打开"对话框。选择"文件"→"打开"命令，或单击"常用"工具栏的"打开"按钮，打开"打开"对话框。在对话框中选择文档所在的驱动器和文件夹，选择文档后，单击"打开"按钮。

在选择"打开"命令时，默认情况下 Word 只列出扩展名为 .doc 的 Word 文档。若要打开文本文件等其他类型的文档，应在"文件类型"中选择相应的类型。在文件列表框中单击要打开文档。

②打开最近使用过的文档。Word 能够记住最近打开的文档，并在"文件"菜单的底部列出，单击文档就可以直接打开相应的文档。

（4）文档打印。Word 的突出优点是"所见即所得"，文本在屏幕上的显示效果和打印出来的效果完全一样。利用这个特点就可以直接在屏幕上预览打印后的效果，以决定是否继续进行修改和修饰。

①打印预览。在打印一个文档之前，可以先预览文档的总体效果，以确认是否满足要求，这一功能可以利用 Word 提供的"打印预览"功能来实现。

选择"文件"→"打印预览"命令，或单击"常用"工具栏的"打印预览"按钮，就可以进入"预览"视图。

②打印文档。单击"常用"工具栏中的"打印"按钮，文档就会全部打印。如果需要设置有关打印选项，应选择"文件"→"打印"命令，打开"打印"对话框，通过该对话框可以设置打印的范围、份数等参数。单击"确定"按钮，系统即开始打印。

3. 文字编辑

（1）移动和删除。

①使用"剪贴板"移动文本。首先选定要移动的文本，打开"编辑"菜单，选择"剪切"命令，或单击"常用"工具栏上的"剪切"按钮。选定的文本就被从当前位置删除，但它同时被保存在一个剪贴板的存储区中。

将光标移动到需要插入的位置，打开"编辑"菜单，然后选择"粘贴"命令，或单击"常用"工具栏上的"粘贴"按钮，刚才被剪切的文本则被移动到所需的位置。

②使用鼠标拖放移动文本。首先选定要移动的文本，然后把鼠标指针指向选定的文本区域，当其变成左上斜箭头时，按住鼠标左键，这时拖放指针，箭头的尾部出现一个虚线方框，插入点变成虚线，拖动鼠标，使变成虚线的插入点移动到所需要的位置，释放鼠标左键，选定的文本就被移动。

要删除文本，除可使用 Del 键或 Backspace 键删除单个字符外，在删除内容较多时，可以首先选取文本，然后再按 Del 键或 Backspace 键。

（2）复制、剪切、粘贴。

①使用"剪贴板"复制文本。选定需要复制的文本，打开菜单条上的"编辑"菜单，选择"复制"命令，或单击"常用"工具栏中的"复制"按钮，选定的文本被复制到剪贴板中。将光标移动到需要插入的位置，选择"编辑"→"粘贴"命令，或单击"常用"工具栏上的粘贴按钮，选定的文本就被复制到文档中所需的位置。

②使用鼠标拖放复制文本。

选定要复制的文本，然后把鼠标指针指向选定的文本区域，当其变成左上斜箭头时，按住键盘上的 Ctrl 键，同时按住鼠标左键，这时会出现复制指针，箭头的尾部出现一个方框，里面有一个加号，同样光标也变成虚线，拖动鼠标，使变成虚线的光标移动到所需的位置，释放鼠标左键，完成文本的复制。

（3）查找与替换。Word 提供的查找功能不仅能够查找和替换普通的字符、汉字、单词、短语、句子等文本，还可以查找和替换特殊字符、图形、样式和格式等。

①查找。查找文本是在文档中查找指定的内容，如字符、单词和句子等。选择"编辑"→"查找"命令，或按 Ctrl＋F 快捷键打开"查找和替换"对话框。

在"查找内容"文本框中输入要查找的内容，单击"查找下一处"开始查找。找到要查找的文本后，再单击"查找下一处"按钮可以继续查找。

②替换。在查找到指定的内容后，可以用另一部分文本替换找到的文本。选择"编辑"→"替换"命令，或按 Ctrl＋H 快捷键，或在"查找和替换"对话框中单击"替换"选项卡就可以打开相应的对话框。

"替换"选项卡比"查找"选项卡多了一个"替换为"的文本框，用于输入要替换的内容。其工作方式类似于查找，只是在查找到相应的文本后用新文本进行替换。

单击"替换"按钮，可以把当前查找到的文本替换为要替换的文本；如不想替换，单击"查找下一处"，可以继续查找满足条件的文本；如果对全文档中满足条件的所有文本进行替换，可以单击"全部替换"按钮。

4. 排版操作

（1）设置字体。字体包括中英文字体的字形、字号等其他效果，通过字体对话框、工具栏等方式可以进行字体设置。

①选择字体。Word 自带的常用中文字体有宋体、楷体、仿宋、隶书和黑体等，英文字体有 Times New Roman、Arial 等，Word 默认为宋体。用户也可以根据自己的需要改变字体。

a. 使用"格式"工具栏。选定要改变字体的文本，单击"格式"工具栏上"字体"下拉列表框右边的下箭头，从中选择所需的字体。

b. 使用"字体"对话框。使用"字体"对话框设置字体可以同时设置字形、字号等其他效果。方法如下：选定改变字体的文本，打开"格式"菜单，选择"字体"命令，出现"字体"对话框。

②设置字号。字号是指字符的大小。字号的表示方法有两种：一种是中文表示方法，例如"一号""二号"等，字号越小所对应的字符就越大；另一种是数字表示方法，例如8、10 等，数字越大所对应的字符也就越大。这两种字号之间存在着一定的转换关系，例如"小三号"字对应"15 号"。Word 默认的字号为五号。改变字号可以通过以下步骤完成：

选定文本，在"格式"工具栏的"字号"下拉列表框中选择，或直接键入所需字体的字号，或在"字体"对话框中"字体"选项卡的"字号"列表框中设置。

（2）设置段落格式。在 Word 中，文本和图形后面加上一个段落标记就构成了一个段落。有关此段落的格式化信息就存储在该段落标记中。

在输入文本时，每按一次 Enter 键，就插入一个段落标记。段落标记不仅标识一个段落的结束、新的段落的开始，而且还将当前段落的格式化信息带入新段落。

格式化一个段落，首先要选定该段落，或将光标置于该段落中的任何位置。格式化多个段落，应先选定这些段落。如果键入段落内容前先设定了段落格式，则随着文本的键入，会自动对其按预先设定的段落格式进行格式化。

①设置段落对齐方式。Word 提供了 5 种段落对齐的方式：左对齐、右对齐、居中对齐、两端对齐和分散对齐，默认情况下，段落是两端对齐的。

将光标置于要改变对齐方式的段落中，若要格式化多个段落，首先选定段落。单击"格式"工具栏的对齐按钮（两端对齐、居中对齐、右对齐、分散对齐），若设置左对齐，使所有的按钮弹起即可。

②设置段落缩进。段落缩进用于确定文本相对于左、右边距的位置。段落缩进后文本相对于页边界的距离等于页边距与缩进距离之和。

a. 使用"格式"工具栏设置缩进。"格式"工具栏中有两个按钮，"增加缩进量"按钮和"减少缩进量"按钮。使用这两个按钮只能生成左缩进。

首先在段落中设置插入点或选定要缩进的段落，单击"增加缩进量"按钮，将文本缩进一个汉字的位置；单击"减少缩进量"按钮，则使文本向左移动一个汉字的位置。

b. 用"段落"对话框设置缩进量。选择"格式"菜单的"段落"命令，出现"段落"对话框。选择"缩进和间距"选项卡。在"缩进"选项区设置段落的缩进距离。左、右框中的数值定义了段落的左、右缩进距离，键入负值则实现负缩进。在"特殊格式"下拉列表框中可以设置"首行缩进"和"悬挂缩进"等。

c. 用水平标尺设置缩进。使用水平标尺上的缩进标记可以产生任何一种缩进。

③调整行距和段落间距。

a. 调整行距。行距是指段落中各行之间的垂直距离。默认情况下，Word 采用单倍行距。若更改行距，将影响所选定的所有段落或光标所在的段落。操作方法如下：

将光标移动到要改变行距的段落或选定整个段落；在"段落"对话框中选择"缩进和间距"选项卡；在"行距"下拉列表中选择所需的行距；单击"确定"按钮。

b. 调整段落间距。任何两个相邻的段落，其段落间距为一段落的段后间距与下一段落的段前间距之和。可以通过设置段落的"段间距"和"段后间距"实现段落间距的调整。

将光标移动到要改变行距的段落或选定整个段落，在"段落"对话框的"缩进和间距"选项卡的"段前"和"段后"数字框中分别输入所需的段前间距和段后间距。

15.4.4 表格处理软件 Excel 的基本操作

1. Excel 的启动与退出

（1）Excel 的启动。在 Windows 下启动 Excel 主要有以下几种方法。

①使用快捷方式。启动 Windows 后，如果在桌面上有 Microsoft Excel 的快捷方式，双击该快捷方式即可启动 Excel。

②使用"开始"菜单。单击 Windows 桌面上的"开始"按钮，在弹出菜单的"所有程序"选项中选择"Microsoft Excel"。

③利用"我的电脑"或"资源管理器"。在 Windows"我的电脑"或"资源管理器"中双击 Excel 文档，就可以在启动 Excel 的同时打开这个文档。

（2）Excel 的退出。

①在 Excel 的"文件"菜单中选择"退出"命令。

②单击 Excel 窗口的"关闭"按钮或按 Alt＋F4 键。

③双击 Excel 窗口左上角的控制菜单图表。

2. 工作表编辑

工作表编辑是指工作表行、列的插入、删除，以及工作表本身的复制、移动和删除等操作。

（1）插入行、列或单元格。

①插入行。单击行标，然后单击鼠标右键，从快捷菜单中选择"插入"命令，就可以在当前行上方插入一行。

插入也可以利用菜单实现。选择行后，单击"行"按钮，同样可以在当前行上方插入一行。若需要同时插入多行，可以首先选择与插入行数相同的行，然后插入。例如，要在第 5 行前插入 3 行，可以选择 5、6、7 这三行，然后插入行即可。

②插入列。插入列与插入行操作类似。选择列标，单击鼠标右键，从快捷菜单中选择"插入"命令，就可以在当前列左侧插入一列。

③插入单元格。选择"插入"→"单元格"命令，或选择工具栏中的"插入"命令，打开"插入"对话框。这时，可以插入行、列或单元格。选择项目如下：

a. 活动单元格右移：在当前单元格的位置插入一个新的单元格，原单元格及其右面的所有单元格右移一列；

b. 活动单元格下移：在当前单元格的位置插入一个新的单元格，原单元格及其下面的所有单元格下移一行；

c. 整行：在当前行上方插入一行；

d. 整列：在当前列左侧插入一列。

（2）删除行、列或单元格。删除与清除不同，清除是清除单元格的内容或公式等，单元格仍然存在，而删除后单元格不复存在，应注意两者的区别。

①删除行。单击要删除行的行标，然后单击鼠标右键，从快捷菜单中选择"删除"命令，就可以将当前行删除。

删除也可以利用菜单实现。选择行后选择"删除"命令，同样可以删除当前行。单击"编辑"主菜单中"若需要同时删除多行"，可以首先选择要删除的行然后再删除。删除与删除行的操作类似。

②选择列，单击鼠标右键，从快捷菜单中选择"删除"命令，就可将所选列删除。

③删除单元格。选择"编辑"→"删除"命令，或单击鼠标右键选择"删除"命令，就可以打开"删除"对话框。其操作方式与插入类似，结果与插入相反。

（3）插入工作表。插入工作表就是在当前工作簿中增加一张工作表。例如，在工作表"sheet2"前插入一张工作表，其操作如下：

首先选定"sheet2"工作表，选择"插入"→"工作表"按钮，就可以在当前编辑的工作表前面插入一个新的工作表。

插入工作表也可以通过快捷菜单实现。单击工作簿下方的工作表标签，然后再单击鼠标右键，选择"插入"后再选择"工作表"命令。

（4）删除工作表。首先选定要删除的工作表，选择"编辑"→"删除工作表"命令，Excel 将给出提示，单击"确定"按钮就可删除。删除工作表同样可以通过快捷菜单实现。

（5）移动工作表。在移动的工作表标签上按下鼠标左键，拖动鼠标，这时可以看到鼠标的箭头上多了一个文档的标记，在标签栏中有一个黑色的三角指示着工作表拖动的位置，在要到达的位置松开鼠标左键，工作表的位置就改变了。

（6）复制工作表。复制工作表的操作同移动工作表类似。首先单击要复制的工作表的标签，然后按下 Ctrl 键，此时，鼠标上的文档标记会增加一个加号，拖动鼠标到新工作表的位置，松开鼠标左键，工作表就被复制。

（7）工作表重命名。工作表标签应当反映其数据的内容，如"科目编码表"、"明细账"等。修改工作表的名称可以双击工作表标签，使其变为编辑状态，然后修改。

另外，也可以单击要重命名的工作表标签，然后单击鼠标右键，在弹出的菜单中选择"重命名"命令；或打开"格式"主菜单的"工作表"子菜单，选择"重命名"来进行。

3. 数据计算

Excel 不仅能够存储数据，而且具有很强的数据处理能力。利用 Excel 提供的公式和函数，可以对报表数据进行各种复杂的运算，在会计工作中具有广泛的应用。

（1）公式。在 Excel 中，利用公式可以进行各种复杂的数学运算，包括加法和乘法等。公式可以引用当前工作表中的单元格、其他工作表中的单元格，或者其他工作簿中的单元格。公式由运算符、常量、单元格地址和函数等元素构成。

①输入公式。公式在单元格内直接输入。

②复制公式。复制公式同复制数据的方法类似，可以使用菜单、快捷键或者鼠标拖曳等方式。

③移动公式。包含公式的单元格移动的操作方法与其他单元格的移动一样。公式单元格移动时，公式中单元格的引用并不改变。

④清除公式。清除公式包括单元格的内容、公式及其计算结果一并删除。例如，H3 单元格的公式为"＝E3＋F3－63"，按 Del 键清除后其公式和运算结果全部消失。

（2）函数。Excel 提供了 200 多个函数，包括求和、求平均值和计数等，特别是其丰富的财务函数，可以实现折旧和利息的计算等，为财务人员提供了强大的工具。

①Excel 中函数由 3 个部分构成。例如，函数 SUM（F3：F8）表示对区域（F3：F8）内的数据求和。其 3 个组成部分如下。

a. 函数名：函数的标志，通常以函数的功能命名，如 SUM、MAX 等。

b. 括号：函数名后有一对圆括号，包含函数的参数。

c. 参数：说明函数中使用的值或单元（区域），如 F3：F8 等，有些函数没有参数。

②自动求和公式的应用。求和是一种最常用的计算，Excel 在工具栏中专门提供了求和按钮，它可以自动对当前单元格上方或左侧的区域求和，计算结果放入当前单元格内。

有时 Excel 自动选择的范围不准确，特别是当求和区域不连续时。这种情况下可以先选定区域，如上例中选定 F3：F8，然后再按"自动求和"按钮。

15.4.5　因特网的基本应用

因特网是一种覆盖全球的国际互联网，是当今世界上最大的国际性计算机互联网络，属于广域网的一种。我国正式确定其中文名称为"因特网"。

因特网的主要功能包括电子邮件、远程登录、文件传输、新闻组、万维网、电子公告板等。从使用者角度，因特网的主要应用领域有浏览网页信息、运行网络应用软件、收发电子邮件等。

（1）电子邮件（e-mail）。电子邮件（Electronic mail）就是利用计算机网络交换的电子媒体信件。一个用户通过因特网，可将邮件传送给世界上任何一个有 e-mail 地址的用户。e-mail 除了作为信件交换工具外，还可用于传递文件、图形、图像、语音、视频等信息，其快速和实效是普通邮件所无法比拟的。

（2）远程登录因特网。利用远程登录，用户可以把本地的计算机登录到主机，变成该主机的远程终端，从而使用主机系统的硬件、软件等资源。

（3）文件传输。文件传输功能可以使用户的本地计算机与远程计算机建立连接，直接进行文件的双向传输。

学习任务 15.5   应用练习及答案解析

通过前面的学习，王涛觉得自己掌握了很多电算化以及计算机方面的知识，他想检验一下自己的学习成果。

一、选择题

1. 下列各键中，可以完成翻页功能的键是（　　）。

　　A. Del　　　　　　　　B. Alt　　　　　　　　C. Pageup　　　　　　　　D. End

"答案" C

【解析】其他键均不能完成翻页功能。

2. 在 DOS 操作系统中，扩展名为 .txt 的文件代表（　　）。

　　A. 文本文件　　　　　B. 批处理文件　　　　C. 系统文件　　　　　D. 备份文件

"答案" A

【解析】备份文件的扩展名是 .bak。

3. 主要用于连续输入若干大写字母的大写字母锁定键是（　　）。

　　A. Tab　　　　　　　　B. Ctrl　　　　　　　　C. Alt　　　　　　　　D. Capslock

"答案" D

【解析】Ctrl 和 Alt 键通常不单独使用。

4. DOS 文件扩展名的组成字符个数是（　　）。

　　A. 任意　　　　　　　　B. 0～5　　　　　　　C. 1～3　　　　　　　　D. 4

"答案" C

【解析】文件名由文件主名和扩展名组成，扩展名由 1～3 个字符组成。

5. 容量为 1Gb 的 U 盘，最多可以储存的信息量是（　　）。

　　A. 1 024Mb 字节　　　　　　　　　　　　　　B. 1 024kb 字节

　　C. 1 000kb 字节　　　　　　　　　　　　　　D. 1 000Mb 字节

"答案" A

【解析】1 024b=1kb，1 024kb=1Mb，1 024Mb=1Gb。

6. 汇编语言是程序设计语言中一种（　　）。

　　A. 高级语言　　　　　B. 低能语言　　　　　C. 机器语言　　　　　D. 解释语言

"答案" C

【解析】程序设计语言按其对计算机硬件的依赖程度,可以分为机器语言、汇编语言和高级语言。汇编语言是一种符号化的机器语言。

7. 启动系统工具的步骤是( )。

　　A. 开始→查找→附件→系统工具　　　　B. 开始→程序→附件→系统工具

　　C. 开始→设置→控制面板→系统工具　　D. 开始→文档→工具→系统工具

"答案" B

【解析】其他步骤都不能达到要求。

8. 收藏夹中保存的是( )。

　　A. 文档　　　　　　　　　　　　　　　B. Web 站点的地址

　　C. 快捷方式　　　　　　　　　　　　　D. 被收藏的所有信息

"答案" B

【解析】"收藏夹"为用户保存经常使用的 Web 地址。

9. Windows 中的"附件"组中一般包含有_____两个文字处理程序( )。

　　A. 字体应用程序和造字程序　　　　　　B. 画图和写字板

　　C. 造字程序和记事本　　　　　　　　　D. 写字板和记事本

"答案" D

【解析】其他答案均不正确。

10. 在"控制面板"中双击"显示器"图标,然后选择_____进行设置,可以将当前显示器的分辨率从 800×600 调整为 640×480 ( )。

　　A. "设置"对话框　　　　　　　　　　　B. 分辨率按钮

　　C. 更改显示器类型按钮　　　　　　　　D. 外观对话框

"答案" A

【解析】其他答案均不正确。

11. 在 Excel2003 中,如果单元格 C2 的内容为"IAMGOINGTO",单元格 C8 的内容为"GO",则 C2&C8 的内容为( )。

　　A. GO　　　　　　　　　　　　　　　　B. GOIAMGOINGTO

　　C. IAMGOINGTOGO　　　　　　　　　　D. TRUE

"答案" C

【解析】其他答案均不准确。

12. 当退出 Word 时,如果某些打开的文档在改动后还没有保存,那么 Word 会( )。

　　A. 自动保存这些文档　　　　　　　　　B. 不保存这些文档

　　C. 询问用户是否保存这些文档　　　　　D. 删除这些文档

"答案" C

【解析】当退出 Word 时,如果某些打开的文档在改动后还没有保存,那么 Word 不会自动保存这些文档,会询问用户是否保存。

13. 为防止在死机或断电时来不及保存文档,应在 Word 中设置( )。

　　A. 保留备份　　　　　　　　　　　　　B. 快速保存

　　C. 保护口令　　　　　　　　　　　　　D. 自动保存时间间隔

"答案" D

【解析】其他答案均不正确。

14. 打印页码为 1,3-5,9 表示打印( )。

A. 第 1、3、5、9 页　　　　　　　　　　B. 第 1 页，第 3 至 5 页，第 9 页

C. 第 1 至 3 页，第 5 至 9 页　　　　　　D. 第 1 至 9 页

"答案" B

【解析】3－5 代表的是从第三页至第五页。

15. 如果文档中的内容在一页未满的情况下需要强制换页，最快捷的方法应是(　　)。

A. 不可以这样做　　　　　　　　　　　B. 插入分页符

C. 多按回车直到出现下一页　　　　　　D. 多插入空格直到出现下一页

"答案" B

【解析】如果文档中的内容在一页未满的情况下需要强制换页，最快捷的方法应是插入分页符。

16. 应收/应付账款核算模块的主要功能有(　　)。

A. 系统初始化　　　　　　　　　　　　B. 客户（或供应商）档案管理

C. 技术凭证输入及审核　　　　　　　　D. 以上都正确

"答案" D

17. 下列账户属于负债类的账户有(　　)。

A. 其他业务支出　　　B. 应付福利费　　　C. 在建工程　　　D. 坏账准备

"答案" B

【解析】其他业务支出属于损益类，在建工程、坏账准备属于资产类。

18. 软盘的存放，磁场强度应小于(　　)。

A. 20 奥斯特　　　　　B. 50 奥斯特　　　　C. 70 奥斯特　　　　D. 80 奥斯特

"答案" B

19. 采用收款、付款、转账 3 种记账凭证的企业，从银行提取现金应填制(　　)。

A. 收款凭证　　　　　　　　　　　　　B. 付款凭证

C. 转账凭证　　　　　　　　　　　　　D. 既填收款又填付款凭证

"答案" B

20. 下列账户属于资产类账户的是(　　)。

A. 预收账款　　　　　B. 预提费用　　　　C. 待摊费用　　　　D. 短期借款

"答案" C

【解析】其他都属于负债类账户。

二、判断题

21. End 键可以完成翻页功能。(　　)

"答案" 错误

【解析】PAGEUP 键可以完成翻页功能。

22. 通常根据软件的功能把计算机软件分成编辑软件和应用软件两大类。(　　)

"答案" 错误

【解析】通常把计算机的软件分为系统软件和应用软件两大类。

23. 内存的计量单位称之为"字节"(b)，并且规定 1024b＝1kb。(　　)

"答案" 正确

【解析】1 024b＝1kb，1 024kb＝1Mb，1 024Mb＝1Gb

24. 通用计算机可应用于各个领域，它的程序是能变更和修改的。(　　)

"答案" 错误

【解析】通用计算机可应用于各个领域，但它的程序并不能更改。

25.“帮助”为用户提供使用 Windows 的帮助信息。（ ）

“答案”正确

26. 用户可以利用“查找”来安装和卸载应用程序，安装打印机驱动程序。（ ）

“答案”错误

【解析】用户可以利用“设置”来安装和卸载应用程序，安装打印机驱动程序。

27. 我们可以利用“设置”来改变桌面背景、系统日期、鼠标轨迹等。（ ）

“答案”正确

28.“文档”中记录了用户最近工作编辑的文档名称，为用户快速找到所需的文档并打开它提供了方便。（ ）

“答案”正确

29. 双击任务栏上的按钮，可以在不同窗口（任务）之间进行切换。（ ）

“答案”错误

【解析】单击任务栏上的按钮，可以在不同窗口（任务）之间进行切换。

30. 输入的数值型数据在单元格中自动居中对齐。（ ）

“答案”错误

【解析】输入的数值型数据在单元格中自动右对齐。

31. 在 Excel 中可以输入“月—日—年”的日期型数据格式。（ ）

“答案”正确

32. 若单元格首次输入的内容是日期型数据，则该单元格就被格式化为日期格式。（ ）

“答案”正确

【解析】若单元格首次输入的内容是日期型数据，则该单元格就被格式化为日期格式，以后再向该单元格输入数值时，系统将其转化为日期格式显示。

33. 通过预览操作，能够从屏幕上查看到部分文档的实际输出效果。（ ）

“答案”错误

【解析】通过预览操作，能够从屏幕上查看到全部文档的实际输出效果。

34. 在 Excel 中，当出现算术和关系的混合运算时，关系运算优先于算术运算。（ ）

“答案”错误

【解析】在 Excel 中，当出现算术和关系的混合运算时，算术运算优先于关系运算。

35. 选择会计软件时，应优先考虑软件的实用性，其次考虑合法性。（ ）

“答案”错误

【解析】选择会计软件时，应优先考虑软件的合法性。

36. 计算机打印输出的凭证、账簿、报表，其保存期限与手工方式不完全一致。（ ）

“答案”错误

【解析】计算机打印输出的凭证、账簿、报表，其保存期限与手工方式完全一致。

37. 企业每月要将所有收入账户期末余额转入本年利润账户借方。（ ）

“答案”正确

38. 手工方式下，所有会计工作由人工完成，实现计算机处理后，所有会计工作由计算机自动完成。（ ）

“答案”错误

【解析】手工方式下，所有会计工作由人工完成，实现计算机处理后，大部分会计工作由

计算机自动完成。（　　）

39. 企业的投资者可以用现金、实物、无形资产进行投资。（　　）

"答案" 正确

40. 操作人员无权将操作口令告知他人，口令密码可向领导汇报。（　　）

"答案" 错误

【解析】操作人员无权将操作口令告知他人，领导无权调阅操作人员自设的口令密码。

◎学习任务 15.6　模拟试题

一、单选题

1. 账务处理系统中所指的期初余额，是用户启用会计软件当月各科目的（　　）。

　　A. 月初余额　　　　　B. 年初余额　　　　C. 月末余额　　　　D. 年末余额

2. 打印机按打印速度由高到低的排列顺序为：（　　）。

　　A. 针式 喷墨 激光　　　　　　　　　B. 针式 激光 喷墨

　　C. 激光 喷墨 针式　　　　　　　　　D. 喷墨 针式 激光

3. 软件 "打补丁" 是指：（　　）。

　　A. 软件的重新设计　　　　　　　　　B. 修改软件以前的程序错误

　　C. 软件维护　　　　　　　　　　　　D. 软件移植

4. 带电脑的全自动洗衣机属于计算机应用的（　　）领域。

　　A. 科学计算　　　　B. 过程控制　　　　C. 人工智能　　　　D. 信息处理

5. 根据会计数据采集的源点输入原则，超市的销售信息最好由（　　）输入系统。

　　A. 会计主管　　　　B. 收款员　　　　　C. 销售经理　　　　D. 仓库管理员

6. 如果是浮动汇率的外币业务，在凭证输入时，还必须输入外币金额和（　　）。

　　A. 汇率　　　　　　B. 日期　　　　　　C. 单价　　　　　　D. 国别

7. 在资源管理器的文件夹框中，带 "＋" 的文件夹表示该文件夹（　　）。

　　A. 已展开　　　　　　　　　　　　　B. 下层有文件夹

　　C. 下层没有文件　　　　　　　　　　D. 该文件夹为空

8. 在 Word 文档中，段落间距通过设置（　　）来实现。

　　A. 段上间距和段下间距　　　　　　　B. 段前间距和段后间距

　　C. 段左间距和段右间距　　　　　　　D. 段落行距

9. 在会计电算化中，一旦结账完毕，对于修改问题的说法（　　）是正确的。

　　A. 计算机完全控制修改　　　　　　　B. 能任意修改

　　C. 除财务主管外不能修改　　　　　　D. 不论是谁都不能修改

10. 防火墙软件的作用是：（　　）。

　　A. 查杀计算机病毒　　　　　　　　　B. 阻挡黑客进入

　　C. 自动备份数据　　　　　　　　　　D. 防止火灾

11. Visual Basic 是（　　）。

　　A. 操作系统　　　　　　　　　　　　B. 程序设计语言

　　C. 应用软件　　　　　　　　　　　　D. 数据库管理系统

12. 在 Excel 中，引用 B2 至 B65 个单元格的表示形式是（　　）。

| A. B2，B6 | B. B2 B6 | C. B2；B6 | D. B2：B6 |

13. 关于利润表中财务费用本月数的取数问题，以下说法正确的是：（   ）。

    A. 取本月财务费用的借方发生额

    B. 取本月财务费用的贷方发生额

    C. 取本月财务费用的借方发生额与贷方发生额的差额

    D. 取本月结转损益前的财务费用的借方发生额与贷方发生额的差额

14. 只能读不能写的光盘为：（   ）。

    A. CD－ROM   B. CD－R   C. CD－RW   D. VCD

15. 将单元格 A1 的公式"＝B2＋C2"复制到一个单元格以后，公式内容变成"＝B3＋C3"，这个单元格是：（   ）。

    A. A1   B. A2   C. B1   D. B2

16. 将单元格 H3 的公式"＝E3＋F3"复制到 H4 单元格以后，公式内容应该是：（   ）。

    A. "＝E3＋F3"   B. "＝E4＋F4"

    C. "＝F3＋C3"   D. "＝F4＋C4"

17. FTP 是指（   ）。

    A. 数据备份   B. 电子邮件   C. 文件传输协议   D. 远程登录

18. 会计核算软件的初始化功能不应具备输入（   ）内容。

    A. 会计科目名称、编码   B. 年初数

    C. 本期发生数   D. 期初数

19. （   ）对商品化会计软件的功能、性能做出了规范要求。

    A. 《会计电算化管理办法》   B. 《会计电算化工作规范》

    C. 《会计核算软件基本功能规范》   D. 《会计基础工作规范》

20. 网际快车是一种（   ）工具。

    A. 上传   B. 邮件   C. 远程登录   D. 下载

二、多选题

21. 在 Excel 中，工作表管理包括：（   ）。

    A. 新建   B. 复制   C. 隐藏   D. 删除

22. 为了保证会计电算化工作的健康发展，财政部制定并发布了一系列制度、规范性文件，主要包括：（   ）。

    A. 《会计电算化工作规范》

    B. 《会计电算化管理办法》

    C. 《会计核算软件基本功能规范》

    D. 《关于大力发展我国会计电算化事业的意见》

23. 在 Microsoft Word 中，如果要删除光标前面的一个字符，应用（   ）键。

    A. Del   B. Backspace   C. 退格键   D. Shift

24. 以下哪些操作可以打开 Microsoft Word：（   ）。

    A. 如果桌面上有 Microsoft Word 的快捷方式，双击该快捷方式

    B. 选择"开始"→"所有程序"→"Microsoft Word"命令

    C. 在资源管理器中，双击一个 Word 文档

    D. 在桌面上单击右键，选择"新建"中的 Microsoft Word 文档

25. 在 Microsoft Word 中，如果不慎将刚刚打开的文档中的一段文字删除了，想要恢复删

除的内容，正确的操作是：（　　）。

A. 选择"编辑"→"撤销"命令　　　　　　B. 选择"编辑"→"粘贴"命令

C. 退出 Word，不保存修改　　　　　　　D. 退出 Word，保存修改

26. Microsoft Word 自带的常用中文字体有哪些？（　　）

A. 宋体　　　　　　B. 楷体　　　　　　C. 黑体　　　　　　D. 篆体

27. 下列功能模块中，属于会计核算软件的功能模块的有（　　）。

A. 应收应付核算　　　　　　　　　B. 报表管理

C. 工资管理　　　　　　　　　　　D. 客户关系管理

28. 在资源管理器中，如果要同时选定多个文件，可以按住（　　）键。

A. Ctrl　　　　　　B. Alt　　　　　　C. Shift　　　　　　D. Backspace

29. 发现已输入未审核的记账凭证有错误的，可以采用（　　）更正。

A. 画线更正法　　　　　　　　　　B. 作废该凭证

C. 直接修改凭证　　　　　　　　　D. 红字凭证冲销法

30. 采用电子计算机代替手工记账的单位，必须具有严格的（　　）管理制度。

A. 操作　　　　　　B. 硬件　　　　　　C. 会计档案　　　　　　D. 软件

三、判断题

31. 企业的会计业务数据有其保密要求，因此生成的资产负债表的损益表不能对外公开。（　　）

A. 是　　　　　　　　　　B. 否

32. 各种会计核算软件的账务处理程序，从会计业务步骤上分析已经基本相同。（　　）

A. 是　　　　　　　　　　B. 否

33. 账务处理系统可以通过自动转账操作把工资模块里生成的工资费用分配信息取过来进行成本计算。（　　）

A. 是　　　　　　　　　　B. 否

34. 科目余额输入完成后，会计软件可以进行试算平衡，说明期初余额输入没有错误。（　　）

A. 是　　　　　　　　　　B. 否

35. 移动硬盘也称为 U 盘。（　　）

A. 是　　　　　　　　　　B. 否

36. 在 Microsoft Word 中，单击工具栏上的打印按钮两次，就可以打印两份文档。（　　）

A. 是　　　　　　　　　　B. 否

37. 会计电算化系统结账后不允许再输入上月凭证。（　　）

A. 是　　　　　　　　　　B. 否

38. 在 Windows 窗口中，菜单栏中找不到的功能，可以从工具栏中找到。（　　）

A. 是　　　　　　　　　　B. 否

39. 一般来讲，喷墨打印机比激光打印机打印成本高。（　　）

A. 是　　　　　　　　　　B. 否

40. 在 Word 文档中，可以将文字的边框设置成三维效果。（　　）

A. 是　　　　　　　　　　B. 否

项目 16   会计电算化考试实务操作

理论知识目标

> 1. 掌握用友通系统管理操作。
> 2. 掌握用友通基础设置及总账模块。

实训技能目标

> 掌握会计电算化考试的实务操作。

学习任务 16.1   系统管理操作

任务引入

王涛要参加考试了，除了准备理论题外，上机操作也很重要，于是热情的宋涛又帮他准备了一些模拟题，让他按考试要求分别完成增设操作员、建立账套、操作员授权 3 种题型。

16.1.1　增设操作员

任务布置——

按考试题目要求，增加两个操作员：001 白静和 002 王立。

任务实施——

（1）双击"系统管理"图标（图 16-1），打开用友通"系统管理"窗口（图 16-2）。

（2）选择"系统"→"注册"命令，打开"注册【控制台】"对话框，然后输入用户名（admin）、密码（空），单击"确定"按钮（图 16-3）。

（3）选择"权限"→"操作员"对话框，打开"操作员管理"对话框（图 16-4）。

（4）单击"增加"按钮，输入编号和姓名，口令为空，单击"增加"按钮，重复上述操作，共添加两个操作员，然后退出。

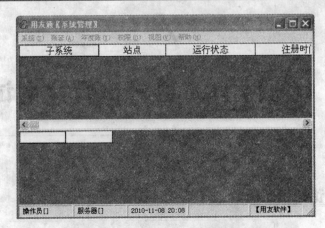

系统管理

图 16-1　"系统管理"图标　　　　　图 16-2　"用友通【系统管理】"窗口

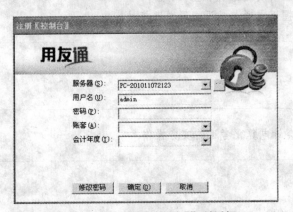

图 16-3　"注册【控制台】"对话框

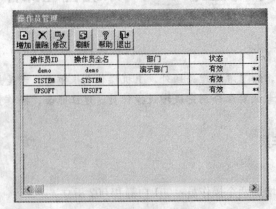

图 16-4　操作员管理界面

【注意事项】

操作员的用户名、编号、密码要记下来，后面要用到。

16.1.2　建立账套

任务布置——

按考试题目要求，建立一个账套。账套名字自己随便写，行业性质为新会计制度科目

（非：2007 新会计准则），账套主管 001 操作员，会计科目级次 42222。启用账套总账。

任务实施

（1）在"用友通【系统管理】"窗口中选择"账套"→"建立"命令，打开"创建账套——账套信息"对话框。输入账套号（一般默认）、账套名称、账套路径（默认）、账套启用日期（一般默认），然后单击"下一步"按钮（图 16-5）。

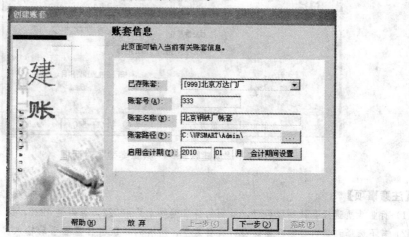

图 16-5　"创建账套——账套信息"对话框

【注意事项】

账套号和启用日期（一般默认）要记下来，下面要用到。

（2）在打开的对话框（图 16-6）中输入单位名称（尽量简单），单击"下一步"按钮。

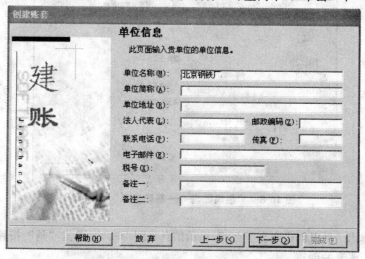

图 16-6　"创建账套——单位信息"对话框

【注意事项】

单位名称是必填项，简称可以不填。

（3）选择核算类型，行业性质中选择"新会计制度科目"，选择账套主管，勾选"按行业性质预置科目"（图 16-7），单击"下一步"按钮。

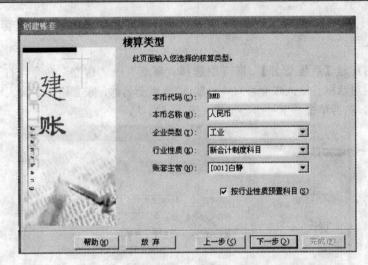

图 16-7　"创建账套——核算类型"对话框

【注意事项】

（1）行业性质选择会计制度科目，后面的科目编码才是 42222，否则是 4222，而且不能修改。

（2）若不选择预置科目则后面的会计科目为空，所有的一级科目需要手动输入。因此这里要选择预置科目。

（4）在"创建账套——基础信息"对话框中不做任何选择（图 16-8），单击"完成"按钮。存货、客户、供应商是否分类选择否，有无外币核算选否，也就是默认状态。

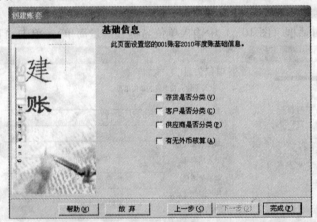

图 16-8　"创建账套——基础信息"对话框

（5）系统弹出"可以创建账套了么？"提示信息（图 16-9），单击"是"按钮，系统会根据前面的设置进行账套的创建。

图 16-9　提示信息对话框

（6）设置科目编辑级次为 42222（图 16-10），单击"确认"按钮。

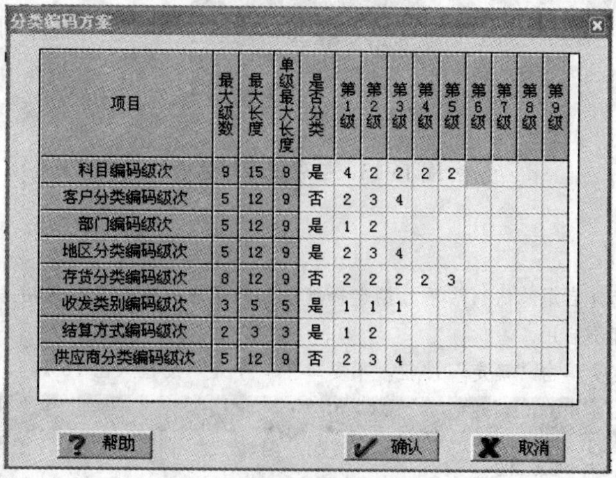

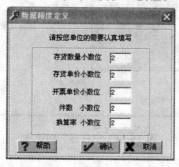

项目	最大级数	最大长度	单级最大长度	是否分类	第1级	第2级	第3级	第4级	第5级	第6级	第7级	第8级	第9级
科目编码级次	9	15	9	是	4	2	2	2	2				
客户分类编码级次	5	12	9	否	2	3	4						
部门编码级次	5	12	9	是	1	2							
地区分类编码级次	5	12	9	是	2	3	4						
存货分类编码级次	8	12	9	否	2	2	2	2	3				
收发类别编码级次	3	5	5	是	1	1	1						
结算方式编码级次	2	3	3	是	1	2							
供应商分类编码级次	5	12	9	否	2	3	4						

图 16-10　"分类编码方案"对话框

【注意事项】

编码方案中只把会计科目编码第四级输入"2"，第五级输入"2"，也就是由原来的 422 改为 42222，别的编码不用进行设置，取默认即可。

（7）数据精度默认两位（图 16-11），单击"确认"按钮。

图 16-11　"数据精度定义"对话框

（8）系统弹出创建账套成功的提示信息（图 16-12），单击"确定"按钮。

图 16-12　创建账套成功

（9）系统打开"是否立即启用账套"对话框（图 16-13），单击"是"按钮，系统会根据设置启用当前账套。

（10）选择启用"GL 总账"（启用日期默认，别的模块不用启用），单击"确定"按钮，单击"是"按钮，然后退出。

图 16-13   信息提示对话框

【注意事项】

（1）启用系统要选择启用总账（启用日期选择默认，和账套的启用日期保持一致），否则后面无法进入操作，别的子系统都不启用。

（2）日历中，一定要单击"确定"按钮，不要单击"今天"按钮（图 16-14）。

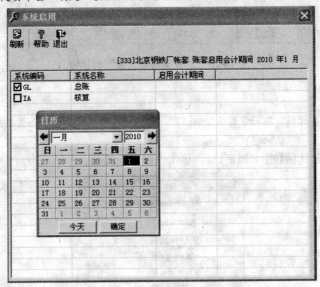

图 16-14   "日历"对话框

16.1.3   操作员授权

任务布置

按考试题目要求，另一个操作员 002 也要设置为账套主管。

【操作步骤】

（1）在"用友通【系统管理】"窗口中选择"权限"→"权限"命令，打开"操作员权限"对话框。选择"权限菜单"→"权限"→"选择操作员"命令，选择账套，选中"账套主管"→"确定"→"退出"／"关闭"（图 16-15）。

（2）选择操作员 002，选择账套，选中"账套主管"复选框，然后单击"是"按钮（图 16-16）。

【注意事项】

（1）一定要看好是否是自己设立的账套，不要进入别人的账套。

（2）设置完后再次确认两个操作员的账套主管身份，然后退出系统管理界面。

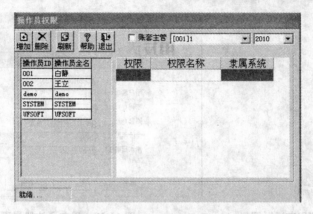

图 16-15 "操作员权限"对话框

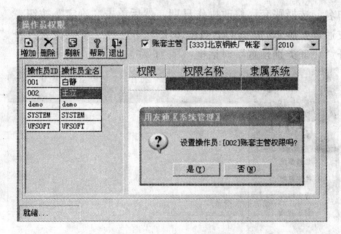

图 16-16 设置账套主管

学习任务 16.2 用友通操作

任务引入

按考试要求分别完成设置凭证类别、增加会计科目、输入期初余额、填制会计凭证、审核会计凭证、记账、生成报表等 7 种题型。

16.2.1 设置凭证类别

任务布置——

根据考试题目要求,按规定设置账套的凭证类别。

【操作步骤】

(1) 双击"用友通"图标(图 16-17),打开"注册【控制台】"对话框(图 16-18),进行用户注册。

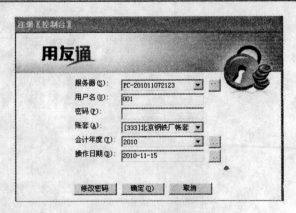

图 16-17   "用友通"图标   图 16-18   用友通注册界面

（2）输入用户名，选择账套，修改操作日期，然后单击"确定"按钮。

（3）在"用友通普及版 10.1"窗口（图 16-19）中选择"基础设置"→"财务"→"凭证类别"命令，打开"凭证类别预置"对话框（图 16-20）。

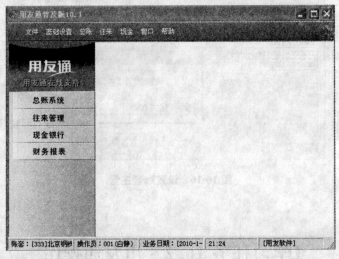

图 16-19   "用友通普及版 10.1"窗口

图 16-20   "凭证类别预置"对话框

【注意事项】

考试设置凭证类别的时候可以进入用友通后立即设置,然后再添加会计科目和输入期初余额,这样会避免"互斥站点正在执行"的错误。

(4) 选中"记账凭证"单选按钮,单击"确定"按钮,打开"凭证类别"窗口(图16-21)。

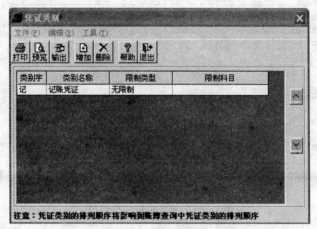

图 16-21　"凭证类别"窗口

16.2.2　增加明细会计科目

任务布置

按考试题目要求,设置会计科目的二级科目。一般要设会计科目的二级科目:113101、113102、113301、113302、120101、120102、124301、124302、121101、121102、212101、212102、213101、510101、510202、540101、540102。然后将410101、410102科目修改(按考试要求),一共涉及19个科目。

【操作步骤】

1. 增加会计科目

(1) 双击"用友通"图标,打开"注册【控制台】"对话框。输入用户名,选择账套,修改操作日期,然后单击"确定"按钮。选择"基础设置"→"财务"→"会计科目"命令,打开"会计科目"窗口(图16-22)。

(2) 单击"增加"按钮,在打开的对话框(图16-23)中输入科目编码和名称,单击"确定"按钮。

【注意事项】

(1) 所有的辅助科目在这里都不需要设置,也不需要制定会计科目。

(2) 设置完后要看一看设置的是否正好,不要少设或错设。

2. 删除会计科目

选中科目名称,单击"删除"按钮,单击"确定"按钮。

3. 修改会计科目

选中科目名称,单击"修改"按钮,再单击"修改"按钮,按考试要求修改后单击"确定"按钮。

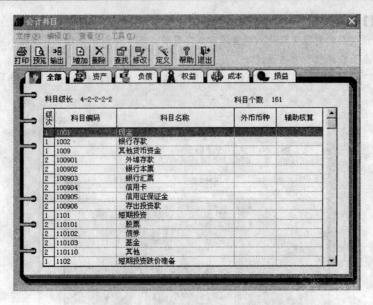

图 16-22　"会计科目"窗口

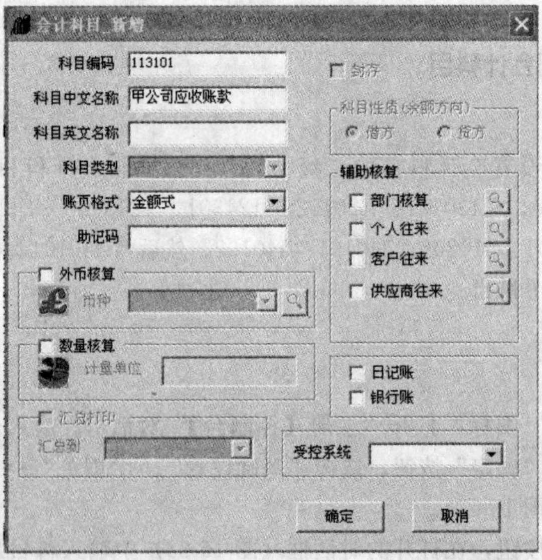

图 16-23　"会计科目＿新增"对话框

16.2.3　输入期初余额

【任务布置】

按考试题目要求，输入期初的余额，大约是 38 个数字。

【操作步骤】

（1）双击"用友通"图标，打开"注册【控制台】"对话框。输入用户名，选择账套，修改操作日期，然后单击"确定"按钮。选择"总账"→"设置"→"期初余额"命令，打开"期初余额录入"对话框，根据题目要求输入、修改、删除相应数据（图 16-24）。

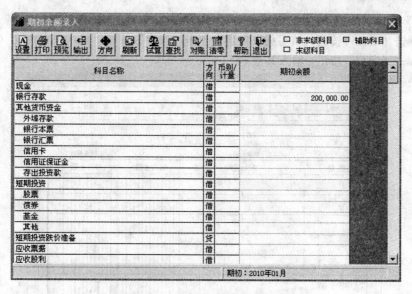

图 16-24　"期初余额录入"对话框

【注意事项】

(1) 一是不要输入串行,二是数字一定要准确,三是有汇总类的只输入明细科目即可,系统自动汇总,四是输完后要数一数个数是否正确,五是时间许可的话可以快速对一对数字,六是输入完成后要试算平衡,七是宁慢别错。

(2) 期初余额里有数量的项目如"原材料"等,根据最新考试评分规则,不需要设置辅助核算,也就是说不要输入数量,凭证里的数量用不上,只管金额即可。

(2) 输入完所有数据后,单击"试算"按钮,提示平衡则继续操作,否则重新检查数据(图16-25)。

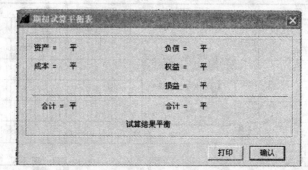

图 16-25　"期初试算平衡表"对话框

16.2.4　填制会计凭证

任务布置——

按考试题目要求,填制凭证。

【操作步骤】

(1) 双击"用友通"图标,打开"注册【控制台】"对话框。输入用户名,选择账套,修改操作日期,然后单击"确定"按钮。选择"总账"→"凭证"→"填制凭证"命令,打开

"填制凭证"窗口（图16-26）。

（2）单击"增加"按钮，填写凭证内容，单击"保存"按钮，显示保存成功（图16-27）。然后继续单击"增加"按钮，输入其他凭证。

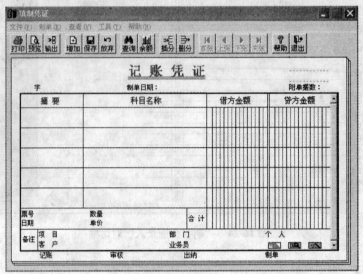

图16-26　"填制凭证"窗口

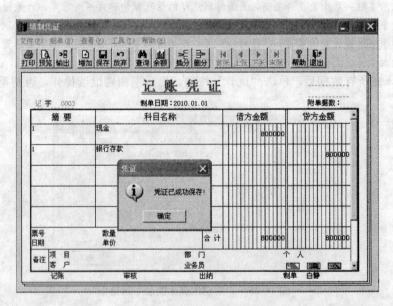

图16-27　凭证保存成功

【注意事项】

（1）摘要栏可以写会计凭证的笔数序号，为的是便于查看是否落下会计凭证或重复输入会计凭证。

（2）熟悉会计科目编码，直接输入编码，减少时间，但要注意看是否是正确的编码。

（3）要运用"＝"，输入完借方后，可在贷方栏直接按"＝"键，直接代入贷方数。

（4）凭证输完后要查一下，看摘要栏数字是否准确，有否落号或重号发生。

（5）宁慢勿错，争取一次成功，自己编写会计科目的一定要编准科目，计算的一定要算对。

（6）考试时候凭证大约有 30 张，其中大部分给出，有 5～7 张需要自己编写凭证。自己编写的凭证不会很难而且不涉及存货结转和期末结转，以销售、工资和提现金居多（全部来自五套实务题，所以平时要多练习那五套题），所有凭证一律通过凭证增加录进去，不用期末转账定义和生成。自己编写的凭证也许会有计算的，学员有时候会抽到有计算的题目，可带计算器。

16.2.5　审核凭证

|任务布置|——

按考试题目要求，换成操作员 002 进入系统，审核，可以看一下会计凭证，成批审核。

【操作步骤】

（1）选择"文件"→"重新注册"命令，输入另一个用户名 002，然后单击"确定"按钮。选择"总账"→"凭证"→"审核凭证"命令，打开"凭证审核"对话框（图 16-28）。

图 16-28　"凭证审核"对话框（一）

（2）选择凭证类别等，然后单击"确定"按钮（图 16-29）。

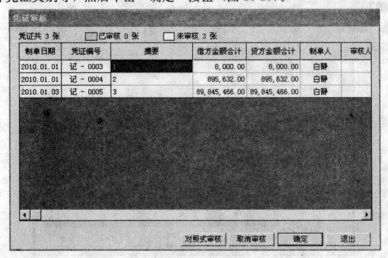

图 16-29　"凭证审核"对话框（二）

（3）双击凭证检查（图 16-30），无误后单击"审核"按钮。

【注意事项】

如果凭证有误，请重新登录第一个账号修改，再登录第二个账号审核。

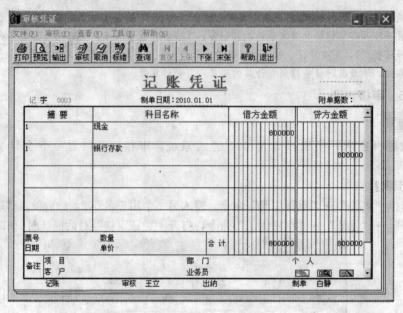

图 16-30 "凭证审核"对话框（三）

16.2.6 记账

任务布置——

按考试题目要求，由 002 号操作员执行记账功能。

【操作步骤】

（1）选择"总账"→"凭证"→"记账"命令，打开"记账——1. 选择本次记账范围"对话框（图16-31）。

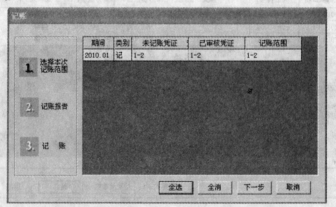

图 16-31 "记账——1. 选择本次记账范围"对话框

（2）单击"下一步"按钮，查看记账报告（图 16-32）。单击"下一步"按钮，打开图16-33所示对话框。单击"记账"按钮，打开图 16-34 所示对话框。单击"确认"按钮。记账完毕后系统弹出图 16-35 所示对话框。

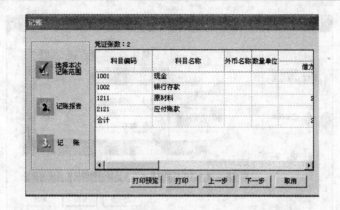

图 16-32　"记账——2. 记账报告"对话框

图 16-33　"记账——3. 记账"对话框

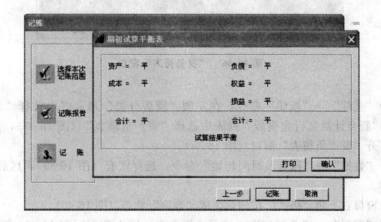

图 16-34　"期初试算平衡表"对话框

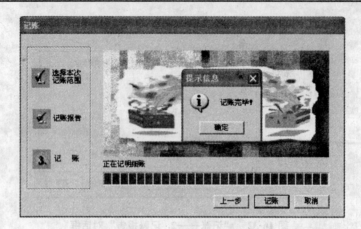

图 16-35 "记账完毕"提示信息

16.2.7 生成报表

[任务布置]——

按考试题目要求，新建负债表和利润表。

【操作步骤】

（1）单击"用友通普及版 10.1"窗口左侧的"财务报表"按钮，在打开的窗口（图 16-36）中单击"新建"按钮。

图 16-36 "财务报表"窗口

（2）选择"文件"→"新建"命令，在左侧"模版分类"列表框中选择"新会计制度行业"，在右侧"新会计制度行业模版"列表中选择"资产负债表"（图 16-37），然后单击"确定"按钮，打开"资产负债表"窗口（图 16-38）。

（3）选择"数据"→"账套及时间初始"命令，选择账套（图 16-39），然后单击"确认"按钮。

（4）单击窗口右下角"格式"按钮，变成"数字"状态（图 16-40）。

（5）选择"数据"→"关键字"→"录入"命令，输入数据（图 16-41）后单击"确认"按钮。

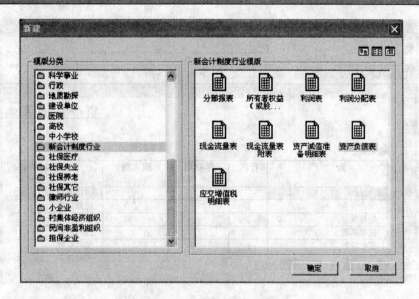

图 16-37   "新建"对话框

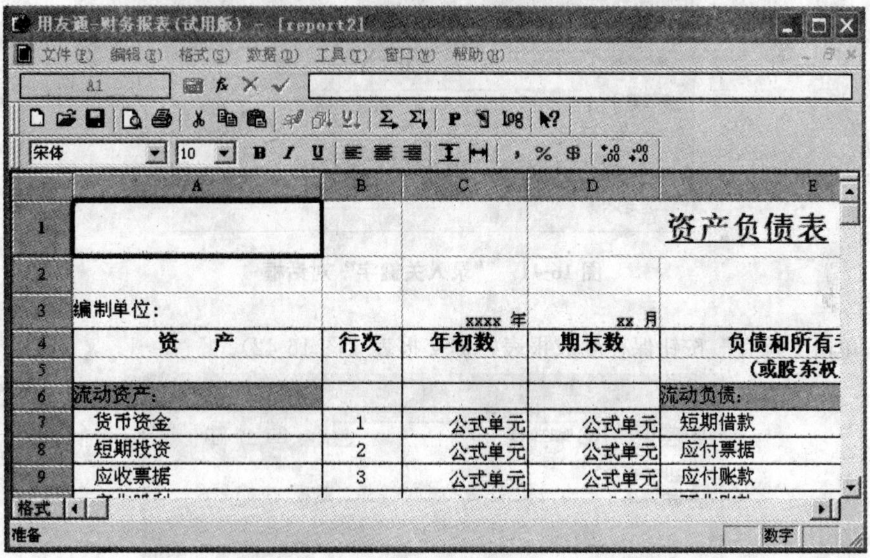

图 16-38   "资产负债表"窗口

图 16-39   "账套及时间初始"对话框

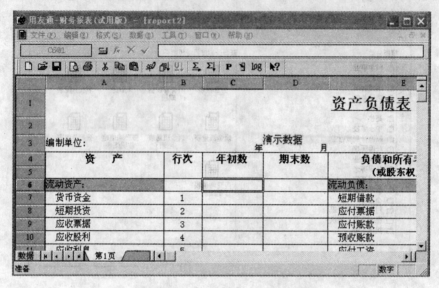

图 16-40　"数字"状态

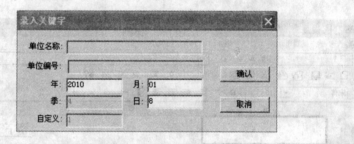

图 16-41　"录入关键字"对话框

（6）单击"保存"按钮保存生成报表，提交报表（图16-42）。

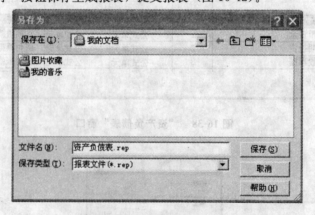

图 16-42　"另存为"对话框

（7）重复以上操作，完成"利润表"的操作。

【注意事项】

（1）本步要注意：一是格式与数据的转换，二是一定要进行账套及时间的初始操作，三是输入关键字，四是要保存，五是要提交两次。期初数不要与期末数相同，否则应该是没记账或审核，确认负债表两边是否平衡，利润表是否为负，全部正确后才能点"交卷"。

（2）资产负债表和利润表出来之后单击"保存"按钮，保存到默认位置即可，然后提交（"提交"按钮在报表的上方）。一次只能提交一个报表，需要提交两次。

（3）必须提交报表。即使时间不够、凭证做不完也必须做出报表并提交，否则实务题目会不得分。

实务操作题要求最后提交，在操作过程中，期初余额占 10 分，记账凭证占 20 分，最后报表占 20 分。

（4）如果把报表做出来后发现利润表数字不对，经检查发现凭证错误了，这时只要发现报表不对，先不要保存报表，而是先退出报表（不是退出"用友通"），然后有两种办法解决。第一：取消记账，取消审核，然后找到凭证修改即可（取消记账步骤："期末处理"→"对账"后，按住 Ctrl 键，再按 H 键，系统提示"恢复记账前状态已被激活"，单击"确定"按钮，退出对账对话框，进入凭证菜单，看到恢复记账前状态子菜单，选中"恢复到月初"，确认并输入主管口令，最后确定，即可取消记账。反复单击恢复记账前状态菜单，即能取消多个月份的记账状态。取消审核步骤，用审核人单击审核凭证，找到需要取消审核的凭证，单击取消即可）。第二：用红字冲销的办法做两张凭证，一张冲销凭证，与错误凭证科目相同，数据是负数；另一张是正确的凭证。然后换人审核记账出报表。利润表错误是由于设计损益类的凭证做错了，对于凭证中的明细科目必须输入。

学习任务 16.3　应用操作

16.3.1　应用操作 1

1. 实训目的

通过实训掌握会计电算化考试的实务操作的内容及操作方法。

2. 实训内容

（1）增设操作员；（2）建立账套；（3）操作员授权。

3. 实训准备

已正确安装用友通财务软件。

4. 实训资料

（1）增设操作员。

编码：301　　　姓名：张三　　　口令：301

编码：302　　　姓名：李四　　　口令：302

（2）建立账套。

账套号：333

账套名称：北方钢铁厂账套

账套路径：默认

账套启用日期：2010 年 1 月

单位名称（简称）：北方钢铁厂

企业类型：工业

行业性质：新会计制度科目

账套主管：demo

预置科目：

基础信息：客户分类　供应商分类

分类编码方案：科目编码级次为4222

客户分类编码级次：12

结算方式编码级次：11

（3）操作员授权。

设置操作员301（张三）拥有333账套主管权限

设置操作员302（李四）拥有333总账的操作权限

16.3.2　应用操作2

1. 实训目的

通过实训掌握会计电算化考试的实务操作的内容及操作方法。

2. 实训内容

（1）设置凭证类别；（2）增加会计科目；（3）输入期初余额；（4）填制会计凭证；（5）审核会计凭证；（6）记账；（7）生成报表。

3. 实训准备

已正确安装用友通财务软件。

4. 实训资料

（1）设置凭证类别。

设置333账套的凭证类别为"记账凭证"。

（2）增加会计科目。

科目编码	科目名称
100201	工商银行存款

（3）输入期初余额。

科目编码	科目名称	方向	期初余额
110102	债券	借	40 000
3101	实收资本	贷	40 000

（4）填制会计凭证。

以用户名为301，于2010年1月30日登录333账套填制记账凭证，凭证日期为业务发生日期。

① 3月5日，企业领用材料70 000元，车间领用50 000元，管理部门领用20 000元。

借：制造费用	50 000
管理费用	20 000
贷：银行存款——工行	70 000

② 3月15日企业开出商业汇票一张，用以支付前欠货款50 000。

借：应付账款	50 000
贷：应付票据	50 000

③ 3月20日工程完工，将安装过程中发生的6 000元转入固定资产。

借：固定资产	6 000
贷：在建工程	6 000

④ 3月25日，企业购入专利权50 000元，以工行存款支付。

借：无形资产	50 000

　　　　贷：银行存款——工行　　　　　　　　　　　　　　　　50 000

⑤ 3 月 25 日，企业接受某单位投入的技术权，双方协议价为 100 000 元。

借：无形资产　　　　　　　　　　　　　　　　100 000

　　贷：实收资本　　　　　　　　　　　　　　　　　100 000

（5）审核会计凭证。

以用户名为 302，于 2010 年 1 月 31 日登录 333 账套进行凭证审核。

凭证号：0001　　　　0002　　　　0003

（6）记账。

由操作员 301 于 2010 年 1 月 31 日登陆 333 账套执行记账功能。

（7）生成报表。

由操作员 301 于 2010 年 1 月 31 日登陆 333 账套，新建资产负债表，并保存在"我的文档"下。

参考文献

[1] 张瑞君，蒋砚章．会计信息系统[M]．北京：中国人民大学出版社，2009．

[2] 王新玲，汪刚．会计信息系统实验教程[M]．北京：清华大学出版社，2009．

[3] 陈旭，毛华扬，邱杰，等．会计信息系统开发实验教程[M]．北京：清华大学出版社，2009．

[4] 何日胜．会计电算化系统应用操作[M]．3版．北京：清华大学出版社，2008．

[5] 李昕，王晓霜．会计电算化[M]．2版．沈阳：东北财经大学出版社，2009．

[6] 钟齐整，苏启立．会计电算化[M]．2版．北京：中国经济出版社，2010．